高等应用型人才培养精品教材

信息技术基础教程

（第 7 版）

路俊维　刘彦舫　主　编

杨　平　赵　庆　张小志　副主编

電子工業出版社

Publishing House of Electronics Industry

北京·BEIJING

内 容 简 介

本书是一本计算机基础知识和应用教材，根据作者多年教学经验与实践整理出的内容体系编写，采用任务引领、行动导向的结构。全书共 7 章，系统地介绍了关于计算机的相关知识，内容包括计算机基础知识、Windows 10 操作系统、Word 2016 文字处理软件、Excel 2016 电子表格处理软件、PowerPoint 2016 演示文稿、计算机网络及 Internet 技术和新一代信息技术。第 7 版更新了操作软件及其使用与操作，增加了新一代信息技术知识。每章都精心设计了习题，做到了学用结合，使读者能够迅速掌握相应知识。本书提供 PPT、微课等教学资源。

本书适合作为高等院校各专业学生的计算机技术基础教材，也可供参加计算机等级考试一级考试的考生参考。同时，也可作为广大读者学习计算机基本操作的参考书。

图书在版编目(CIP)数据

信息技术基础教程 / 路俊维，刘彦舫主编. — 7 版. — 北京：电子工业出版社，2021.9

ISBN 978-7-121-41795-5

Ⅰ. ①信… Ⅱ. ①路… ②刘… Ⅲ. ①电子计算机－高等学校－教材 Ⅳ. ①TP3

中国版本图书馆 CIP 数据核字(2021)第 160013 号

责任编辑：杨　博

印　　刷：天津千鹤文化传播有限公司

装　　订：天津千鹤文化传播有限公司

出版发行：电子工业出版社

　　　　　北京市海淀区万寿路 173 信箱　　邮编：100036

开　　本：787×1092　1/16　印张：17　字数：479.5 千字

版　　次：2003 年 7 月第 1 版

　　　　　2021 年 9 月第 7 版

印　　次：2024 年 7 月第 7 次印刷

定　　价：49.90 元

凡所购买电子工业出版社图书有缺损问题，请向购买书店调换。若书店售缺，请与本社发行部联系，联系及邮购电话：(010)88254888，88258888。

质量投诉请发邮件至 zlts@phei.com.cn，盗版侵权举报请发邮件至 dbqq@phei.com.cn。

本书咨询联系方式：yangbo2@phei.com.cn。

前　言

信息技术基础课程是高校学生的必修课，它为学生了解信息技术的发展趋势，熟悉计算机操作环境及工作平台，使用常用工具软件处理日常事务和培养学生必要的信息素养等奠定了良好的基础。

信息技术的日新月异要求学校对计算机的教育也要不断改革和发展。特别是对于高等职业教育来说，对教育理论、教育体系及教育思想的探索仍在进行之中。为促进计算机教学的开展，适应教学实际的需要和培养学生的应用能力，我们对以前编写的《信息技术基础教程》（第 6 版）从组织模式和教学内容上进行了不同程度的调整，以使之更加符合当前高等职业教育教学的需要。

本书以目前较为流行的 Windows 10 操作系统和 Office 2016 办公软件为基础进行编写，内容紧扣新版全国计算机等级考试一级考试要求，文字处理和电子表格处理的内容涵盖了二级考试的内容；强调基础性与实用性，内容新颖，图文并茂，层次清楚。通过本书的学习，将使学生牢固掌握计算机应用方面的基础知识和基本操作技能，能够完成日常工作中的文档编辑、数据处理以及日常网络应用等，以适应现代社会发展的需要。

本书共 7 章，主要内容有：计算机基础知识；Windows 10 操作系统；Word 2016 文字处理软件；Excel 2016 电子表格处理软件；PowerPoint 2016 演示文稿制作；计算机网络及 Internet 技术，包括 Internet 基础知识、Internet 连接、常用互联网应用及信息安全等内容；新一代信息技术，包括物联网、云计算、大数据、人工智能、区块链等新技术的概述。

本书由河北科技工程职业技术大学路俊维、刘彦舫任主编，杨平、赵庆、张小志任副主编，路俊维、刘彦舫负责本书的总体规划和内容组织。其中杨平、高欢、张小志、褚建立编写了第 1 章，刘彦舫、赵美枝、王彤、王冬梅、李静编写了第 2 章，杨平、王沛、陈步英、褚建立编写了第 3 章，路俊维、钱孟杰、佟欢编写了第 4 章，赵庆、胡利平、路俊维编写了第 5 章，赵庆、褚建立、罗文堠、霍艳玲编写了第 6 章，褚建立、刘阳、赵美枝、王党利、佟欢编写了第 7 章。另外，李国娟、赵胜、游凯何、柴旭光、曾凡晋、董会国等老师参与了全书习题的编写和全书的校对工作。在本书的编写过程中我们还得到了教研室许多老师的支持，在此一并表示深深的感谢。

本书是高等职业院校各专业学生学习计算机文化基础知识的教材，同时，也可作为广大计算机爱好者和计算机用户学习计算机操作技术的参考书。

由于时间紧迫，加上作者水平所限，书中难免有不足之处，恳请广大教师和读者批评指正。

编　者
2021 年 6 月

目　录

第1章 计算机基础知识

计算机是一种自动、高速、精准地对信息进行存储、传送与加工处理的电子工具，也是一门科学，是人类历史上伟大的发明之一，虽说迄今为止只有70多年的历程，但在人类科学发展的历史上，还没有哪门学科像计算机科学这样发展得如此迅速，并对人类的生活、生产、学习和工作产生如此巨大的影响。

掌握以计算机为核心的信息技术的基础知识和应用能力，是信息社会中必备的基本素质。本章从计算机的基础知识讲起，为进一步学习与使用计算机打下必要的基础。通过本章的学习，应掌握以下内容：

- 计算机的产生与发展、特点、分类及其应用领域；
- 计算机中数据、字符和汉字的编码；
- 计算机的组成；
- 多媒体技术的基本知识。

1.1　计算机的发展

在人类文明发展的历史长河中，计算工具经历了从简单到复杂、从低级到高级的发展过程，如算筹、算盘、计算尺、手摇机械计算机、电动机械计算机、电子计算机等，它们在不同的历史时期发挥了各自的作用，而且也孕育了电子计算机的设计思想和雏形。计算机技术是信息技术的基础，在人类生活中起着极其重要的作用。

1.1.1　计算机的产生与发展过程

1. 计算机的产生

第二次世界大战期间，宾夕法尼亚大学的John Mauchly（莫希利）博士和他的学生J. Presper Eckert应美国军方的要求构思和设计了ENIAC（Electronic Numerical Integrator And Calculator，埃尼阿克），它于1946年2月15日完成，为美国陆军的弹道研究实验室（BRL）所使用，用于计算火炮的火力表，研制和开发新型大炮和导弹。这台计算机共用了18 000个电子管，1 500多个继电器，重量达30吨，占地170 m²，耗电150 kW，运算速度为每秒5 000次加、减运算。

电子计算机的问世，最重要的奠基人是英国科学家艾兰·图灵（Alan Turing）和美籍匈牙利科学家冯·诺依曼（John von. Neuman）。图灵的贡献是建立了图灵机的理论模型，奠定了人工智能的基础。而冯·诺依曼则首先提出了计算机体系结构的设想。

冯·诺依曼理论的要点是：数字计算机的数制采用二进制，计算机应该按照程序顺序执行。人们把冯·诺依曼的这个理论称为冯·诺依曼体系结构，包含以下三个要点：

（1）计算机由运算器、控制器、存储器、输入设备、输出设备五大基本部件组成；

（2）程序和数据均存放在存储器中，并能自动依次执行指令；

（3）所有的数据和程序均用二进制的 0、1 代码表示。

半个多世纪以来，计算机制造技术发生了巨大变化，但冯·诺依曼体系结构仍然沿用至今，人们总是把冯·诺依曼称为"计算机鼻祖""现代电子计算机之父"。

2．计算机的发展

随着电子技术的不断发展，计算机先后以电子管、晶体管、集成电路、大规模和超大规模集成电路为主要元器件，共经历了四代变革，如表 1.1 所示。每一代的变革在技术上都是一次新的突破，在性能上都是一次质的飞跃。

表 1.1　各代计算机主要特点比较

	第一代（1946—1959）	第二代（1959—1964）	第三代（1964—1972）	第四代（1972—）
主机电子器件	电子管	晶体管	小规模集成电路	大规模、超大规模集成电路
内存	汞延迟线	磁芯存储器	半导体存储器	半导体存储器
外存储器	穿孔卡片、纸带	磁带	磁带、磁盘	磁盘、磁带、光盘等大容量存储器
处理速度（每秒指令数）	几千条	几万至几十万条	几十万至几百万条	上千万至万亿条
软件发展状况	机器语言和汇编语言	高级语言（编译程序），简单的操作系统	功能较强的操作系统，高级语言，结构化、模块化的程序设计	操作系统进一步完善，数据库系统、网络软件得到发展，软件工程标准化，面向对象的软件设计方法与技术广泛应用
应用领域	科学计算	科学计算、数据处理和事务管理	科学计算、数据处理、事务管理和过程控制	网络分布式计算、人工智能，迅速推广并普及到社会各领域

目前使用的计算机都属于第四代计算机。从 20 世纪 80 年代开始，发达国家开始研制第五代计算机，研究的目标是能够打破以往计算机固有的体系结构，使计算机能够具有像人一样的思维、推理和判断能力，向智能化发展，实现接近人的思考方式。

1956 年，周恩来总理亲自主持制定了我国《12 年科学技术发展规划》，选定了"计算机、电子学、半导体、自动化"作为"发展规划"的四项内容，并制定了计算机科研、生产、教育发展计划，我国由此开始了计算机研制的起步。

1958 年，中国研制出第一台电子计算机。

1964 年，中国研制出第二代晶体管计算机。

1971 年，中国研制出第三代集成电路计算机。

1977 年，中国研制出第一台微型计算机 DJS-050。

1983 年，中国研制成功"深腾 1800"计算机，运算速度超过 1 万次/秒，同时"银河 1 号"巨型计算机研制成功，运算速度达 1 亿次/秒。

2009 年，国防科大研制出"天河一号"，其峰值运算速度达到千万亿次/秒。

2013 年 5 月，国防科大研制出"天河二号"，其峰值运算速度达到亿亿次/秒。

2016 年 6 月，由国家并行计算机工程技术研究中心研制的"神威·太湖之光"成为世界上第一台突破 10 亿亿次/秒的超级计算机，创造了速度、持续性、功耗比三项指标世界第一。

1.1.2　计算机的特点及应用

计算机自诞生以来，其发展速度非常惊人，应用范围不断扩大，目前已渗透到人类生活的各个方面。

1．计算机的特点

计算机技术是信息化社会的基础、信息技术的核心，这是由计算机的特点决定的。概括地说，电子计算机和过去的计算工具相比具有以下几个方面的特点。

（1）运算速度快。计算机的运算速度是其他任何一种工具无法比拟的。现在一台微型计算机的运算速度可以达到每秒处理千万条指令。目前，世界上速度最快的巨型计算机的运算速度可达每秒数十万亿次以上。正是有了这样的运算速度，使得过去不可能完成的计算任务可以完成，如天气预报、地震预报等。

（2）计算精度高。计算机进行数值计算时所获得的精度可达到小数点后几十位、几百位甚至上万位。1981 年，日本筑波大学利用计算机计算，将π值精确到小数点后 200 万位。

（3）具有超强的"记忆"能力和逻辑判断能力。"记忆"功能是指计算机能存储大量的信息，供用户随时检索和查询。逻辑判断功能是指计算机不仅能够进行算术运算，还能进行逻辑运算、实践推理和证明。记忆功能、算术运算和逻辑判断功能相结合，使得计算机能模仿人类的智能活动，成为人类脑力延伸的重要工具，所以计算机又称为"电脑"。

（4）能自动运行并支持人机交互。所谓"自动运行"就是人们把需要计算机处理的问题编成程序，存入计算机中，当发出运行指令后，计算机便在该程序控制下依次逐条执行，不再需要人工干预。"人机交互"则是在人想要干预时，采用人机之间"一问一答"的形式，有针对性地解决问题。

（5）网络与通信功能。目前最大、应用范围最广的国际互联网连接了全世界 200 多个国家和地区数亿台的各种计算机。在网上的所有计算机用户都可共享网上资料、交流信息、互相学习，将世界变成了地球村。

2．计算机的应用

计算机问世之初，主要用于数值计算，"计算机"也因此得名。如今的计算机几乎和所有学科相结合，使得计算机的应用渗透到社会的各个领域，如科学技术、国民经济、国防建设及家庭生活等。计算机的应用大致可分为如下几个领域。

（1）科学计算，也称数值计算。科学计算是计算机应用最早的也是最成熟的应用领域。主要使用计算机进行数学方法的实现和应用。今天，计算机"计算"能力的提高推进了许多科学研究的进展，如著名的人类基因序列分析计划、人造卫星的轨道测算等。还有航天飞机、人造卫星、宇宙飞船、原子反应堆、气象预报、大型桥梁、地震测级、地质勘探和机械设计等都离不开计算机的科学计算。如果没有计算机，如此巨大、繁多的计算单靠人类自身是绝对无法完成的。

（2）过程检测与控制。过程控制也称实时控制，在工业生产、国防建设和现代化战争中都有广泛的应用。例如，工业生产自动化方面的巡回检测、自动记录、监测报警、自动启停、自动调控等；在交通运输方面的红绿灯控制、行车调度；在国防建设方面的导弹发射中，实施控制其飞行的方向、速度、位置等。

（3）数据/信息处理，也称非数值计算。现代社会是信息化的社会。随着社会的不断进步，信息量也在急剧增加；现在，信息已和能源、物资一起构成人类社会活动的基本要素。计算机最广泛的应用就是信息处理，有关资料表明，世界上 80% 左右的计算机主要用于信息处理。信息处理的特点是处理的数据量较大，但不涉及复杂的数学运算；有大量的逻辑判断和输入/输出，时间性较强，如生产管理、财务管理、人事管理、情报检索、办公自动化、票务管理等。

（4）计算机辅助系统。当前用计算机辅助工作的系统越来越多，如计算机辅助设计（Computer Aided Design，CAD）、计算机辅助制造（Computer Aided Manufacturing，CAM）、计算机辅助教学（Computer Assisted Instruction，CAI）、计算机辅助测试（Computer Aided Testing，CAT）、计算机辅助工程（Computer Aided Engineering，CAE）、计算机集成制造系统（Computer Integrated Manufacturing System，CIMS）等。

（5）人工智能。人工智能也称智能模拟，利用计算机来模拟人的神经系统，使计算机能够进行逻辑判断和逻辑思维。在人工智能领域中的应用有模式识别、自动定理证明、自动程序设计、知识表示、机器学习、专家系统、自然语言理解、机器翻译、智能机器人等。

（6）网络应用。计算机网络是微电子技术、计算机技术和现代通信技术的结合。计算机网络的建立解决了一个单位、一个地区、一个国家，乃至全世界范围内的计算机与计算机之间的相互通信及各种硬件资源、软件资源和信息资源的共享。目前，世界各国都相继建立了自己的网络系统，并分别与 Internet 相连。我国已建和在建的信息网络共有 9 个，并先后启动了政府上网和企业上网工程。网络技术的发展和应用已成为人们谈论的热门话题。

（7）多媒体应用。多媒体包括文本（Text）、图形（Graphics）、图像（Image）、音频（Audio）、视频（Video）、动画（Animation）等多种信息类型。多媒体技术是指人和计算机交互地进行上述多种媒介信息的捕捉、传输、转换、编辑、存储、管理，并由计算机综合处理为表格、文字、图形、动画、音/视频等视听信息有机结合的表现形式。多媒体技术扩宽了计算机的应用领域，使计算机广泛应用于商业、服务业、教育、广告宣传、文化娱乐、家庭等方面。同时，多媒体技术与人工智能技术的有机结合还促进了虚拟现实（Virtual Reality）、虚拟制造（Virtual Manufacturing）技术的发展，使人们可以在计算机上感受真实的场景，通过计算机仿真制造零件和产品，感受产品各方面的功能和性能。

（8）嵌入式系统。并不是所有计算机都是通用的。有许多特殊的计算机用于不同的设备中，包括大量的消费电子产品和工业制造系统，都是把处理器芯片嵌入其中，完成特定的处理任务。这些系统称为嵌入式系统。如数码相机、数码摄像机以及高档电动玩具等都使用了不同功能的处理器。

1.1.3　计算机的分类

计算机及其相关技术的迅速发展带动了计算机类型的不断分化，形成了各种不同种类的计算机。

1．传统计算机的分类方法

自计算机诞生以来，先后出现了多种计算机的分类方法，其中较为常见的计算机分类方法主要包括如下几种：

（1）按信息的表示与处理方法不同可分为模拟计算机、数字计算机和混合式计算机。

（2）按计算机的用途不同可分为通用计算机和专用计算机。通用计算机能解决多种类型的问题，通用性强，如 PC；专用计算机则配备有解决特定问题的软件和硬件，能够高速、可靠地解决特定问题，如在导弹和火箭上使用的计算机大部分都是专用计算机。

（3）按计算机的性能、规模和处理能力，可将计算机分为微型计算机、工作站、服务器、大型通用机、巨型计算机等。

2．现代计算机的分类方法

随着技术的进步，各种型号的计算机性能指标都在不断地改进和提高，过去一台大型机的性能可能还比不上今天一台微型计算机。现在，通常根据计算机的综合性能指标，并结合计算机应用领域的分布对计算机进行分类。

（1）高性能计算机。高性能计算（High Performance Computing，HPC）俗称超级计算机，通常是指使用多个处理器（作为单个机器的一部分）或者某一集群中组织的几台计算机（作为单个计算资源操作）的计算机系统和环境。2020 年 6 月 23 日，TOP500 组织发布了最新的全球超级计算机 TOP500 榜单。榜单显示，中国部署的超级计算机数量继续位列全球第一，TOP500 超算榜单中中国客户部署了 226 台，占总体份额超过 45%；中国厂商联想、曙光、浪潮是全球前三的超算供应商。

（2）微型计算机。微型计算机简称"微型机"或"微机"，由于其具备人脑的某些功能。微型计算机是以微处理器为基础，配以内存储器及输入输出（I/O）接口电路和相应的辅助电路而构成的裸机。目前微型计算机已广泛应用于办公、学习、娱乐等社会生活的方方面面，是发展最快、应用最为普及的计算机。我们日常使用的台式计算机、笔记本计算机、掌上型计算机等都属于微型计算机。

（3）工作站。工作站是一种高档的微型计算机，通常配有高分辨率的大屏幕显示器及容量很大的内存储器和外存储器，主要面向专业应用领域，具备强大的数据运算与图形、图像处理能力。工作站主要是为了满足工程设计、动画制作、科学研究、软件开发、金融管理、信息服务、模拟仿真等专业领域而设计开发的高性能微型计算机。

（4）服务器。服务器是指在网络环境下为网上多个用户提供共享信息资源和各种服务的一种高性能计算机，在服务器上需要安装网络操作系统、网络协议和各种网络服务软件。服务器主要为网络用户提供文件、数据库、应用及通信方面的服务。

（5）嵌入式计算机。嵌入式计算机是指嵌入到对象体系中，实现对象体系智能化控制的专用计算机系统。嵌入式计算机系统是以应用为中心，以计算机技术为为基础，软硬件可裁剪，适用于应用系统对功能、可靠性、成本、体积、功耗有严格要求的专用计算机系统。它一般由嵌入式微处理器、外围硬件设备、嵌入式操作系统以及用户的应用程序等 4 部分组成，用于实现对其他设备的控制、监视或管理等功能。例如，我们日常生活中使用的电冰箱、全自动洗衣机、空调、电饭煲、数码产品等都采用了嵌入式计算机技术。

1.1.4 计算机的发展趋势

1．电子计算机的发展方向

目前，科学家们正在使计算机朝着巨型化、微型化、网络化、智能化和多功能化的方向发展。巨型机的研制、开发和利用，代表着一个国家的经济实力和科学水平；微型机的研制、开发和广泛应用，则标志着一个国家科学普及的程度。

（1）向巨型化和微型化两极方向发展。巨型化是指要研制运算速度极高、存储容量极大、整体功能极强，以及外设完备的计算机系统（巨型机），巨型机主要用于尖端科学技术及军事、国防系统；而微型化是随着大规模集成电路技术的不断发展和微处理器芯片的产生，以及进一步扩大计算机的应用领域而研制的高性价比的通用微型计算机，这种微型机操作简单，使用方便，所配软件丰富。

（2）智能化是未来计算机发展的总趋势。智能化指计算机模拟人的感觉和思维过程的能力。智能化是计算机发展的一个重要方向。智能计算机具有解决问题和逻辑推理的功能以及知识处理和知识库管理的功能等。未来的计算机能接受自然语言的命令，有视觉、听觉和触觉，但可能不再有现在计算机的外形，体系结构会不同。

（3）网络化是今后计算机应用的主流。计算机网络技术是在计算机技术和通信技术的基础上发展起来的一种新型技术。目前世界上最大的计算机网络就是被广大用户所使用的 Internet。

2. 下一代计算机

计算机中最重要的核心部件是芯片，芯片制造技术的不断进步是推动计算机技术发展的动力。目前的芯片主要采用光蚀刻技术制造，即让光线透过刻有线路图的掩模照射在硅片表面以进行线路蚀刻。当前主要是用紫外光进行光可操作，随着集成度的提高，光刻技术所面临的困难也越来越多。因此，研究人员正在研究下一代光刻技术，包括极紫外光刻技术、离子束投影光刻技术、角度限制投影电子束光刻技术以及 X 射线光刻技术。

然而，以硅为基础芯片制造技术的发展不是无限的。下一代计算机无论从体系结构、工作原理，还是器件及制造技术，都将进行颠覆性变革。目前有可能的技术至少有四种：纳米技术、光技术、生物技术和量子技术。利用这些技术研究下一代计算机就成为世界各国研究的焦点。在这里我们主要介绍量子计算机，其他技术感兴趣的读者可上网查询。

（1）量子计算机的概念

量子计算机（Quantum Computer），简单地说，它是一种可以实现量子计算的机器，是一种通过量子力学规律以实现数学和逻辑运算，处理和储存信息能力的系统。它以量子态为记忆单元和信息储存形式，以量子动力学演化为信息传递与加工基础的量子通信与量子计算，在量子计算机中其硬件的各种元件的尺寸达到原子或分子的量级。量子计算机是一个物理系统，它能存储和处理用量子比特表示的信息。

从 2017 年 5 月开始，中国科学技术大学潘建伟团队致力于光量子计算机研究，并取得世界领先的成果。2020 年 12 月 4 日该团队构建的量子计算机"九章"，实现了对玻色采样问题的快速求解，其计算速度比目前最快的超级计算机快一百万亿倍。2021 年 2 月 8 日，中科院量子信息重点实验室的科技成果转化平台合肥本源量子科技公司，发布了具有自主知识产权的量子计算机操作系统"本源司南"。

（2）量子计算机的组成

量子计算机也是由许多硬件和软件组成的，硬件方面包括量子晶体管、量子存储器、量子效应器等；软件方面包括量子算法、量子编码等。

量子晶体管通过电子高速运动来突破物理的能量界限，从而实现晶体管的开关作用，这种晶体管控制开关的速度很快，比起普通的芯片运算能力强很多，而且对使用的环境条件适应能力很强，所以在未来的发展中，量子晶体管是量子计算机不可缺少的一部分。量子储存器是一种储存信息效率很高的储存器，它能够在非常短时间内对任何计算信息进行赋值，是量子计算机不可缺少的组成部分，也是量子计算机最重要的部分之一。量子计算机的效应器就是一个大型的控制系统，能够控制各部件的运行。这些组成部分在量子计算机的发展中占据着主要地位，发挥着重要作用。

（3）量子计算机的原理

量子计算机是一种基于量子理论而工作的计算机，追根溯源，是对可逆机的不断探索促进了量子计算机的发展。量子计算机装置遵循量子计算的基本理论，处理和计算的是量子信息，运行的是量子算法。

① 量子比特。在量子计算机中，基本信息单位是量子比特（qubit），用两个量子态 |0> 和 |1> 代替经典比特状态 0 和 1。量子比特相较于比特来说，有着独一无二的存在特点，它以两个逻辑态的叠加态的形式存在，这表示的是两个状态是 0 和 1 的相应量子态叠加。

② 态叠加原理。现代量子计算机模型的核心技术便是态叠加原理，属于量子力学的一个基本

原理。一个体系中，每一种可能的运动方式就被称为态。在微观体系中，量子的运动状态无法确定，呈现统计性，与宏观体系确定的运动状态相反。量子态就是微观体系的态。

③ 量子纠缠。当两个粒子互相纠缠时，一个粒子的行为会影响另一个粒子的状态，此现象与距离无关，理论上即使相隔足够远，量子纠缠现象依旧能被检测到。因此，当两个粒子中的一个粒子状态发生变化，即此粒子被操作时，另一个粒子的状态也会相应地随之改变。

④ 量子并行原理。量子并行计算是量子计算机能够超越经典计算机的最引人注目的先进技术。量子计算机以指数形式储存数字，通过将量子位增至 300 个量子位就能储存比宇宙中所有原子还多的数字，并能同时进行运算。

1.1.5　信息技术

信息技术（Information Technology，IT）的飞速发展促进了信息社会的到来。半个世纪以来，人类社会正由工业社会全面进入信息社会，其主要动力就是以计算机技术、通信技术和控制技术为核心的现代信息技术的飞速发展和广泛应用。随着科学技术的飞速发展，各种高新技术层出不穷、日新月异，但是最主要、发展最快的仍然是信息技术。

1．信息技术的定义

在现代信息社会中，一切可以用二进制进行编码的东西都可以称为信息。一般来说，信息的采集、加工、存储、传输和利用过程的每一种技术都是信息技术，也就是说，信息技术一般是指一系列与计算机相关的技术，如微电子技术、光电子技术、通信技术、网络技术、感测技术、控制技术、显示技术等。它也常被称为信息和通信技术（Information and Communications Technology，ICT）。

2．现代信息技术的内容

一般来说，信息技术包含三个层次的内容：信息基础技术、信息系统技术、信息应用技术。

（1）信息基础技术。信息基础技术是信息技术的基础，包括新材料、新能源、新器件的开发和制造技术。近几十年来，发展最快、应用最广、对信息技术及整个高科技领域的发展影响最大的是微电子技术和光电子技术。

（2）信息系统技术。信息系统技术是指有关信息的获取、传输、处理、控制的设备和系统技术。感测技术、通信技术、计算机技术、控制技术是它的核心和支撑技术。

（3）信息应用技术。信息应用技术是针对各种实用目的如信息管理、信息控制的信息决策而发展起来的具体技术，如企业生产自动化、办公自动化、家庭自动化、人工智能和互联网技术等。它们是信息技术开发的根本目的所在。信息技术在社会的各个领域得到广泛的应用，显示出强大的生命力。

3．现代信息技术的发展趋势

在社会生产力发展、人类认识和实践活动的推动下，信息技术将得到更深、更广、更快的发展，当前信息技术发展的总趋势是以互联网技术的发展和应用为中心，从典型的技术驱动发展模式向技术驱动与应用驱动相结合的模式转变，其发展趋势可以概括为数字化、多媒体化、高速化、网络化、宽带化和智能化等。

4．信息化和信息产业

（1）信息化。信息化是以现代通信、网络、数据库技术为基础，将所研究对象各要素汇总至数据库，供特定人群生活、工作、学习、辅助决策等并和人类息息相关的各种行为相结合的一种技术，使用该技术后，可以极大提高各种行为的效率，为推动人类社会进步提供极大的技术支持。

（2）信息产业。信息产业属于第四产业范畴，它包括电信、电话、印刷、出版、新闻、广播、电视等传统的信息部门和新兴的电子计算机、激光、光导纤维（简称光纤）、通信卫星等信息部门。主要以电子计算机为基础，从事信息的生产、传递、储存、加工和处理。

1.2　信息的表示与存储

计算机科学的研究主要包括信息的采集、存储、处理和传输，而这些都与信息的量化和表示密切相关。

1.2.1　数据与信息

数据是对客观事物的符号表示。数值、文字、语言、图形、图像等都是不同形式的数据。

计算机科学中的信息通常被认为是能够用计算机处理的有意义的内容或消息，它们以数据的形式出现，如数值、文字、语言、图形、图像等。数据是信息的载体。

数据与信息的区别是：数据处理之后产生的结果为信息，信息具有针对性、时效性。信息同物质、能源一样重要，是人类生存和社会发展的三大基本资源之一。可以说信息不仅维系着社会的生存和发展，而且在不断地推动着社会和经济的发展。

1.2.2　计算机中的数据

ENIAC 是一台十进制的计算机，它采用十个真空管来表示一个十进制数。冯·诺依曼在研究 IAS 时，感觉这种十进制的表示和实现方式十分麻烦，故提出了二进制的表示方法，从此改变了整个计算机的发展历史。

二进制只有"0"和"1"两个数码。相对十进制而言，采用二进制表示不但运算简单、易于物理实现、通用性强，更重要的优点是所占用的空间和所消耗的能量小得多，机器可靠性高。

计算机内部均采用二进制来表示各种信息，但计算机与外部交往仍采用人们熟悉和便于阅读的形式，如十进制数据、文字显示以及图形描述等。其间的转换，则由计算机系统的硬件和软件来实现。转换过程如图 1.1 所示。例如，各种声音被麦克风接收，生成的电信号为模拟信号，必须经过模/数转换器将其转换为数字信号，再送入计算机中进行处理和存储；然后将处理结果通过数/模转换器将数字信号转换为模拟信号，我们通过扬声器听到的才是连续的声音。

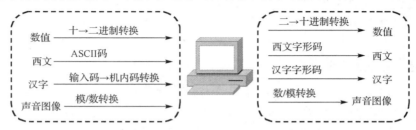

图 1.1　各类数据在计算机中的转换过程

1.2.3　计算机中数据的单位

计算机中数据的最小单位是位。存储容量的基本单位是字节。8 个二进制位称为 1 个字节。

1．位（bit）

位是度量数据的最小单位，称为比特（bit）。在数字电路和计算机技术中采用二进制表示数据，代码只有 0 和 1。采用多个数码（0 和 1 的组合）来表示一个数，其中的每一个数码称为 1 位。

2．字节（Byte）

一个字节由 8 位二进制数组成（1 Byte=8 bits）。字节是描述计算机存储容量的基本单位，也是计算机体系结构的基本单位。

随着计算机存储容量的不断扩大，用字节来表示存储容量就显得太小，为此又出现千字节（KB）、兆字节（MB）、吉字节（GB）、太字节（TB）等单位，它们之间的转换关系如下：

$1\,KB=1\,024\,B=2^{10}\,B$ $\qquad$ $1\,MB=1\,024\,KB=2^{20}\,B$

$1\,GB=1\,024\,MB=2^{30}\,B$ $\qquad$ $1\,TB=1\,024\,GB=2^{40}\,B$

3．字长（word）

计算机一次能够并行处理的二进制位称为计算机的字长，也称为计算机的一个"字"。在计算机诞生初期，计算机一次能够同时处理 8 位二进制位。随着电子技术的发展，计算机的并行处理能力越来越强，计算机的字通常是字节的整倍数，如 8 位、16 位、32 位，发展到今天微型计算机的 64 位，大型计算机已达 128 位，计算机的字长越长，其运算越快、计算精度越高。

1.2.4　计算机中的数制

日常生活中，人们使用的数据一般是十进制表示的，但在计算机中所有的数都使用二进制来表示。但为了书写方便，也采用八进制或十六进制表示。接下来介绍数制的基本概念及不同数制之间的转换方法。在具体讨论计算机常用数制之前，首先介绍几个有关数制的基本概念。

1．进位计数制

在十进制数中，一个数可以用 0～9 这 10 个阿拉伯数字的组合来表示，这 10 个数字再加上数位值的概念，就可以表示任何一个十进制数了。例如：

$$2181=2\times10^3+1\times10^2+8\times10^1+1\times10^0=2000+100+80+1$$

其中，

（1）0～9 这些数字符号称为数码。

（2）全部数码的个数称为基数，十进制数的基数为 10。

（3）用"逢基数进位"的原则进行计数，称为进位计数制。十进制数的基数为 10，所以其计数原则是"逢十进一"。

（4）所谓权值就是数字在数中所处位置的单位值。

（5）权值与基数的关系是：权值等于基数的若干次方。

在十进制数中，各个位的权值分别是 10^i（i 为整数）。例如：

$$12\,345.67=1\times10^4+2\times10^3+3\times10^2+4\times10^1+5\times10^0+6\times10^{-1}+7\times10^{-2}$$

式中，10^4、10^3、10^2、10^1、10^0、10^{-1}、10^{-2} 为各个位的权值，每一位上的数码与该位权值的乘积，就是该位的数值。

（6）任何一个十进制数 A 都可以用如下形式的展开式表示出来：

设 $A=\ (a_na_{n-1}a_{n-2}\cdots a_1a_0a_{-1}a_{-2}\cdots a_{-m})_{10}$，则

$$A=a_n\times10^n+a_{n-1}\times10^{n-1}+\cdots+a_1\times10^1+a_0\times10^0+a_{-1}\times10^{-1}+a_{-2}\times10^{-2}+\cdots+a_{-m}\times10^{-m}$$

$$=\sum a_i \times 10^i$$

式中，a_i 为第 i 位数码，10 为基数，$i=n\sim -m$，n、m 为正整数。

同样道理，任何一个 R 进制的数 $B=$ $(b_n b_{n-1} b_{n-2}\cdots b_1 b_0 b_{-1} b_{-2}\cdots b_{-m})_R$ 可按一般展开式展开为：

$$B=b_n \times R^n + b_{n-1} \times R^{n-1} + \cdots + b_1 \times R^1 + b_0 \times R^0 + b_{-1} \times R^{-1} + b_{-2} \times R^{-2} + \cdots + b_{-m} \times R^{-m}$$

$$=\sum b_i \times R^i \qquad (i=n\sim -m)$$

式中，b_i 为第 i 位数码，R 为基数，$i=n\sim -m$，n、m 为正整数。

表 1.2 给出了常用计数制的基数和数码，十六进制的数字符号除了十进制中的 10 个数字符号外，还使用了 6 个英文字母：A、B、C、D、E、F，他们分别等于十进制数的 10、11、12、13、14、15。

表 1.2 常用计数制的基数和数码

数　　制	基数	数　　　　码	权　　值	形式表示
二进制	2	0、1	2^1	B
八进制	8	0、1、2、3、4、5、6、7	8^1	O
十进制	10	0、1、2、3、4、5、6、7、8、9	10^1	D
十六进制	16	0、1、2、3、4、5、6、7、8、9、A、B、C、D、E、F	16^1	H

在数字电路和计算机中，可以用括号加数制基数下标的方式表示不同数制的数，$(1011)_2$、$(1011)_8$、$(1234)_{10}$、$(23AD)_{16}$。或者表示为 1011B、1011O、1234D、23ADH

表 1.3 是十进制数 0~15 与等值二进制、八进制、十六进制数的对照表。

表 1.3 各种进制数对照表

十　进　制	二　进　制	八　进　制	十六进制	十　进　制	二　进　制	八　进　制	十六进制
0	0000	0	0	8	1000	10	8
1	0001	1	1	9	1001	11	9
2	0010	2	2	10	1010	12	A
3	0011	3	3	11	1011	13	B
4	0100	4	4	12	1100	14	C
5	0101	5	5	13	1101	15	D
6	0110	6	6	14	1110	16	E
7	0111	7	7	15	1111	17	F

可以看出，采用不同的数制表示同一个数时，基数越大，使用的位数越少。在数制中进位规则就是 N 进制一定遵循"逢 N 进一"，如十进制就是"逢十进一"，二进制就是"逢二进一"。

2．各种进制数转换为十进制数

（1）二进制数转换成十进制数。

根据二进制数的定义，只要将它们按权值展开求和，就可以得到相应的十进制数，将这种方法称为"按权值乘基数相加法"。例如：

$$(100110.101)_2 = 1 \times 2^5 + 1 \times 2^2 + 1 \times 2^1 + 1 \times 2^{-1} + 1 \times 2^{-3} = 32+4+2+0.5+0.125 = (38.625)_{10}$$

（2）八进制数或十六进制数转换成十进制数。

八进制数或十六进制数转换成十进制数的方法与二进制数转换成十进制数相同，只是其中的各个数位的权值不同而已。

3．十进制数转换为二进制数

根据不同计数制之间的转换原则，当要将一个十进制数转换为二进制数时，通常是将其整数部分和小数部分分别进行转换，然后再将转换结果组合在一起。

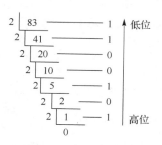

图 1.2　除 2 取余法

（1）整数部分的转换。转换方法：除 2 取余法。

具体做法为：将十进制整数除以 2，得到一个商和一个余数（0 或 1），记下余数，并将所得的商再除以 2，又得到一个新的商和一个新的余数，如此反复进行，直到商为 0 为止，将依次得到的余数反序排列起来，便可得到相应的二进制整数。例如将十进制整数 83 转换成二进制整数，转换过程如图 1.2 所示，转换结果为（83）$_{10}$＝（1010011）$_2$

（2）小数部分的转换。转换方法：乘 2 取整法。

具体做法为：将给定的十进制纯小数乘以 2，得到一个乘积，将乘积的整数部分取出并记录（0 或 1），将剩余的纯小数部分再乘以 2，又得到一个新的乘积，如此反复进行，直到乘积的小数部分为 0 或满足指定的精度要求为止，将依次得到并记录的各次整数顺序排列起来，便可得到相应的二进制数小数。如将十进制小数 0.6875 和 0.30695 转换成二进制小数，转换过程如图 1.3 所示。

0.687 5×2=1.375	取出整数 1	0.306 95×2=0.613 9	取出整数 0
0.375×2=0.75	取出整数 0	0.613 9×2=1.227 8	取出整数 1
0.75×2=1.50	取出整数 1	0.227 8×2=0.455 6	取出整数 0
0.50×2=1.00	取出整数 1	0.455 6×2=0.911 2	取出整数 0
		0.911 2×2=1.822 4	取出整数 1

图 1.3　转换过程

$$（0.687 5）_{10}＝（0.1011）_2 \qquad （0.306 95）_{10}＝（0.01001）_2$$

注意：多余的位数可以按"0 舍 1 入"的规律取近似值，保留指定的小数位数。

对于包含整数和小数的十进制数，当分别转换为对应的二进制数后，还需将它们组合起来，例如：（83.687 5）$_{10}$＝（1010011.1011）$_2$

（3）十进制数转换为其他进制数。十进制数转换为其他进制数的方法与十进制数转换为二进制数的方法相似，也是分为整数部分和小数部分分别进行转换的，只是每次所要乘除的不是"2"。当把十进制数转换为八进制数或十六进制数时，每次将乘除"8"或"16"。

总之，将十进制数转换为任何进制数时，对于整数部分的转换，所采用的方法都是"除基数取余法"；而对于小数部分的转换，则采用"乘基数取整法"。

4．二进制数和十六进制数之间的转换

（1）二进制数转换成十六进制数。

由于 2^4=16，可以用 4 位二进制数对应于 1 位十六进制数（0000～1111→0～F），所以将二进制数转换成十六进制数时可以采用"四位一并法"。即从小数点开始向左或向右，每 4 位 1 组，不足 4 位的用 0 补足，将每 4 位二进制数用 1 位与之相对应的十六进制数来代替即可。例如：

$$（0010\quad 1100\quad 1010\quad 0110\quad .1000\quad 1110\quad 1000）_2$$
$$（2\qquad C\qquad A\qquad 6\qquad .8\qquad E\qquad 8）_{16}$$

即：$(10110010100110.100011101)_2 = (2CA6.8E8)_{16}$

（2）十六进制数转换成二进制数。

其转换是二进制数转换成十六进制数的反过程，可以采用"一分为四法"。例如：

$$(3 \quad A \quad 5 \quad E \quad .7 \quad B)_{16}$$
$$(0011 \quad 1010 \quad 0101 \quad 1110 \quad .0111 \quad 1011)_2$$

即：$(3A5E.78)_{16} = (11101001011110.01111011)_2$

1.2.5　字符编码

字符包括西文字符（字母、数字、各种符号）和中文字符，即所有不可做算术运算的数据。由于计算机是以二进制的形式存储和处理数据的，因此字符也必须按特定的规则进行二进制编码才能进入计算机。字符编码首先需要编码的字符总数，然后将每一个字符按顺序确定序号，符号的大小无意义，仅作为识别与使用这些字符的依据。字符形式的多少涉及编码的位数。对西文和中文字符，由于形式的不同，使用不同的编码。

1. 西文字符的编码

计算机中的数据都是用二进制编码表示的，用以表示字符的二进制编码称为字符编码。计算机中最常用的字符编码是 ASCII 码，即美国国家标准信息交换码（American Standard Code for Information Interchange）。ASCII 包括 32 个通用控制字符、10 个十进制数码、52 个英文大小写字母和 34 个非图形字符[又称为控制字符，如空格（SP）、回车（CR）、删除（DLE）、退格（BS）等]，共 128 个元素，故需要用 7 位二进制数进行编码，以区分每个字符。通常使用一个字节（即 8 个二进制位）表示一个 ASCII 码字符，规定其最高位总是 0。表 1.4 列出了 ASCII 码的编码表。其排序次序为 $d_6d_5d_4d_3d_2d_1d_0$，d_6 为最高位，d_0 为最低位。

表 1.4　ASCII 码的编码表

$d_3d_2d_1d_0$ ＼ $d_6d_5d_4$	000	001	010	011	100	101	110	111	$d_3d_2d_1d_0$ ＼ $d_6d_5d_4$	000	001	010	011	100	101	110	111
0000	NUL	DLE	空格	0	@	P	、	p	1000	BS	CAN	(	8	H	X	h	x
0001	SOL	DC1	!	1	A	Q	a	q	1001	HT	EM	)	9	I	Y	i	y
0010	STX	DC2	"	2	B	R	b	r	1010	LF	SUB	*	:	J	Z	j	z
0011	ETX	DC3	#	3	C	S	c	s	1011	VT	ESC	+	;	K	[	k	{
0100	EOT	DC4	$	4	D	T	d	t	1100	FF	FS	,	<	L	\	l	|
0101	ENQ	NAK	%	5	E	U	e	u	1101	CR	GS	—	=	M	]	m	}
0110	ACK	SYN	&	6	F	V	f	v	1110	SO	RS	.	>	N	↑	n	-
0111	BEL	ETB	'	7	G	W	g	w	1111	SI	US	/	?	O	—	o	DEL

例如，分别用二进制数和十六进制数写出"GOOD！"的 ASCII 编码。

用二进制数表示：01000111B　01001111B　01001111B　01000100B　00100001B

用十六进制数表示：47H　4FH　4FH　44H　21H

2. 汉字的编码

ASCII 码只对英文字母、数字和标点符号进行编码。为了使计算机能够处理、显示、打印、交换汉字字符，同样也需要对汉字进行编码。我国于 1980 年发布了国家汉字编码标准 GB2312-1980，全称是《信息交换用汉字编码字符集——基本集》（简称 GB 码或国标码）。根据统计，把最常用的

6763 个汉字分为两级：一级汉字有 3755 个，按汉语拼音字母顺序排列；二级汉字 3 008 个，按偏旁部首顺序排列。由于一个字节只能表示 256 种编码，不足以表示 6763 个汉字，所以一个国标码用两个字节表示一个汉字，每个字节的最高位为 0。两个字节的代码，共可表示 128×128=16 384 个符号，而国标码的基本字符集中，目前只有 7 445 个字符。

为了避开 ASCII 码中的控制码，将 GB2312-1980 中的 6763 个汉字分为 94 区（行）、94 位（列）。由区号（行号）和位号（列号）构成了区位码。区位码最多可以表示 94×94=8836 个汉字。区位码由 4 位十进制数字组成，前两位为区号，后两位为位号。在区位码中，01~09 区为 682 个特殊字符，10~55 区为 3755 个一级汉字，56~87 区为 3008 个二级汉字。例如汉字的"华"的区位码为 2710，即它位于第 27 行、第 10 列。

区位码是一个 4 位十进制数，国标码是一个 4 位十六进制数。为了与 ASCII 码兼容，汉字输入区位码与国标码之间有一个简单的转换关系。具体方法是：将一个汉字的十进制区号和十进制位号分别转换为十六进制，然后再分别加上 20H（十进制就是 32），就成为了汉字的国标码。汉字"华"的区位码与国标码及转换如下：

区位码：2710D=1B0AH

国标码：1B0AH+2020H=3B2AH

2001 年，我国发布了 GB18030－2000 编码标准，即《信息交换用汉字编码字符集——基本集的扩充》，纳入编码的汉字约为 2.7 万个。

3.　汉字的处理过程

从汉字编码的角度看，计算机对汉字信息的处理过程实际上是各种汉字编码间的转换过程。这些编码主要包括：汉字输入码、汉字机内码、汉字字形码、汉字地址码等，这一系列的汉字编码及转换、汉字信息处理中的各种编码及流程如图 1.4 所示。

图 1.4　汉字信息处理系统的模型

（1）汉字输入码。为将汉字输入计算机而编制的代码称为汉字输入码，也称外码。汉字输入码是利用计算机标准键盘上按键的不同排列组合来对汉字输入而进行编码。目前已有几百种汉字输入编码法。一个好的输入编码应是：编码短，可以减少击键的次数；重码少，可以实现盲打；好学好记，便于学习和掌握。目前常用的输入法类别有：音码、形码、语言输入、手写输入或扫描输入等。可以想象，对于同一个汉字，不同的输入法有不同输入码，例如："中"字的全拼输入码是"zhong"，其双拼输入码是"vs"等。这种不同的输入码通过输入字典转换统一到标准的国标码。

（2）汉字机内码。也称汉字内码，是为在计算机内部对汉字进行存储、处理、传输的汉字编码，它应满足汉字的存储、处理和传输的要求。当一个汉字输入计算机后转换为内码，才能在计算机内传输、处理。汉字内码的形式也多种多样。目前，对应于国标码，一个汉字的内码用 2 个字节存储，并把每个字节的最高二进制位置"1"作为汉字内码的标识，以免与单字节的 ASCII 码发生混淆。如果用十六进制来表述，就是把汉字国标码的每个字节上加一个（80）H（即二进制数 10000000）。所以，汉字的国标码与其内码存在下列关系：

汉字的内码=汉字的国标码+（8080）H

如"华"字的国标码为 1B0AH，则"华"字的内码=1B0AH+8080H=9B8AH

（3）汉字字形码。经过计算机处理的汉字信息，如果要显示或打印出来供阅读，则必须将汉字内码转换成人们可读的方块汉字。汉字字形码又称汉字字模，用于汉字在显示屏或打印机输出。汉字字形码通常有两种表示方式：点阵和矢量表示方式。

用点阵表示字形时，汉字字形码指的是这个汉字字形点阵的代码。根据输出汉字的要求不同，点阵的多少也不同。简易型汉字为 16×16 点阵，提高型汉字为 24×24 点阵、32×32 点阵、48×48 点阵等，多用于打印输出。点阵规模越大，字形越清晰美观，所占存储空间也越大。点阵表示方式的缺点是字形放大后效果较差。

矢量表示方式存储的是描述汉字字形的轮廓特征，当要输出汉字时，通过计算机的计算，由汉字字型描述生成所需大小和形状的汉字点阵。矢量化字形描述与最终文字显示的大小、分辨率无关，因此可以产生高质量的汉字输出。Windows 中使用的 TrueType 技术就是汉字的矢量表示方式，它解决了汉字点阵字形放大后出现锯齿现象的问题。

（4）汉字地址码。汉字地址码是指汉字库（这里主要是指字形的点阵式字模库）中存储汉字字形信息的逻辑地址码。当需要向输出设备输出汉字时，必须通过地址码。字库中，字形信息都是按一定顺序（大多数按标准汉字交换码中汉字的排列顺序）连续存放在存储介质上的，所以汉字地址码也大多是连续有序的，而且与汉字内码间有着简单的对应关系，以简化汉字内码到汉字地址码的转换。

1.3 计算机系统

一个完整的计算机系统是由硬件系统和软件系统两部分组成的。如图 1.5 所示。

（1）硬件系统是构成计算机系统的物理实体或物理装置，是计算机进行工作的实体，主要由各种电子部件和机电装置组成。硬件系统的基本功能是接受计算机程序，并在程序的控制下完成数据输入、数据处理和输出结果等任务。

（2）软件是用于管理、运行和维护计算机的各种各样的程序、数据和文档的总和，是计算机系统的灵魂，其主要作用是提高计算机系统的工作效率，方便用户的使用，扩大计算机系统的功能。

（3）二者关系。硬件系统和软件系统是密切相关和互相依存的。硬件所提供的机器指令、低级编程接口和运算控制能力，是实现软件功能的基础。没有软件的硬件机器称为"裸机"。

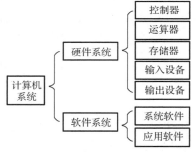

图 1.5 计算机系统组成

1.3.1 计算机硬件系统

目前所使用的各种型号的计算机均属于冯·诺依曼结构计算机，由控制器、运算器、存储器、输入设备和输出设备五大部分组成。其中，控制器和运算器统称为中央处理器。简称 CPU，它是计算机硬件系统的指挥中心。

在计算机内部，有两种信息在流动，如图 1.6 所示。一种是数据信息，即各种原始数据、中间结果、程序等，这些要由输入设备输入至运算器，再存于存储器中。在运算处理过程中，数据从存储器读入运算器进行运算，运算的结果要存入存储器中，或最后由运算器经输出设备输出。另一种为控制信息，即用户给计算机的各种命令（程序）以数据的形式由存储器送入控制器，由控制器译码后变为各种控制信号，由控制器控制输入设备的启动或停止，控制器、运算器按规定一步步地进行各种运算和处理，控制存储器的读或写，控制输出设备的输出结果。

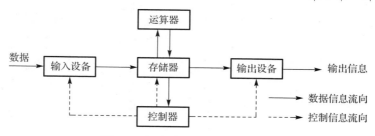

图 1.6　硬件系统中的两种信息流

（1）控制器。控制器是整个计算机的指挥中心，由它从存储器取出程序中的控制信息，经过分析后，按照要求给其他部分发出控制信号，使各部分能够协调一致地工作。

（2）运算器。运算器是一个"信息加工厂"，大量数据的运算和处理工作就是在运算器中完成的。其中的运算主要包括基本算术运算和基本逻辑运算。

（3）存储器。存储器是计算机中用来存放程序和数据的地方，并根据指令要求提供给有关部件使用。计算机中的存储器实际上是指由主存储器（内存）、辅助存储器（外存）和高速缓冲存储器组成的存储器系统。三者按存取速度、存储容量和价格的优劣组成层次结构，以适应 CPU 越来越高的速度要求。它们之间交换数据的层次如图 1.7 所示。

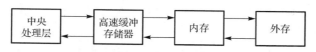

图 1.7　存储器系统交换数据的层次结构

（4）输入设备。输入设备的主要作用是把程序和数据等信息转换成计算机所能识别的编码，并按顺序送往内存。常见的输入设备有键盘、鼠标、扫描仪、数码相机、摄像机、卡片输入机等。

（5）输出设备。输出设备的主要作用是把计算机处理的数据、计算结果（或中间过程）等内部信息按人们要求的形式输出。常见的输出设备主要有显示器、打印机、绘图仪等。通常把输入设备和输出设备合称为 I/O（输入/输出）设备。

在计算机系统中，输入和输出设备通称为计算机的外部设备。近几年来，随着多媒体技术的迅速发展，各种类型的音频、视频设备都已列入计算机外部设备的范围之内。

1.3.2　计算机软件系统

软件系统是为运行、管理和维护计算机而编制的各种程序、数据和文档的总称。没有软件，计算机是无法正常工作的，它只是一台机器。实际上，用户所面对的是经过若干层软件"包装"的计算机，计算机的功能不仅取决于硬件系统，更大程度上是由所安装的软件系统决定的。硬件系统和软件系统互相依赖，不可分割。

计算机硬件、软件与用户之间的关系是一种层次关系，其中，硬件处于内层、用户在最外层，而软件则处于硬件和用户之间，用户通过软件使用计算机的硬件，如图 1.8 所示。

1．软件的概念

软件是计算机的灵魂，没有软件的计算机毫无用处。软件是用户与硬件之间的接口，用户通过软件使用计算机硬件资源。

（1）程序。程序是按照一定顺序执行的、能够完成某一任务的指令集合。

（2）程序设计语言。人与计算机之间的沟通，或者说人们让计算机完成某项任务，也需使用一种语言，就是计算机语言，也称为程序设计语言。有机器语言、汇编语言和高级语言三种。

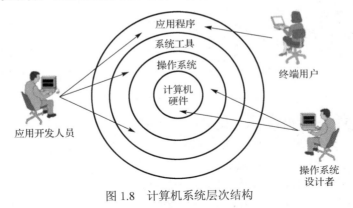

图 1.8　计算机系统层次结构

2．系统软件

计算机软件分为系统软件和应用软件两大类。系统软件是控制和协调计算机及外部设备，支持应用软件开发和运行的软件。系统软件的主要功能是调度、监控和维护计算机系统，负责管理计算机系统中各独立硬件，使得它们协调工作。系统软件使得底层硬件对计算机用户是透明的，用户使用计算机时无须了解硬件的工作过程。

系统软件是软件的基础，所有应用软件都是在系统软件上运行。系统软件通常包括操作系统、语言处理程序、数据库管理系统和系统辅助处理程序等，如图 1.9 所示。

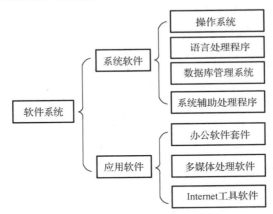

图 1.9　系统软件组成

（1）操作系统。系统软件中最重要、最基本的是操作系统。它是最底层的软件，它控制所有计算机上运行的程序并管理整个计算机的软、硬件资源，是计算机裸机与应用程序及用户之间的桥梁。没有它，用户无法使用其他软件或程序。操作系统是用户和计算机的接口，同时也是计算机硬件和其他软件的接口。

操作系统的功能包括管理计算机系统的硬件、软件及数据资源，控制程序运行，改善人机界面，为其他应用软件提供支持等。它使计算机系统的所有资源最大限度地发挥作用，提供各种形式的用户界面，使用户有一个好的工作环境，为其他软件的开发提供必要的服务和相应的接口。实际上，用户是不用接触操作系统的。操作系统管理着计算机的硬件资源，同时按照应用程序的资源请求，为其分配资源，如划分 CPU 时间、内存空间的开辟、调用打印机等。

操作系统位于底层硬件与用户之间，是两者沟通的桥梁。用户可以通过操作系统的用户界面输入命令。操作系统则对命令进行解释、驱动硬件设备、实现用户要求。以现代观点看，一个标准个人电脑的操作系统应该提供以下功能：

- 进程管理（Processing Management）；
- 内存管理（Memory Management）；
- 文件系统（File System）；
- 网络通信（Networking）；
- 安全机制（Security）；
- 用户界面（User Interface）；
- 驱动程序（Device Driver）。

操作系统的种类相当多，各种设备安装的操作系统从简单到复杂，可分为智能卡操作系统、实时操作系统、传感器节点操作系统、嵌入式操作系统、个人计算机操作系统、多处理器操作系统、网络操作系统和大型机操作系统。

按应用领域划分主要有三种：桌面操作系统、服务器操作系统和嵌入式操作系统。

① 桌面操作系统。桌面操作系统主要用于个人计算机。个人计算机市场从硬件架构角度主要分为两大阵营，PC 机与 MAC 机；从软件角度主要分为两大类：类 UNIX 操作系统和 Windows 操作系统。

- 类 UNIX 操作系统：Mac OS X Linux 发行版（如 Debian、Ubuntu、Linux Mint、openSUSE、Fedora 等）；
- Windows 操作系统 ：Windows XP、Windows Vista、Windows 7、Windows 8、Windows 8.1、Windows10 等。

② 服务器操作系统。服务器操作系统一般指的是安装在大型计算机上的操作系统，比如 Web 服务器、应用服务器和数据库服务器等。服务器操作系统主要集中在以下 3 大类：

- UNIX 系列：SUN Solaris、IBM-AIX、HP-UX、FreeBSD、OS X Server 等。
- Linux 系列：Red Hat Linux、CentOS、Debian、Ubuntu Server 等。
- Windows 系列：Windows NT Server、Windows Server 2003、Windows Server 2008、Windows Server 2012 等。

③ 嵌入式操作系统。嵌入式操作系统是应用在嵌入式系统的操作系统。嵌入式系统广泛应用在生活的各个方面，涵盖范围从便携设备到大型固定设施，如数码相机、手机、平板电脑、家用电器、医疗设备、交通灯、航空电子设备和工厂控制设备等，越来越多的嵌入式系统安装有实时操作系统。

在嵌入式领域常用的操作系统有嵌入式 Linux、Windows Embedded、VxWorks 等，以及广泛应用于智能手机或平板电脑等消费电子产品的操作系统，如 Android、iOS、Symbian、Windows Phone 和 BlackBerry OS 等。

（2）语言处理程序。要使计算机能够按人的意图工作，就必须使计算机懂得人的意图，接收人向它发出的命令和信息。计算机不懂人类的语言，人们要操纵计算机，就不得不使用特定的语言与之打交道，这种特定的语言就是计算机语言，又称为程序设计语言。

计算机语言也有其自身的发展过程，其出现的顺序是：机器语言、汇编语言、高级语言。

① 机器语言。机器语言是计算机硬件系统能够直接识别和执行的一种计算机语言，不需要翻译。机器语言中的每一条语句实际上是一条二进制形式的指令代码，由操作码和操作数组成。操作

码指出应该进行什么样的操作，操作数指出参与操作的数本身，或它在内存中的地址。为此，人们设计出了便于记忆的助记符式语言，即汇编语言。

② 汇编语言。汇编语言用助记符代替操作码，用地址符号代替操作数。由于这种"符号化"的做法，所以汇编语言也称为符号语言。

③ 高级语言。高级语言是由各种意义的词和数学公式按照一定的语法规则组成的，使用与自然语法相近的语法体系，它的程序设计方法比较接近人们的习惯，编写出的程序更容易阅读和理解。高级语言是面向问题，而不是面向机器，这种程序与具体机器无关，具有很强的通用性和可移植性。

目前，高级语言有面向过程和面向对象之分。传统的高级语言，一般是面向过程的，如 Basic、Fortran、C、Foxbase 等。随着面向对象技术的发展和完善，面向对象的语言有完全取代面向过程的语言的趋势，目前流行的面向对象的程序设计语言有：Visual Basic、Visual Fortran、Visual C++、Delphi、Visual Foxpro、Java、.NET 等。

④ 语言处理（翻译）程序。用各种程序设计语言编写的程序称为源程序。对于源程序，计算机是不能直接识别和执行的，必须由相应的解释程序或编译程序将其翻译成机器能够识别的目标程序（即机器指令代码），计算机才能执行。这正是语言处理程序所要完成的任务。

（3）数据库管理系统。

数据库管理系统是应用最广泛的软件，用于建立、使用和维护数据库，把各种不同性质的数据进行组织，以便能够有效地进行查询、检索并管理这些数据。传统的数据库系统有三种类型：关系型、层次型和网格型，使用较多的是关系型数据库。目前常用的中小型数据库有 Foxpro、Access 等，大型数据库有 SQL Server、Oracel、Sybase、Informix 等。

（4）系统辅助处理程序。

系统辅助处理程序主要是指一些为计算机系统提供服务的工具软件和支撑软件，如编辑程序、调试程序、系统诊断程序等。这些程序主要是为了维护计算机系统的正常运行，方便用户在软件开发和实施过程中的应用，如 Windows 系统的磁盘整理工具程序等。

3．应用软件

应用软件是用户可以使用的各种程序设计语言，以及用各种程序设计语言编制的应用程序的集合，分为应用软件包和用户程序。应用软件包是为利用计算机解决某类问题而设计的程序的集合。

（1）办公软件套件。办公软件是日常办公需要的一些软件，它一般包括文字处理软件、电子表格处理软件、演示文稿制作软件、个人数据库等。常见的办公软件套件包括微软公司的 Microsoft Office 和金山公司的 WPS Office 等。

（2）多媒体处理软件。多媒体处理软件主要包括图形处理软件、图像处理软件、动画制作软件、音/视频处理软件、桌面图文混排软件等，如 Adobe 公司的 Illustrator、Photoshop、Flash、Premiere 和 PageMaker 等。

（3）Internet 工具软件。随着 Internet 的普及，涌现了许多基于 Internet 环境的应用软件，如 Web 服务器软件、Web 浏览器、文件传送 FTP、远程访问 Telnet、下载工具迅雷等。

4．计算机的工作原理

计算机之所以能高速、自动地进行各种计算，一个重要的原因是采用了冯·诺依曼提出的存储程序和程序控制的思想，即事先将用计算机能够识别的语言（计算机语言）编写的程序和所需的各种原始数据存储在计算机的存储器中，然后在控制器的控制下逐条取出指令、分析指令和执行指令，最终完成相应的操作。

计算机的工作过程实际就是计算机执行程序的过程。执行程序就是依次执行程序的指令。一条指令执行完毕后，CPU 再取下一条指令执行，如此下去，直到程序执行完毕。计算机完成一条指令操作分为取指令、分析指令、执行指令三个阶段。

1.4　多媒体技术

多媒体技术是一门跨学科的综合技术，它使得高效而方便地处理文字、声音、图像和视频等多种媒体信息成为可能。

1.4.1　多媒体技术的概念

1．什么是多媒体

计算机领域的多媒体（Multimedia）包括文本（Text）、图形（Graphics）、声音（Sound）、动画（Animation）、视频（Video）等。

2．多媒体技术

多媒体技术是指能够同时对两种或两种以上的媒体进行采集、操作、编辑、存储等综合处理的技术。多媒体技术是集文字、声音、图形、图像、视频和计算机技术于一体的综合技术。多媒体技术以计算机软/硬件技术为主体，包括数字化信息技术、音频和视频技术、通信和图像处理技术，以及人工智能技术和模式识别技术等，是一门多学科、多领域的高新技术。

3．多媒体技术的特征

多媒体是融合两种以上媒体的人机交互式信息交流和传播的媒体，具有以下特点：

（1）信息载体的多样性，这是相对于计算机而言的，即指信息媒体的多样性；

（2）多媒体的交互性，指用户可以与计算机的多种信息媒体进行交互操作，从而为用户提供了更加有效地控制和使用信息的手段；

（3）集成性，指以计算机为中心综合处理多种信息媒体，包括信息媒体的集成和处理这些媒体的设备的集成；

（4）数字化，指媒体以数字形式存在；

（5）实时性，指多媒体系统中声音及活动的视频图像是强实时的。

1.4.2　多媒体的数字化

多媒体信息可以从计算机输出界面向人们展示丰富多彩的文、图、声等信息，而在计算机内部都是以转换成 0 和 1 的数字化信息后进行处理的，然后以不同文件类型进行存储。

1．音频（Audio）

音频也就是声音，是人们用来传递信息和交流感情最方便、最熟悉的方式之一。对声音元素的运用水平往往被当成评判一个多媒体软件是否具有专业级质量的重要依据。

（1）声音的数字化。

声音是由振动的声波组成的，其特性包括振幅、周期与频率等。声音用电表示时，声音信号是在时间上和幅度上都连续的模拟信号。而计算机只能存储和处理离散的数字信号。将连续的模拟信号变成离散的数字信号就是数字化，数字化的基本技术是脉冲编码调制（Pulse Code Modulation，PCM），主要包括采样、量化、编码 3 个基本过程。

为了记录声音信号，需要每隔一定的时间间隔获取声音信号的幅度值，并记录下来，这个过程称为采样。采样是以固定时间间隔对模拟波形的幅度值进行抽取，把时间上连续的信号变成时间上离散的信号。该时间间隔称为采样周期，其倒数称为采样频率。根据奈奎斯特采样定理，当采样频率大于或等于声音信号最高频率的两倍时，采样之后的数字信号可以完整地保留原始信号中的信息。

获取的样本幅度值用数字量来表示，这个过程称为量化。量化就是将一定范围内的模拟量变成某一最小数量单位的整数倍。表示采样点幅值的二进制位数称为量化位数，它是决定数字音频质量的另一重要参数，一般为 8 位、16 位。量化位数越大，采集到的样本精度就越高，声音的质量就越高，需要的存储空间也就越多。

记录声音时，每次只产生一组声波数据，称为单声道；每次产生两组声波数据，称为双声道。双声道具有空间立体效果，但所占存储空间比单声道多一倍。

经过采样、量化后，还需要进行编码，即将量化后的数值转换为二进制码组。编码是将量化的结果用二进制数的形式表示。有时也将量化和编码过程统称为量化。

最终产生的音频数据量（B）=采样时间（S）×采样频率（Hz）×量化位数（b）×声道数/8

（2）声音文件格式。

存储声音信息的文件格式有很多种，常用的有 WAV、MP3、WMA、AAC、VOC 文件等。

① WAV（波形音频文件）。是微软公司专门为 Windows 开发的一种标准数字音频文件，该文件能记录各种单声道或立体声的声音信息，并能保证声音不失真。它以“.wav”作为文件的扩展名，主要针对外部音源（麦克风、录音机）录制，然后经声卡转换成数字化信息，播放时还原成模拟信号由扬声器输出。WAV 文件直接记录了真实声音的二进制采样数据，是 PC 机上最为流行的声音文件格式；但其文件较大，多用于存储简短的声音片段。它是对声音信号进行采样、量化后生成的声音文件。

② MP3（压缩存储音频文件）。MP3 的全称是 MPEG-1 Audio Layer-3，它是一种高效的计算机音频编码方案，它以较大的压缩比将音频文件转换成较小的扩展名为.MP3 的文件，基本保持原文件的音质。MP3 音乐在日常生活中和网络上非常普及，其音质稍差于 WAV 文件。

③ RealAudio 文件。是 Real Network 公司推出的一种网络音频文件格式，采用了“音频流”技术，最大的特点就是可以实时传输音频信息，尤其是在网速较慢的情况下，仍然可以较为流畅地传送数据，因此 RealAudio 主要用于在线播放。现在的 RealAudio 文件格式主要有 RA、RM、RMX 三种，这些文件的共性在于随着网络带宽的不同而改变声音的质量，在保证大多数人听到流畅声音的前提下，使带宽较高的听众获得较好的音质。

④ 数字音频文件（MIDI）。MIDI（Musical Instrument Digital Interface，音乐设备数字接口）是指音乐数据接口，是 MIDI 协会设计的音乐文件标准。它是电子乐器之间，以及电子乐器与计算机之间的统一国际标准交流协议。从广义上可以将其理解为电子合成器、电脑音乐的统称，包括协议和设备。

MIDI 音频文件是一系列音乐动作的记录，如按下钢琴键、踩下踏板、控制滑动器等。MIDI 文件是以某一种乐器的发声为其数据记录的基础，因而在播出时也要有这种乐器与之相应，否则声音效果就会大打折扣。一个精巧的 MIDI 文件能够产生复杂的声音序列去控制乐器或合成器进行播放，它占用很小的存储空间，而且可以做细微的修改。

MIDI 音频的缺点是它的设备相关性以及不适于表达语言声音。

⑤ 光盘数字音频文件（CD-DA）。光盘数字音频文件采样频率为 44.1kHz，每个采样使用 16 位存储信息。用光盘存储音频文件不仅提供了高质量的音源，还无须硬盘存储声音文件，声音直接通过光盘由 CD-ROM 驱动器特定芯片处理后发出。

3. 图形（Graphic）和静态图像（Still Image）

（1）图形。图形是指从点、线、面到三维空间的黑白或彩色几何图，也称矢量图（Vector Graphic）；图形主要由直线和弧线（包括圆）等线条实体组成。这使得计算机中图形的表示常常使用"矢量法"而不是采用位图来表示。矢量图形主要用于线型的图画、美术字、统计图和工程制图等，多以"绘制"和"创作"的方法产生，其特点是占据的存储空间较小，但不适于表现较复杂的图画。

图形有二维（Two Dimension，2D）和三维（Three Dimension，3D）图形之分。二维图形是只有 x、y 两个坐标的平面图形，三维图形是指具有 x、y、z 三个坐标的立体图形。

图形的绘制需要专门的图形编辑软件，AutoCAD 是著名的图形设计软件，它使用的".DWG"图形文件就是典型的矢量化图形文件。

（2）静态图像。静态图像不像图形那样有明显规律的线条，因此在计算机中难以用矢量来表示，基本上只能用点阵来表示，其元素代表空间的一个点，称之为像素（Pixel），这种图像也称为位图。

图形与图像在普通用户看来是一样的，而对多媒体信息制作来说是完全不同的。同样一个圆，若采用图形媒体元素表示，则数据文件中只需记录圆心坐标点（x，y）、半径 r 及色彩编码；若采用图像元素表示，在数据文件中必须记录在哪些位置上有什么颜色的像素点。

位图主要用于表示真实照片图像和包含复杂细节的绘画等，其特点是显示速度快，但占用的存储空间较大。这类图像多来源于扫描和复制。

（3）图形和静态图像的参数。图形技术的关键是图形的生成与再现，而图像的关键技术是图像的扫描、编辑、无失真压缩、快速解码和色彩一致性再现等。图像处理时要考虑以下 4 个因素。

① 分辨率。分辨率影响图像质量，通常分辨率包括 3 种：

屏幕分辨率：是指计算机屏幕显示图像的最大显示区，以水平和垂直像素点表示。目前，普通 PC 的全屏幕显示共有 1 280（像素/行）×1 024（行）= 1 310 720 像素点。

图像分辨率：是指数字化图像的大小，以水平和垂直像素点表示，与屏幕分辨率是两个截然不同的概念。

像素分辨率：是指像素的高宽比，一般为 1∶1。在像素分辨率不同的计算机间传输图像时会产生畸变。

② 图像灰度。是指每个图像的最大颜色数，屏幕上每个像素都用一个或多个二进制位描述其颜色信息。对于黑白图像常采用 1 个二进制的位表示；对于灰度图像常用 4 个二进制的位（16 种灰度等级）或 8 个二进制的位（256 种）表示；对于彩色图像常用 16 个二进制的位或 24 个二进制的位[2^{24}=16 777 216（16M）]表示，还可以采用 32 位表示，把采用 24 位以上表示的称为真彩色。彩色图像的像素通常由红（R）、绿（G）、蓝（B）三种颜色搭配而成。当 R、G、B 三色以不同的值搭配时，就形成了 1600 多万种颜色。若 R、G、B 全部设置为 0，则为黑色；若全部设置为 255，则为白色。

③ 图像文件的大小。图像文件的大小用字节数来表示，其描述方法为：水平像素数×垂直像素数×灰度位数÷8。

例如，一张 3×5（英寸×英寸）的彩色照片，经扫描仪扫描进计算机中成为数字图像，若扫描分辨率达 1 200 dpi（点/英寸），则数字图像文件大小为

$$5×1\ 200×3×1\ 200×24÷8 = 64\ 800\ 000\ B ≈ 64\ MB$$

④ 图像文件的类型。图形、图像文件的格式非常多，常见的有*.bmp 文件、*.jpg 文件、*.gif 文件，还有*.dib、*.tif、*.tga、*.pic 等格式。同一内容的素材，采用不同的格式，其形成的文件的大小和质量有很大的差别。如一幅 640×480 的采用 24 位颜色深度的图像，如果采用 bmp 格式，则

这个图像的文件大小为 900 KB 左右；若转用 jpg 格式（一种应用图像压缩技术处理的文件格式），则该图像文件的大小只有 35 KB 左右。考虑到文件的传输或存储方便，有时候要选用文件较小的格式，如网页制作时一般都不采用 bmp 格式，而采用 jpg、gif 格式。另外，矢量图的主要格式有 *.wmf 文件、*.emf 文件、*.dxf 文件等。

4．视频（Video）

视频是一种活动影像，与电影（Movie）和电视原理是一样的，都是利用人眼的视觉暂留现象，将足够多的画面（Frame，帧）连续播放，只要能够达到每秒 20 帧以上，人的眼睛就察觉不出画面之间的不连续性。电影是以每秒 24 帧的速度播放，电视播放速度有 25 帧/秒（PAL 制）和 30 帧/秒（NTSC 制）两种。活动影像如果频率在 15 帧/秒以下，则产生明显的闪烁甚至停顿；相反，若提高至 50 帧/秒甚至 100 帧/秒，则感觉到图像极为稳定。

视频的每一帧实际上是一幅静态图像，所以存储量很大，目前采用 MPEG 动态图像压缩技术。视频影像文件的格式在 PC 机中主要有 3 种：

（1）AVI 格式。AVI（Audio Video Interleaved，声音/影像交错）格式是 Windows 操作系统所使用的动态图像格式，不需要特殊的设备就可以将声音和影像同步播出。这种格式的数据量较大。

（2）MPG 格式。MPG 格式是 MPEG（Motion Photographic Experts Group，活动图像专家组）制定出来的压缩标准所确定的文件格式，供动画和视频影像用。这种格式数据量较小。

（3）ASF 格式。ASF（Advanced Stream Format）格式是微软公司采用的流式媒体播放的格式，比较适合在网络上进行连续的视频播放。

视频图像输入计算机是通过摄像机、录像机或电视机等视频设备的 AV 输出信号，送至 PC 内视频图像捕捉卡进行数字化而实现的。数字化后的图像通常以 AVI 格式储存，如果图像卡具有 MPEG 压缩功能，或用软件对 AVI 格式文件进行压缩，则以 MPG 格式储存。新型数字化摄像机可直接得到数字化图像，不再需要通过视频捕捉卡，直接通过 PC 的并行口、SCSI 口或 USB 口等数字接口输入计算机。

5．动画（Animation）

动画也是一种活动影像，最典型的是卡通片。动画与视频影像不同的是：视频影像一般是指生活中所发生的事件的记录，而动画通常是指人工创作出来的连续图形所组合成的动态影像。

动画也需要每秒 20 帧以上的画面，每个画面的产生可以是逐幅绘制出来的（如卡通画片），也可以是实时"计算"出来的（如中央电视台新闻联播节目片头）。

FCI/FLC 是 Autodesk 设计的动画文件格式，AVI 格式、MPG 格式也可以用于动画。最著名的三维动画制作软件是 Autodesk 公司的 3DS MAX 软件和 Alias/Wavefront 公司的 MAYA 软件。

6．超文本（Hyper Text）

超文本是一种非线性的信息组织与表达方式。从实现手段看，超文本也是一种文本文件，它在文本的适当位置创建有链接信息（通常称为超链接），用来指向和文本相关的内容，使阅读者仅对感兴趣内容进行跳跃式阅读。通常的做法是只需用鼠标单击超链点，就可以直接转移到与该超链点相关联的内容。

与超链点相关联的内容可以是普通的文本，也可以是图像、声音、图形、动画、视频等多媒体信息，甚至可以是相关资源的网络站点。此时，超文本的概念被延伸成超媒体。

Windows 系统的帮助文件是超文本应用的一个实例。阅读帮助文件时，用鼠标单击"目录"对话框标签，并将鼠标指针移动到"目录"纲目上，此时鼠标指针就变成手指形指针，同时纲目的颜色变成蓝色，并自动加上下画线，这就暗示读者此处有一个链接，单击鼠标左键，与该超链点相关联的内容就会立即呈现出来。Internet 的 Web 页面使用了一种超媒体的文件格式，称为超文本标记语言（HTML），扩展名为“.html”或“.htm”。

目前，可视化的超文本编辑工具如 Word、FrontPage 等可用来创建超文本。

1.4.3　多媒体信息的数据压缩技术

多媒体数据之所以能够压缩，是因为视频、图像、音频这些媒体具有很大的压缩力。以目前常用的位图格式的图像存储方式为例，在这种形式的图像数据中，像素与像素之间无论在行方向还是在列方向都具有很大的相关性，因而整体上数据的冗余度很大，在允许一定限度失真的前提下，能对图像数据进行很大程度的压缩。

1．数据压缩技术指标

有三个重要的指标可以衡量一种数据压缩技术的好坏：一是压缩比要大，即压缩前后所需的信息存储量之比要大；二是实现压缩的算法要简单，压缩、解压缩速度要快，尽可能地做到实时压缩和解压缩；三是恢复效果好，要尽可能地恢复原始数据。

2．数据压缩技术

随着数字通信技术和计算机技术的发展，数据压缩技术也已日臻成熟，适合各种应用场合的编码方法不断产生，目前常用的压缩编码方法可以分为两大类：一类是冗余压缩法，也称无损压缩法；另一类是熵压缩法，也称有损压缩法。

（1）冗余压缩法去掉或减少了数据中的冗余，但这些冗余值可以重新插入到数据中，因此，冗余压缩是可逆的过程。例如，需压缩的数据长时间不发生变化，此时连续的多个数据样值将会重复。这时若只存储不变样值的重复数目，显然会减少存储数据量，且原来的数据是可以从压缩后的数据中重新构造出来的，信息没有损失，因此冗余压缩法也称无失真压缩法。典型的冗余压缩法有 Huffman 编码、Fano-Shannon 编码、算术编码、游程编码、Lempel-Ziv 编码等。

（2）有损数据压缩方法是经过压缩、解压缩的数据与原始数据不同但是非常接近的压缩方法。有损数据压缩又称破坏型压缩，即将次要的信息数据压缩掉，牺牲一些质量来减少数据量，使压缩比提高。压缩时损失的信息是不能再恢复的，因此这种压缩法是不可逆的。这种方法经常用于互联网，尤其是流媒体以及电话领域。

习　题　1

一、选择题

1. 1946 年诞生了世界上第一台电子计算机，它的英文名字是（　　）。
   A．UNIVAC-I　　　　B．EDVAC　　　　C．ENIAC　　　　D．Mark-2
2. 现代计算机正朝两极方向发展，即（　　）。
   A．专用机和通用机　　　　　　　B．微型机和巨型机
   C．模拟机和数字机　　　　　　　D．个人机和工作站
3. CAD 的中文含义是（　　）。
   A．计算机辅助设计　　　　　　　B．计算机辅助制造
   C．计算机辅助工程　　　　　　　D．计算机辅助教学

4. 关于电子计算机的特点，以下论述错误的是（　　）。
   A. 运算速度快　　　　　　　　　　　B. 运算精度高
   C. 具有记忆和逻辑判断能力　　　　　D. 运行过程不能自动、连续，需人工干预

5. 数值 10H 是（　　）的一种表示方法。
   A. 二进制数　　　　B. 八进制数　　　　C. 十进制数　　　　D. 十六进制数

6. 国标码（GB2312—1980）依据使用频度，把汉字分成（　　）。
   A. 简化字和繁体字　　　　　　　　　B. 一级汉字、二级汉字、三级汉字
   C. 常用汉字和图形符号　　　　　　　D. 一级汉字、二级汉字

7. BCD 是专门用二进制数表示（　　）的编码。
   A. 字母符号　　　　B. 数字字符　　　　C. 十进制数　　　　D. 十六进制数

8. 国标码（GB2312—1980）是（　　）的标准编码。
   A. 汉字输入码　　　B. 汉字字形码　　　C. 汉字机内码　　　D. 汉字交换码

9. 在计算机的工作过程中，（　　）从存储器中取出指令，进行分析，然后发出控制信号。
   A. 运算器　　　　　B. 控制器　　　　　C. 接口电路　　　　D. 系统总线

10. 电子计算机存储器可以分为（　　）和辅助存储器。
   A. 外存储器　　　　B. C 盘　　　　　　C. 大容量存储器　　D. 主存储器

11. 工作中电源突然中断，则计算机（　　）中的信息全部丢失，再次通电后也不能恢复。
   A. ROM　　　　　　B. ROM 和 RAM　　C. RAM　　　　　　D. 硬盘

二、简答题

1. 世界上第一台电子计算机产生的时间、地点？被命名为什么？

2. 冯·诺依曼结构计算机的工作原理的核心是什么？它所具有的三个要点是什么？

3. 计算机的发展经历了哪几个阶段？各阶段的主要特征是什么？

4. 计算机的发展趋势是什么？

5. 计算机具有哪几个方面的特点？

6. 计算机的主要应用范围是什么？

7. 计算机都有哪些分类方法？各分为哪几类？

8. 什么是 BCD 码？3908 的 BCD 码是什么？

9. 什么是 ASCII 码？大写英文字母、小写英文字母与数字三者 ASCII 码的大小顺序如何？

10. 常用的汉字编码有几种？它们各自的用途是什么？

11. 微型计算机的内存和外存的功能各是什么？两者有何区别？

12. 什么是字长？什么是计算机的主频？

13. 什么是多媒体技术？多媒体系统有何特征？

14. 多媒体计算机的实现方案有哪两种？

15. 多媒体计算机所涉及的主要技术有哪些？

第 2 章

Windows 10 操作系统

2.1 Windows 10 操作系统概述

Windows 10 操作系统是微软公司于 2015 年 7 月推出的新一代跨平台及设备应用的操作系统，该操作系统贯彻了"移动为先，云为先"的设计思路，一云多屏，多个平台共用一个 Windows 应用商店，应用统一更新和购买，是跨平台最广的操作系统。该操作系统可以运行在手机、平板、台式机以及 Xbox One 等设备中。

2.1.1 Windows 10 操作系统版本介绍

Windows 10 操作系统包括 7 个不同的版本，分别为 Windows 10 家庭版（Windows 10 Home）、Windows 10 专业版（Windows 10 Pro）、Windows 10 企业版（Windows 10 Enterprise）、 Windows 10 教育版（Windows 10 Education）、Windows 10 移动版（Windows 10 Mobile）、Windows 10 物联网核心版（Windows 10 IoT Core）以及 Windows10 学校版（Windows 10 x）。

（1）家庭版。

Windows 10 家庭版主要是面向消费者和个人 PC 用户的电脑系统版本，适合个人或家庭电脑使用。Windows 10 家庭版不能加入域，不能使用远程桌面，也没有微软的虚拟机 Hyper-V。

（2）专业版。

Windows 10 专业版主要面向一些技术人员和中小企业，内置了 Windows 10 增强的技术，其主要体现在安全性和一些适合技术人员的组件，如 Bitlocker 驱动器加密、安全启动、设备保护和 Windows Update for Business。Windows 10 Pro 还整合了"云技术"，更方便地在不同电脑中同步数据。在原有的家庭版基础上，强化了保密功能和系统升级功能。

（3）企业版。

Windows 10 企业版主要是在专业版基础上增加了专门针对大中型企业需求开发的高级功能，适合企业用户。

Windows 10 企业版包括了 Windows 10 所有的功能，另外还针对企业用户增加了相应的功能，如部署和管理 PC 机、虚拟化以及先进的安全性等功能。Windows 10 企业版能够支持系统更新的自主选择，可以选择忽略功能性的升级，更加安全。但需要注意的是一般用户无法从 Windows 7 和 Windows 8 中直接升级到 Windows 10 企业版。

（4）教育版。

Windows 10 教育版是基于企业版进行开发的适合于学校职员、管理人员、老师和学生使用的一款操作系统，其功能几乎和企业版一样，但仅针对学校授权。Windows 10 教育版提供了个性化、融合化及沉溺式的学习体验，可以帮助学生和教师更加有效地传授知识。教育版具有极高的安全性能，使用比较灵活，特别适合学生使用。

（5）移动版。

Windows 10 移动版仅包含 Windows 10 中的关键功能，包括 Edge 浏览器以及全新触摸友好版的 Office，但是它并未内置 IE 浏览器。在用户硬件条件充分的前提下，能够将手机或平板电脑直接插入显示屏，并且获得 Continuum 用户界面，它为用户提供了更大的开始菜单以及与 PC 中通用应用相同的用户界面。

（6）物联网核心版。

Windows 10 物联网核心版主要面向低成本的物联网设备。与电脑版系统不同，Windows 10 物联网版本没有统一的用户界面，物联网的开发商需要利用 Windows 10 的通用软件为不同的物联网设备开发出不同的界面。

（7）学校版。

Windows 10 x 系统是一款专门支持双屏和折叠屏设备的系统，Windows 10 x 采用了全新的 Launcher 启动器，界面和智能手机相似，Windows 10 x 属于 windows 10 的延伸版本。

2.1.2 Windows 10 操作系统的功能和特点

（1）生物识别技术：Windows 10 新增的 Windows Hello 功能提供了一系列用于生物识别技术的支持，除了常见的指纹扫描，系统还能够通过面部或虹膜扫描来实现系统登录。

（2）Cortana 搜索功能：Cortana 可以用来搜索硬盘内的文件、系统设置、安装的应用程序，甚至是互联网中的其他信息。

（3）平板模式：Windows 10 提供了针对触控屏设备优化的功能，同时还提供了专门的平板电脑模式，开始菜单和应用都将以全屏模式运行。

（4）桌面应用：微软放弃 Metro 风格，回归传统风格，用户可以方便地调整应用窗口大小，标题栏、最大化与最小化按钮重新加入程序窗口当中。

（5）多桌面：Windows 10 引入的虚拟桌面功能使用户可以将窗口放进不同的虚拟桌面当中，并在其中进行轻松切换，使原本杂乱无章的桌面变得更加整洁美观。

（6）开始菜单进化：Windows 10 将 Windows 7 的开始菜单功能与 Windows 8 的开始屏幕进行了有机结合。单击屏幕左下角的 Windows 键打开开始菜单之后，在打开包含系统关键设置和应用列表的传统开始菜单的同时，标志性的动态磁贴也会出现在右侧。

（7）任务切换器：Windows 10 的任务切换器不再仅显示应用图标，而是可以通过大尺寸缩略图的方式进行预览。

（8）任务栏的微调：在 Windows 10 的任务栏中，新增了 Cortana 和任务视图按钮，与此同时，系统托盘内的标准工具也匹配 Windows 10 的设计风格，不仅可以查看到可用的 Wi-Fi 网络，还可以对系统音量和显示器亮度进行调节。

（9）贴靠辅助：Windows 10 不仅可以让窗口占据屏幕左右两侧的区域，还能将窗口拖拽到屏幕的四个角落使其自动拓展并填充 1/4 的屏幕空间。在贴靠一个窗口时，屏幕的剩余空间内还会显示其他已开启应用的缩略图，单击之后可将其快速填充到这块剩余的屏幕空间中。

（10）通知中心：Windows Phone 8.1 的通知中心功能再次被加入到了 Windows 10 当中，让用户可以方便地查看来自不同应用的通知，此外，通知中心底部还提供了一些系统功能的快捷开关，比如平板模式、便签和定位等。

（11）命令提示符窗口升级：在 Windows 10 中，用户不仅可以对 CMD 窗口的大小进行调整，还能使用辅助粘贴等快捷键。

（12）文件资源管理器升级：Windows 10 的文件资源管理器会在主页面上显示用户常用的文件和文件夹。

（13）兼容性增强：只要能运行 Windows 7 操作系统，就能更加流畅地运行 Windows 10 操作系统。针对固态硬盘、生物识别、高分辨率屏幕等硬件都进行了优化支持与完善。

（14）安全性增强：除继承旧版 Windows 操作系统的安全功能外，还引入了 Windows Hello、Microsoft Passport、Device Guard 等安全功能。

（15）新技术融合：在易用性、安全性等方面进行了深入的改进与优化。针对云服务、智能移动设备、自然人机交互等新技术进行了高度融合。

2.2　Windows 10 操作系统的安装与初始设置

2.2.1　Windows 10 操作系统的硬件配置要求

Windows 10 操作系统在易用性和安全性方面有了极大的提升，除针对云服务、智能移动设备、自然人机交互等新技术进行融合外， 还对固态硬盘、生物识别、高分辨率屏幕等硬件进行了优化完善与支持。

Windows 10 操作系统的软件与硬件兼容性与以往系统相比有了全新升级，能够兼容更多软件。Windows 10 操作系统对计算机的硬件配置需求见表 2-1。

表 2-1　Windows 10 操作系统的硬件配置需求表

最低配置需求	CPU 主频需要在 1 GHz 以上，内存至少 1 G，推荐 2 GB，支持 Directx 9 的显卡，硬盘空间需要 16 GB 以上
标准配置需求	2 G 以上内存，支持 Directx 9 及以上版本的显卡，显示器分辨率为 800×600 以上，对于 Windows 10 正式版显示器尺寸为 7 英寸，其他配置与最低配置相同
推荐配置需求	CPU 建议采用双核、四核或更先进的处理器，以确保 Windows 10 系统的高效运行； 内存建议 4 G 以上，以更好地支持多任务方式并行运行大型软件； 显示器建议选用"触屏"显示器，以支持 Windows 10 系统支持的"触屏"功能

2.2.2　Windows 10 操作系统的安装

Windows 10 操作系统的安装方式包括全新安装和升级安装。

1．全新安装

全新安装是指不在现有的系统基础上安装新系统，而是完全独立地安装一个新的系统。安装时往往要将 C 盘中的所有文件清除，或格式化 C 盘后重新安装系统。以全新方式安装的系统，是最纯净的系统，无须担心原系统中的问题会遗留下来，如病毒、木马等。当计算机因为病毒的原因造成系统崩溃而无法工作时，最好的解决方案就是全新安装系统，因为只有这样才能保证用户的电脑安装之后是完全健康的，以免病毒驻留的信息再次破坏用户系统。

Windows 10 操作系统的全新安装可以使用 Windows 10 安装光盘引导计算机进行全新安装，也可以在 Windows 环境下使用虚拟光驱装载 ISO 镜像进行全新安装。下面将以第二种方式介绍 Windows 10 系统的安装过程。

（1）首先进入微软官方网站下载 Windows 10 系统，如图 2.1 所示。

（2）将下载好的 Windows 10 系统的 iso 文件拷贝到事先准备好的 U 盘中，如图 2.2 所示。

图 2.1　下载好的 Windows 10 系统安装文件

（3）利用 U 盘启动计算机，并按照操作提示执行全新安装，此时将首先进入选择语言界面，如图 2.3 所示。

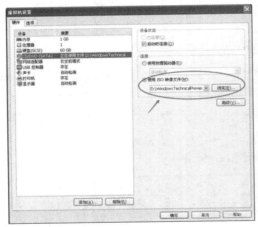

图 2.2　创建好的镜像安装优盘

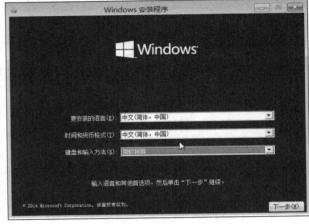

图 2.3　语言选择窗口

（4）进行必要的选择后单击"下一步"按钮，进入 Windows 10 安装界面，如图 2.4 所示。

（5）单击"现在安装"按钮，打开"许可条款"对话框，如图 2.5 所示。

图 2.4　Windows 10 安装界面

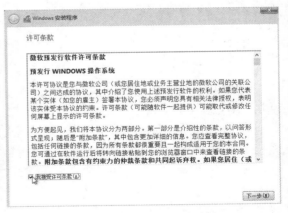

图 2.5　"许可条款"对话框

（6）勾选"我接受许可条款"复选框，并单击"下一步"按钮，打开"安装类型选择"对话框，如图 2.6 所示。

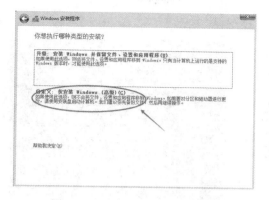

图 2.6 "安装类型选择"对话框

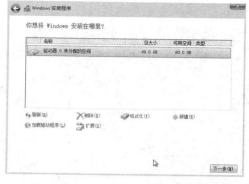

图 2.7 "安装位置选择"对话框

（7）选择"自定义"安装方式，打开"安装位置选择"对话框，如图 2.7 所示。

（8）单击"新建"，将新建一个安装磁盘，如图 2.8 所示。

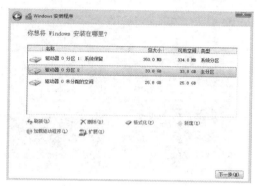

图 2.8 新建一个安装磁盘

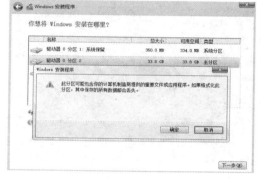

图 2.9 "格式化警告"对话框

（9）选中新建的磁盘后单击"格式化"按钮，弹出"格式化警告"对话框，如图 2.9 所示。

（10）单击"确定"按钮，开始进行格式化，格式化完成后，单击"下一步"按钮，开始进行安装文件复制，如图 2.10 所示。

（11）经过大概一两分钟后，开始准备安装文件，如图 2.11 所示。

图 2.10 安装文件复制

图 2.11 准备安装文件

（12）安装文件准备就绪后，将进入设备准备阶段，如图 2.12 所示。

（13）设备准备完成后将进入系统设置界面，如图 2.13 所示。

图 2.12　设备准备阶段

图 2.13　系统设置界面

（14）在此选择"使用快速设置"将进入计算机网络检查界面，如图 2.14 所示。

（15）首先进行 Internet 连接检查，检查完成后，进入"用户账户"①创建界面，如图 2.15 所示。

图 2.14　网络检查界面

图 2.15　"用户账户"创建界面

（16）单击"创建本地账户"按钮进入账户设置界面，如图 2.16 所示。

（17）输入用户名、密码、确认密码后进行密码提示设置，设置完成后单击"完成"命令按钮，进入完成系统配置界面，如图 2.17 所示。

图 2.16　账户设置界面

图 2.17　完成系统配置界面

（18）大约几分钟后，完成整个系统安装，出现如图 2.18 所示的 Windows 10 系统桌面。

---

① Windows 中使用"帐户"，本书采用规范词"账户"。

2．升级安装

升级安装是指在不删除原有系统的基础上，以新系统的安装文件替换原有的 Windows 7 和 Windows 8.1 系统文件。即无须删除原系统所在磁盘分区，直接升级原有系统文件。

升级安装过程比较简便，可以到微软官方网站下载升级工具进行安装，也可以下载 Windows 10 iso 镜像完成本地升级安装。如果用户想通过 iso 镜像升级 Windows 10 操作系统，则需要首先使用 WinRAR 把 Windows 10 iso 镜像解压到 C 盘之外的分区，或者直接使用虚拟光驱加载。接着双击"Setup.exe"打开安装界面，然后按照提示操作即可完成安装。

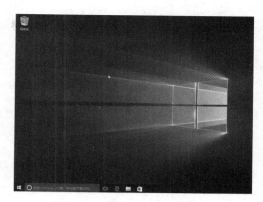

图 2.18　Windows 10 系统桌面

理论上，用户升级安装完系统后，原系统所在的分区中的文件（包括用户个人数据，如照片、音乐、视频、文档、软件程序等）都会保留下来。但采用升级方式安装后，原系统中的个别程序有可能出现兼容性问题导致使用不正常。如果原系统中的软件程序等曾经被病毒感染，那么升级系统，该被感染的程序和病毒依然有可能留存下来。因此建议用户在日常使用计算机的过程中，最好将自己的工作数据存放在非系统盘上，一旦系统出现故障需要重新安装时，直接采用全新安装方式。

2.2.3　Windows 10 操作系统的初始设置

1．Windows 10 桌面图标设置

Windows 10 安装完成后，默认的 Windows 10 桌面上只有一个"回收站"图标，"此电脑""网络""用户文件夹"等图标都是默认不显示的，用户可以通过"桌面图标设置"功能添加或取消相关的桌面图标，具体操作步骤如下：

（1）使用鼠标单击 Windows 10 操作系统左下角的开始菜单图标，选择所打开菜单的"设置"选项，打开"Windows 设置"窗口，如图 2.19 所示。

（2）在"Windows 设置"窗口中选择"个性化"选项，打开"个性化"设置窗口，如图 2.20 所示。

图 2.19　"Windows 设置"窗口

图 2.20　"个性化"设置窗口

（3）在"个性化"设置窗口的左侧选择"主题"选项，打开"主题"设置窗口，如图 2.21 所示。

（4）单击"主题"设置窗口右侧的"桌面图标设置"命令按钮，打开"桌面图标设置"对话框，如图 2.22 所示。

图 2.21　"主题"设置窗口　　　　　　　　　图 2.22　"桌面图标设置"对话框

（5）勾选"桌面图标"下方的计算机、回收站、用户的文件、网络 4 个桌面图标复选框，然后单击"确定"命令按钮完成设置。

2．设置自动更新

对系统盘容量敏感的用户或者怕黑客攻击的用户可以使用"检查更新，但是让我选择是否下载和安装更新"来自动完成 Windows 10 操作系统的更新工作，设置方法如下：

（1）单击"开始"菜单，选择"设置"选项，打开"Windows 设置"窗口，如图 2.19 所示。

（2）在窗口的"查找设置"文本框中输入"检查更新"，并选择文本框下面的"检查更新"选项，打开"Windows 更新"窗口，如图 2.23 所示。

（3）单击窗口右侧中部的"检查更新"选项，此时，如果系统不是最新的，计算机搜索到最新更新之后，系统就会自动下载更新文件并且完成安装，如图 2.24 所示。

图 2.23　"Windows 更新"窗口　　　　　　　图 2.24　Windows 更新过程

3．用户账户控制（UAC）

Windows 10 操作系统默认的安全级别是第三级，普通用户建议选择默认级别或是降一级（没有屏幕背景变暗）。如果感觉烦琐，可以关掉（此时，最好有其他保护系统的方式，比如防病毒软件）。设置方法如下：

（1）鼠标右击桌面上的"此电脑"，在弹出的快捷菜单中选择"属性"选项，打开"系统属性"窗口，如图 2.25 所示。

（2）单击窗口左下角的"安全和维护"选项，打开"安全和维护"窗口，如图 2.26 所示。

（3）单击窗口左侧的"更改用户账户控制设置"选项，打开"用户账户控制设置"窗口，如图 2.27 所示。

图 2.25　"系统属性"窗口

图 2.26　"安全和维护"窗口

（4）在窗口中上下调整调节按钮即可调整账户控制选项，调整好后单击"确定"按钮完成设置。

4. 设置虚拟内存大小与存放位置

虚拟内存的大小最好设置为和物理内存大小相同或为物理内存的 1.5 倍。对于硬盘容量较小的用户可以设置得小一点，但不能没有。另外，由于虚拟内存的读写频率较高，因此最好不要放在系统盘中，具体设置方法如下：

（1）鼠标右击桌面上的"此电脑"，在弹出的快捷菜单中选择"属性"选项，打开"系统属性"窗口，如图 2.25 所示。

（2）选择窗口左侧的"高级系统设置"选项，弹出如图 2.28 所示的"系统属性"对话框。

图 2.27　"用户账户控制设置"窗口

图 2.28　"系统属性"对话框

（3）在该对话框的"高级"选项卡中单击"性能"选项中的"设置"按钮，弹出如图 2.29 所示的"性能选项"对话框。

（4）在该对话框的"高级"选项卡中单击"更改"按钮，弹出如图 2.30 所示的"虚拟内存"对话框。

（5）在该对话框中，首先取消对话框上部的"自动管理所有驱动器的分页文件大小"的复选框，然后即可根据自己的需要设置虚拟内存的位置以及大小，最后单击"确定"按钮。

说明：如果要将虚拟内存设置到非系统盘上，需要先将系统盘的虚拟内存大小设为 0，再在其他盘上设置虚拟内存的大小。

图 2.29 "性能选项"对话框

图 2.30 "虚拟内存"对话框

5. 设置临时文件的存放位置

临时文件通常要占用大量的硬盘空间，且读写比较频繁，因此最好不要放在系统盘上。设置方法如下：

（1）鼠标右击桌面上的"此电脑"，在弹出的快捷菜单中选择"属性"选项，打开"系统属性"窗口，如图 2.25 所示。

（2）选择窗口左侧的"高级系统设置"选项，弹出如图 2.28 所示的"系统属性"对话框。

（3）在该对话框的"高级"选项卡中单击右下角的 "环境变量"按钮，弹出如图 2.31 所示的"环境变量"对话框。

图 2.31 "环境变量"对话框

（4）通过"编辑"按钮将用户和系统的 OneDrive 和 ComSpec 变量都改到另外的路径上，如图 2.32 所示，最后单击"确定"。

6. 设置用户文件夹的存放位置

用户文件夹的存放位置通常默认在系统盘中，由于该文件夹中通常要存放大量的文件，这样不但会占用系统盘的宝贵空间，而且当重新安装操作系统时，这些文件将全部丢失，为此用户最好将它设置到非系统盘上，设置用户文件夹存放位置的方法如下：

（1）单击"开始"菜单，选择"设置"选项，打开"Windows 设置"窗口，如图 2.19 所示。

（2）在窗口中选择"系统"选项，打开如图 2.33 所示的"设置→显示"窗口。

（3）在窗口的左侧选择"存储"选项，打开如图 2.34 所示的"设置→存储"窗口。

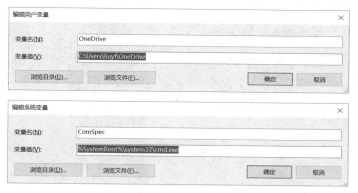

图 2.32　更改 OneDrive 和 ComSpec 变量的存放路径

图 2.33　"设置→显示"窗口

图 2.34　"设置→存储"窗口

（4）在窗口中向下滚动右侧滚动条，找到"更改新内容的保存位置"选项并单击，打开"更改新内容的保存位置"窗口，如图 2.35 所示。

（5）调整相关内容的保存位置后返回即可。

图 2.35　"更改新内容的保存位置"窗口

2.3　Windows 10 基本操作

Windows 10 在用户操作界面的结构布局上，相比以往的 Windows 版本发生了很大的变化。文件资源管理器框架布局、打开文件对话框、遍布各处的搜索框、分类结构视图等方面的改进更加合理易用，使用 Windows 10 进行文件管理和日常操作更加轻松方便。

2.3.1　Windows 10 的启动与关闭

计算机的整个运行过程都是由操作系统控制和管理的，启动计算机就意味着启动操作系统，Windows 10 在运行的过程中可以根据不同的需要执行关闭计算机、重新启动计算机、睡眠等操作。

1．Windows 10 的启动

启动计算机的一般步骤如下：
（1）依次打开计算机外部设备的电源开关；
（2）打开主机电源开关；
（3）计算机执行硬件检测，检测无误后开始系统引导；
（4）屏幕显示用户登录界面（根据使用该计算机的用户账户数目，计算机界面分为单用户登录和多用户登录两种），选择要登录的用户名并输入用户密码后单击确定，计算机继续完成启动过程，最后出现 Windows 10 系统桌面，如图 2.36 所示。

2．退出 Windows 10 并关闭计算机

由于 Windows 10 运行时，产生的临时信息要占用大量的磁盘空间，退出 Windows 10 必须采用正常的退出程序，才能关闭运行中的各种应用程序、保存处理的数据并删除临时信息。同时，在退出系统时，Windows 10 系统还要更新注册表。如果采用强行切断电源的方式关闭计算机，将会引起原来运行程序中的数据丢失，同时大量的临时数据将会占用磁盘空间，甚至可能造成系统错误，影响下次正常启动。

图 2.36　Windows 10 系统桌面

退出 Windows 10 操作系统的操作方法是单击屏幕下方的"开始"按钮，打开开始菜单，鼠标指向开始菜单左侧的"电源"选项并单击，再次从弹出的菜单中选择睡眠、关机、重启等命令。如果要关闭计算机，只需从中选择"关机"按钮即可退出 Windows 10 操作系统并关闭计算机。

2.3.2　Windows 10 的桌面组成

启动 Windows 10 系统后，屏幕上将显示如图 2.36 所示的 Windows 10 系统桌面，它是用户与计算机进行交互的工作窗口。桌面的组成元素主要包括桌面背景、桌面图标和任务栏等。

1．桌面背景

桌面背景可以是个人收集的数字图片、Windows 提供的图片、纯色或带有颜色框架的图片，也可以显示幻灯片图片。

2．桌面图标

桌面图标主要包括此电脑、回收站、网络等系统图标和用户在桌面上建立的文件图标、文件夹

图标、快捷方式图标，桌面图标一般由文字和图片组成，文字说明图标的名称或功能，图片是它的标识符。新安装的系统桌面中只有一个"回收站"图标，用户双击桌面上的图标，可以快速地打开相应的文件、文件夹或者应用程序。

3．任务栏

任务栏是位于桌面的最底部的长条，显示系统正在运行的程序、当前时间等，主要由"开始"按钮、任务视图、搜索框、快速启动区、系统通知区组成，如图 2.37 所示。

图 2.37　Windows 10 任务栏

（1）"开始"按钮

单击"开始"按钮可以打开开始菜单（也称开始屏幕），如图 2.38 所示。

Windows 10 开始菜单是其最重要的一项变化，它融合了 Windows 7 开始菜单以及 Windows 8/Windows 8.1 开始屏幕的特点。Windows 10 开始菜单被分为应用区和磁贴区两大区域，左侧的应用区包含常用项目和最近添加的项目以及所有应用程序列表；右侧的磁贴区用来固定应用磁贴或图标，方便用户快速打开应用。

如果某项应用还没有固定到磁贴区（如 360 安全浏览器），鼠标右击该应用会在弹出的快捷菜单中有一个"固定到'开始'屏幕"选项，如图 2.39 所示。

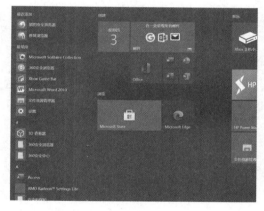

单击该选项即可将此应用快捷方式添加到磁贴区；单击"更多"选项，在弹出的级联菜单中还可以将该应用"固定到任务栏"上；单击"卸载"选项，可以快速对此应用进行卸载操作。

如果某项应用已经被固定到磁贴区（如文件资源管理器），则鼠标右击该应用会在弹出的快捷菜单中有一个"从开始屏幕取消固定"选项，如图 2.39所示。单击该选项，可以将该应用从磁贴区取消；

图 2.38　Windows 10 开始菜单

单击"更多"选项，在弹出的级联菜单中还可以将该应用"从任务栏取消固定"。

图 2.39　添加 / 取消应用项目快捷方式到磁贴区

（2）"任务视图"按钮

任务视图是一个在 Windows 10 中首次引入的任务切换器和虚拟桌面系统。任务视图允许用户快速定位到已打开的窗口，快速隐藏所有窗口并显示另一个桌面，以及管理多个监视器或虚拟桌面上的窗口。单击任务栏上的"任务视图"按钮或从屏幕左侧滑动将展示所有窗口，然后允许用户切换这些窗口，或者切换多个工作区。

（3）快速启动区

快速启动区也就是窗口按钮区域，该区域集成了常用的应用程序，单击某个按钮可以打开相应的程序。同时，该区域还可以显示已经打开的程序或文档，单击相应的按钮可以进行切换。

（4）系统通知区

默认情况下，系统通知区位于任务栏的右侧。系统通知区包括时钟、音量、网络以及其他一些显示特性程序和计算机设置状态的图标。刚刚安装完 Windows 10 操作系统的计算机在通知区域经常已有一些图标，而且某些程序在安装过程中会自动将图标添加到通知区域。

2.3.3　Windows 10 的窗口

Windows 被称为视窗操作系统，它的界面是由一个个窗口组成的，每当打开程序、文件或文件夹时，它们都将显示在相应的窗口中，如图 2.40 所示为"文件资源管理器"窗口。Windows 10 的窗口与以往的 Windows 操作系统的窗口相比有了重大改进，首先是取消了传统窗口中的"工具栏"，同时在任一窗口中都随时支持搜索功能，可以更方便地实现文件的搜索与管理。

1．Windows 10 的窗口组成

Windows 10 窗口主要包括文件夹窗口（如"此电脑"窗口、"文件资源管理器"窗口、一般"文件夹"窗口）和应用程序窗口，窗口不同，其包含的元素也有所不同，一般来说，Windows 10 窗口的组成如图 2.40 所示。

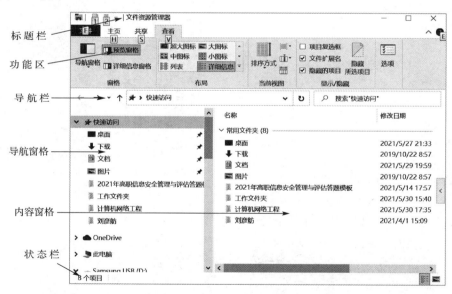

图 2.40　Windows 10 窗口组成

（1）标题栏

窗口的最上方是标题栏，由 3 部分组成，从左到右依次为快速访问工具栏、窗口内容标题和窗口控制按钮。

① 快速访问工具栏。

窗口的左上角区域是快速访问工具栏，默认有 4 个按钮，分别是窗口控制菜单按钮、属性按钮、新建文件夹按钮和自定义快速访问工具栏按钮。

窗口控制菜单按钮的图标会依据浏览的对象而改变，单击该按钮将打开菜单，其中包含控制窗

口的操作命令，如还原、移动、大小、最小化、最大化、关闭，主要适合用键盘操作。

单击"自定义快速访问工具栏"按钮，将打开如图 2.41 所示的菜单。可以从菜单中选择需要的常用功能按钮，将其添加到快速访问工具栏中。

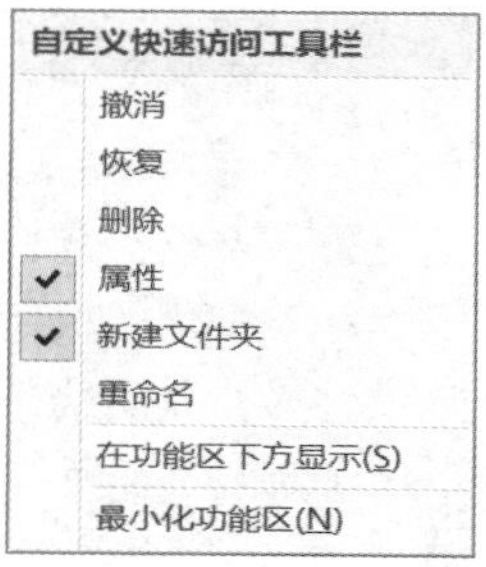

② 窗口内容标题。

窗口内容标题位于自定义快速访问工具栏按钮的右边，每一个窗口都有一个名称，窗口内容标题上的图标会依据浏览的对象而改变。

③ 窗口控制按钮。

窗口右上角的 3 个窗口控制按钮分别为最小化按钮、最大化按钮和关闭按钮。

（2）功能区

Windows 10 中的窗口采用了 Ribbon 界面风格的功能区。Ribbon 界面把命令按钮放在一个带状、多行的区域中，该区域称为功能区，它类似于仪表盘面板，目的是使用功能区来代替先前的菜单、工具栏。每一个应用程序窗口中的功能区都是按应用来分类的，由多个"选项卡"（或称标签）组成，其中包含了应用程序所提供的功能。选项卡中的命令和选项按钮再按相关的功能组织分为不同的"组"。

在通常情况下，Windows 10 的功能区显示 4 个选项卡，分别是"文件""主页""共享"和"查看"。

（3）导航栏

导航栏由一组导航按钮、地址栏和搜索栏组成。

① 导航按钮。

导航按钮包括"返回"按钮、"前进"按钮、"最近浏览的位置"按钮和"向上一级"按钮。

"返回"按钮：单击"返回"按钮，则返回到浏览的前一个位置窗口，继续单击该按钮，最终返回到"快速访问"。

"前进"按钮：单击"返回"按钮后，"前进"按钮变为可用。"前进"按钮按照用户浏览的先后顺序展示。

"最近浏览的位置"按钮：单击该按钮，将打开最近浏览过的位置列表。单击目标位置选项，就能快速打开该位置窗口。

"上移一级"按钮：单击该按钮，则按照浏览窗格中的文件夹的层次关系返回上一层文件夹，最终回到"桌面"。

② 地址栏。

地址栏显示当前窗口内容的文件夹名称从外向内的列表，文件夹名称以箭头分隔，通过它可以清楚地看出当前打开的文件夹的路径。

单击文件夹名称，则打开并显示该文件夹中的内容；单击文件夹名称后的分割箭头，则显示该文件夹中的子文件夹名称，如图 2.42 所示，再单击子文件夹名称将切换到该子文件夹。

单击地址栏中左端的图标，或者单击地址栏中文件夹名称后面的空白，则地址栏中的文件夹名称显示为路径。

在地址栏中输入（或粘贴）路径，然后按"Enter"键，或单击"转到"按钮，即可导航到其他位置。单击地址栏右端的"上一个位置 V"按钮，将显示输入或更改的路径列表，单击某路径将切换到相应文件夹。

图 2.41　自定义快速访问工具栏菜单

③ 搜索文本框。

搜索当前窗口中的文件和文件夹。在搜索框中输入关键字，不必输入完整的文件名，即可搜索到文件名中包含该关键字的文件和文件夹。在搜索出的文件和文件夹中，会用不同颜色标记搜索的关键字，可以根据关键字的位置来判断结果文件是否是所需的文件。此外，还可以为搜索设置更多的附加选项。

（4）导航窗格

在 Windows 10 窗口左边的导航窗格中，默认显示快速访问、OneDrive、此电脑、网络和家庭组，它们都是该设备的文件夹根。如果某个文件夹图标左侧显示为右箭头

图 2.42　文件夹与子文件夹

按钮，表示该文件夹处于折叠状态，单击该按钮可展开文件夹，同时该按钮变为下箭头按钮。如果文件夹图标左侧显示为下箭头按钮，表明该文件夹已展开，单击它可折叠文件夹，同时按钮图标变为右箭头按钮。

（5）内容窗格

内容窗格是 Windows 10 窗口中最重要的部分，用于显示当前文件夹中的内容。所有当前位置上的文件和文件夹都显示在内容窗格中，有关文件和文件夹的操作都可以在内容窗口中进行。

在左侧的导航窗格中单击文件夹名，右侧内容窗格中将列出该文件夹中的内容。在右侧内容窗格中双击文件夹图标将显示其中的文件和文件夹，双击某文件图标可以启动对应的程序或打开文档。如果通过在搜索框中键入关键字来查找文件，则仅显示当前窗口中相匹配的文件，包括子文件夹中的文件。

（6）状态栏

状态栏位于窗口底部，包括窗口提示、详细信息和大图标。

① 窗口提示。

窗口状态栏左端是项目提示区域，对窗口中浏览或选定的项目作简要说明。

② 详细信息。

"详细信息"按钮把窗口内的项目排列方式快速设置为"在窗口中显示每一项的相关信息"，使用细节窗格可以查看与选定文件关联的最常见属性。文件属性是关于文件的信息，如作者、上一次更改文件的日期，以及可能已添加到文件的所有描述性标记。 在"详细信息"视图中，使用列标题可以更改文件列表中文件的整理方式。例如，可以单击列标题的左侧以更改显示文件和文件夹的顺序，也可以单击右侧以采用不同的方法筛选文件。注意，只有在"详细信息"视图中才有列标题。

③ 大图标。

"大图标"按钮把窗口内的项目排列方式快速设置为"使用大缩略图显示项"。此外，使用"预览窗格"可以在不打开文件的情况下查看大多数文件的内容。如果看不到预览窗格，可以单击工具栏中的"预览窗格"按钮来打开预览窗格。

2．Windows 10 的窗口操作

（1）改变窗口大小

通过单击"最小化""最大化"和"还原"三个按钮可以改变窗口大小。另外，将鼠标指针移动到窗口四个边框或四个角上，当鼠标指针显示为"双箭头"时，按住鼠标左键并移动鼠标便可以调整窗口的水平尺寸、垂直尺寸或同时调整窗口的水平尺寸和垂直尺寸。

（2）调整窗口位置

当打开窗口的数量较多时，可能部分窗口将被其他窗口遮挡，影响用户对计算机的使用。此时，可以通过手动方式来调整窗口的位置，将一些不必要的窗口从视线移开。移动窗口位置的方法是将鼠标指针指向窗口的标题栏，按住鼠标左键并移动鼠标。

（3）在窗口间切换

当同时有多个窗口打开时，就存在各个窗口之间的切换问题，此时只需通过单击任务栏中的窗口图标即可实现相应的切换。要想轻松地识别每一个窗口，只需将鼠标指向任务栏中的窗口按钮，该按钮将变成一个缩略图大小的窗口预览，如图 2.43 所示。

图 2.43　窗口预览

图 2.44　窗口切换

另外，通过按"Tab+Alt"键也可以实现窗口切换，其方法是首先按住"Alt"键不放，然后每按一次"Tab"键都可切换一次窗口，如图 2.44 所示。

（4）分屏操作

虽然用户可以通过单击窗口图标和使用"Tab+Alt"进行窗口切换，但是当用户需要同时监控多个屏幕的变化时，这种切换就显得非常麻烦，而 Windows 10 系统提供的分屏操作很好地解决了这一问题。分屏操作可以通过 Win 键 + 四个方向键（↑、↓、←、→）来实现，当然也可以通过鼠标拖动窗口来实现。具体操作就是首先选中一个窗口，然后按住 Win 键不放，单击方向键即可以实现分屏操作了。

（5）建立虚拟桌面

用户有时要在一台电脑上同时运行多个程序，同时要求每个程序使用一个独立桌面显示，以前我们可以为这台计算机配置多个显示器，通过显示器切换来实现。而 Windows 10 系统则可以通过建立虚拟桌面来完成这一要求，其方法就是单击任务栏左侧的"任务视图"按钮，如图 2.45 所示。

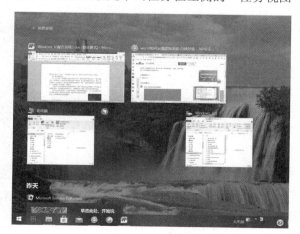

图 2.45　建立虚拟桌面

进入虚拟桌面以后，用户还可以通过单击屏幕左上角的"新建桌面"命令按钮新建虚拟桌面，同时也可以将同类分组任务在不同的虚拟桌面打开。进行多组任务之间切换时，只需单击"任务视图"按钮，然后选择分类桌面即可。

（6）排列窗口

当同时打开多个窗口并在多个窗口中操作时，需要对多个窗口的排列、摆布和显示方式进行调整。此时，用户可以首先右击任务栏的空白处，然后在弹出的任务栏快捷菜单中选择"层叠窗口""堆叠显示窗口""并排显示窗口"中的一个，以实现窗口的不同布局方式，如图 2.46 所示。

（7）"对齐"排列窗口

"对齐"排列窗口将在移动的同时自动调整窗口的大小，或将这些窗口与屏幕的边缘"对齐"。可以使用"对齐"并排排列窗口和垂直展开窗口。

图 2.46　任务栏快捷菜单

并排排列窗口：将窗口的标题栏拖动到屏幕的左侧或右侧，直到出现已展开窗口的轮廓，释放鼠标即可展开窗口。

垂直展开窗口：鼠标指向打开窗口的上边缘或下边缘，直到指针变为双箭头，然后将窗口的边缘拖动到屏幕的顶部或底部，使窗口扩展至整个桌面的高度，窗口的宽度不变。

2.3.4　Windows 10 的任务栏操作

在 Windows 10 操作系统中，任务栏的外观不但发生了变化，而且还增加了一些新的功能，例如程序锁定、并排显示窗口和 Jump list 菜单等。在进入 Windows 10 后，系统会自动显示任务栏，而此时的任务栏将使用系统默认设置。这个默认设置不一定适合每一位用户，有时需要进行必要的修改，也就是对任务栏进行一些必要的设置。

1．设置任务栏选项

（1）用鼠标右击任务栏的空白处，在弹出如图 2.46 所示的快捷菜单中选择"任务栏设置"选项，打开如图 2.47 所示的"任务栏设置"窗口。

（2）在"任务栏设置"窗口中，根据需要进行必要的设置，最后单击"确定"按钮。

锁定任务栏：在进行日常电脑操作时，常会一不小心将任务栏"拖拽"到屏幕的左侧或右侧，有时还会将任务栏的宽度拉伸并难以调整到原来的状态，为此，Windows 10 添加了"锁定任务栏"这个选项，可以将任务栏锁定。"锁定任务栏"只需在"任务栏设置"窗口中将"锁定任务栏"调整到"开"的位置即可。

自动隐藏任务栏：由于工作需要，用户有时希望将屏幕下方的任务栏隐藏，从而使桌面显得更大一些。要想隐藏任务栏，只需在"任务栏设置"窗口中将"在桌面模式下自动隐藏任务栏"调整到"开"的位置即可。任务栏自动隐藏后，平时用户是看不到任务栏的，要想

图 2.47　"任务栏设置"窗口

显示任务栏,只需将鼠标移动到屏幕下边即可。

使用小图标:在"任务栏设置"窗口中将"使用小任务栏按钮"调整到"开"的位置,可以使窗口中各个文件或文件夹均以小图标的形式显示。

屏幕上的任务栏位置:任务栏默认的位置是在屏幕底部。用户可以在"任务栏设置"窗口的"任务栏在屏幕上的位置"下拉列表框中选择左侧、右侧或顶部。如果是在任务栏未锁定状态下,通过拖动任务栏也可将其拖拽至桌面的上、下、左、右四个位置。

合并其他任务栏上的按钮:用于设定任务栏上程序窗口按钮的显示方式,用户可以从"始终合并按钮""任务栏已满时""从不"三个选项中选择一种显示方式。

通知区域:通知区域设置主要有"选择哪些图标显示在任务栏上"以及"打开或关闭系统图标"两项。单击任何一个都将打开对应的设置窗口,在窗口中进行必要的设置即可,如图 2.48 所示。

2. 调整任务栏的大小

通常情况下,屏幕底部的任务栏只占一行。当打开窗口较多时,任务栏上的窗口名称将无法完全显示。调整任务栏的大小,可以为程序按钮和工具创建更多的空间。调整任务栏大小的操作步骤如下:

(1)在调整任务栏大小之前,首先需要解除任务栏的锁定,其方法是在"任务栏设置"窗口中将"锁定任务栏"调整到"关"的位置。

图 2.48　通知区域设置

(2)在任务栏处于非锁定状态的情况下,将鼠标指向 windows 10 任务栏的边沿。

(3)当鼠标变成上下箭头的形状时,按住鼠标左键并拖动鼠标即可改变任务栏的大小。

3. 调整任务栏的位置

在通常情况下,任务栏位于屏幕底部,但在需要时,也可以调整任务栏的位置到桌面的其他边界。调整任务栏位置的操作方法如下:

(1)在任务栏处于非锁定状态的情况下,将鼠标光标指向任务栏的空白处。

(2)按住鼠标左键不放,拖动鼠标到桌面的其他边界即可。

2.3.5　Windows 10 的菜单操作

菜单实际上是一组"操作名称"的列表框,是一张命令表,用户可以从中选择所需的命令来执行相应的功能。在 Windows 10 操作系统中,菜单主要包括开始菜单、下拉菜单和快捷菜单。

1. 开始菜单

Windows 10 开始菜单从左到右由三个部分组成。最左侧为常用项目区域,也就是以前的普通开始菜单；中间部分为"最近添加"项目区域，同时用于显示按照首字母排列的所有应用列表；右侧是用来固定常用应用磁贴或图标的区域，即开始屏幕，方便用户快速打开自己常用的应用。

（1）普通开始菜单

系统默认的项目从上到下依次为用户、文档、图片、设置和电源图标。系统默认显示的项目较少，用户可以通过更改设置来增加 / 减少显示的项目。

（2）所有应用列表

在所有应用列表中单击任意一个应用即可打开该应用，右击任意一个应用可以将该应用固定到右侧的开始屏幕上，也可以固定到任务栏中，还可以打开该应用所在的文件夹，或者以管理员的身份运行、卸载该应用。

（3）开始屏幕

在开始屏幕上，右击某一个应用磁贴，从弹出的快捷菜单中可以将该应用磁贴从开始屏幕取消固定。另外，通过右击某个应用磁贴还可以调整磁贴的大小。

2．下拉菜单

Windows 10 的窗口中取消了菜单栏一行，取而代之的是全新选项卡工具栏，工具栏中包含一个个的项目，有些项目单词的下方有一个下箭头，单击下箭头即可弹出一个下拉菜单。例如"此电脑"窗口的"查看"选项卡中有一个"排列方式"命令按钮，单击该按钮下方的下箭头，即可弹出相应的下拉菜单。

3．快捷菜单

用户可以在文件或文件夹图标上、桌面空白处、窗口空白处、盘符等区域右击鼠标，此时即可弹出一个快捷菜单，其中包含一个个对被选对象的操作命令。

4．菜单中命令项的一些约定

（1）呈浅灰色的选项

表明此选项在当前情形下是不可用的，即使选择这些选项，系统也不会产生任何操作。

（2）菜单中的选中标定

"√"为复选项，其作用就像一个开关，选中该选项使之生效，再次选中则关闭该选项的功能。

"●"为单选项，在一组菜单选项中只能选择其中的一个。

（3）包含子菜单的菜单选项

如果某个菜单项的后面有一个向右的箭头（>），说明该菜单项后面还有子菜单，选中该菜单项将打开下一级子菜单（也称级联菜单）。

（4）带有对话框或向导的菜单

选择带有"…"的菜单项，将弹出一个对话框或向导。

（5）有快捷键的菜单

有些菜单项的后面有一个带括号的字母[如打开（O）]，这个字母就是与该菜单项相对应的快捷键。

2.3.6　Windows 10 的对话框

在 Windows 10 操作系统中，对话框是用户和电脑进行交流的中间桥梁。当用户选择了菜单中带有"…"的选项后，需要用户输入较多的信息，或者某些程序运行过程中，要求用户给出某些参数时，都会弹出对话框窗口。典型的对话框及其主要组成元素如图 2.49 所示。

（1）选项卡。选项卡多用于一些比较复杂的、需要分为多页的对话框，单击选项卡的标签可以实现页面之间的切换。

（2）单选项。单选项的标记为一个圆点，一组单选项同时出现时，用户只能选择其中的一个。

（3）复选框。复选框的标记是一个方格，一组复选框出现时，用户可以选择任意多个。

（4）下拉列表框。下拉列表框的右侧均有一个下拉箭头，单击该下拉箭头可以打开一个列表，用鼠标单击可以选择其中的选项。

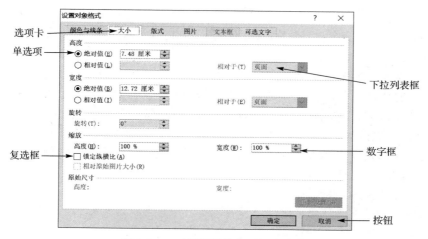

图 2.49　对话框及其主要组成元素

（5）数字框。数字框用于输入数字，此框右侧有上下箭头组成的增减按钮，单击上下箭头可以增加和减少数值。也可以选中其中的数字后通过键盘直接输入。

（6）按钮。按钮在对话框中用于执行某项操作命令，单击按钮可实现某项功能。

（7）文本框。文本框可以让用户输人和修改文本信息，如图 2.50 所示。

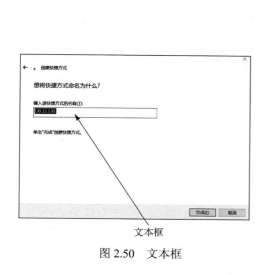

图 2.50　文本框

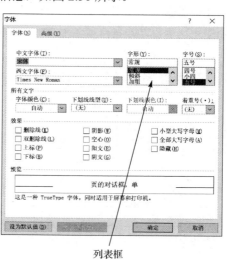

图 2.51　列表框

（8）列表框。列表框显示一个对象的信息列表，如果列表内容较多，将会出现滚动条，如图 2.51 所示。用户可以借助滚动条浏览列表，并单击需要选取的选项。

2.4　文件和文件夹操作

文件管理是任何操作系统的基本功能之一，也是用户在使用计算机的过程中最为常用的基本操作。

2.4.1　文件和文件夹的概念

1. 文件

文件是一组相关信息的集合，任何程序和数据都是以文件的形式存放在计算机的外存储器上的（如磁盘）。在计算机中，文本文档、电子表格、数字图片、歌曲等都属于文件。任何一个文件都必须具有文件名，文件名是存取文件的依据，也就是说计算机的文件是按名存取的。

一个文件的文件名通常是由主文件名和扩展名两部分组成的。Windows 10 对文件的命名方式与 MS-DOS 和 Windows 2.X 文件的命名方式有明显区别。Windows 10 支持的长文件名最多为 255 个字符，而 MS-DOS 和 Windows 3X 的主文件名最多可用 8 个字符，扩展名最多可用 3 个字符（又称 8.3 格式）。Windows 10 为了保持与早期 MS-DOS 和 Windows 2.X 操作系统的兼容性，它不仅有长文件名还有按照 8.3 格式生成的与 MS-DOS 兼容的短文件名。

Windows 10 文件的命名规则为：

① 一个文件的文件名最多可以有 255 个字符，其中包含驱动器名、路径名、主文件名和扩展名四个部分。

② 通常，每个文件都有三个字符的文件扩展名，用以标识文件的类型，Windows 10 系统中常用的文件类型及其对应的扩展名如表 2.2 所示。

③ 文件名中不能出现以下字符：\、/、:、*、?、"、<、>、|。

④ 查找文件时，文件名中可以使用通配符"?"和"*"。其中，一个"?"可以代表任意一个字符，而一个"*"可以代表任意多个字符。

⑤ 文件名中可以使用汉字，一个汉字相当于两个字符。

⑥ 可以使用多分隔符的名字。例如：your.book.pen.paper.txt。

表 2.2　常用文件类型及其扩展名

扩　展　名	文 件 类 型	扩　展　名	文 件 类 型
.bmp、.jpg、.gif	图形文件	.avi、.mpg	视频文件
.int、.sys、.dll	系统文件	.bak	备份文件
.bat	批处理文件	.tmp	临时文件
.drv	设备驱动程序文件	.ini	系统配置文件
.wav	波形声音文件	.mid	音频文件
.txt	文本文件	.obj	目标代码文件
.arj、.zip	压缩文件	.exe、.com	可执行文件

2. 文件夹

计算机是通过文件夹来组织管理和存放文件的，用户通常可以将一些相同类别的文件存放到一个文件夹中。一个文件夹中既可以包含文件，也可以包含其他文件夹，文件夹中包含的文件夹通常称为"子文件夹"。Windows 10 操作系统与以往的 Windows 操作系统相同，也是采用树型目录结构的形式来组织和管理文件的，文件夹就相当于 MS-DOS 和 Windows 2.x 中的目录。

在 Windows 10 操作系统中，文件夹的命名规则与文件名中的主文件名的命名规则相同。

2.4.2　文件夹窗口的基本应用

前面我们在介绍 Windows 窗口时已经提到了有关文件夹窗口的相关概念，文件夹窗口通常包括标题栏、工具栏、地址栏、导航窗格、详细窗格、状态栏等内容，而地址栏中又包含"前进"和"后退"按钮以及即时搜索框。

1．地址栏

地址栏显示了用户当前所在的位置，使用地址栏可以浏览用户在计算机或网络上的位置。

（1）若要直接转到地址栏中已经可见的位置，可直接单击地址栏中的该位置。

（2）若要转到地址栏中可见位置的子文件夹，可单击地址栏中该位置的右箭头，然后单击列表中的新位置，如图 2.52 所示。

（3）单击地址栏左侧的当前文件夹图标，或者单击地址栏右侧的空白区域，地址栏将更改为显示到当前位置的路径，如图 2.53 所示。

图 2.52　当前文件夹中的子文件夹

图 2.53　当前位置路径

（4）通过在地址栏中输入 URL 来浏览 Internet，这样会将打开的文件夹替换为默认 Web 浏览器。

（5）单击地址栏右侧的下拉箭头，将打开一个下拉列表框，可以在其中选择之前访问过的目录。

2．"后退"按钮和"前进"按钮

使用"后退"按钮和"前进"按钮可以导航至已打开的其他文件夹，而无须关闭当前窗口。

3．工具栏

在 Windows 10 操作系统的文件夹窗口中，工具栏的设置是将不同类型应用的任务按钮分配在不同的选项卡中，主要有"文件""主页""共享""查看"四个选项卡。

（1）文件选项卡

文件选项卡没有安排具体的任务按钮，主要是通过"单击"或者"右击"该选项卡名称来实现某些操作功能，如图 2.54 所示。

在这些功能中应用最多的是"更改文件夹和搜索选项"，利用该功能可以打开"文件夹选项"对话框，如图 2.55 所示。

实际上，单击"查看"选项卡最右侧的"选项"应用按钮也可以打开"文件夹选项"对话框。该对话框有"常规""查看"和"搜索"三个选项卡，通过该对话框可以对文件以及文件夹的查看方式进行一些必要的设置，如在"查看"选项卡中可以对"是否显示所有文件夹""是否始终显示菜单""是否显示状态栏""是否显示隐藏的文件和文件夹""是否隐藏文件类型的扩展名"等进行设置。

图 2.54　"文件选项卡"快捷菜单

（2）主页选项卡

主页选项卡中的任务按钮主要用于完成文件和文件夹的一些基本操作，如文件和文件夹的移动与复制、重命名、删除，新建文件夹、快捷方式、各种类型的文件，设置文件和文件夹的属性等，如图 2.56 所示。

图 2.55　"文件夹选项"对话框

图 2.56　"主页选项卡"窗口

（3）共享选项卡

共享选项卡中的任务按钮主要用于完成设置文件与文件夹的共享、发送电子邮件、实现文件和文件夹的压缩等功能，如图 2.57 所示。

（4）查看选项卡

查看选项卡中的任务按钮主要用于完成文件和文件夹的查看方式、排列方式以及是否显示文件类型的扩展名等功能，如图 2.58 所示。

4．导航窗格

使用导航窗格可以快速地定位到整个计算机指定的文件夹上，甚至可以访问整个硬盘。

5．详细信息窗格

详细信息窗格提供了有关当前文件夹中所包含的文件夹与文件的详细信息。

6．即时搜索框

即时搜索框提供了一种在当前文件夹中快速搜索文件的方法，只需要输入文件名的全部或一部分，即会对文件夹中的内容进行筛选，并显示与输入文件名相匹配的文件。

图 2.57　"共享选项卡"窗口　　　　　图 2.58　"查看选项卡"窗口

7．状态栏

状态栏位于窗口的最下端，其中显示当前选定文件夹中所包含的项目数量，同时在状态栏右侧还有两个按钮，分别用于设置"在窗口中显示每一项的相关信息""使用大缩略图显示项"。

2.4.3　计算机与文件资源管理器

文件或文件夹的创建、打开、移动、复制、删除、重命名等操作都可以使用"计算机"或"文件资源管理器"来实现。

1．计算机

用户使用"计算机"可以显示整个计算机中有关文件及文件夹的信息，可以完成启动应用程序、打开、查找、复制、删除、文件更名、创建新的文件和文件夹等操作，实现计算机的资源管理。双击桌面上的"此电脑"图标，可以打开"此电脑"窗口，如图 2.59 所示。

Windows 10 的"此电脑"窗口包括三个窗格。最左侧为导航窗格，包括"快速访问""此电脑""网络"三个部分。中间窗格为文件夹窗格，列出了 Windows 10 的 6 个额外文件夹、桌面以及"此电脑"中的所有磁盘驱动器。右侧窗格为 U 盘中根目录下的所有文件和文件夹。双击中间窗格中某个驱动器图标，将显示该驱动器根目录下的所有文件和文件夹，如图 2.60 所示。

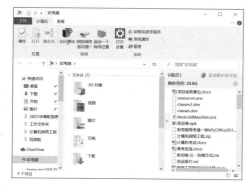

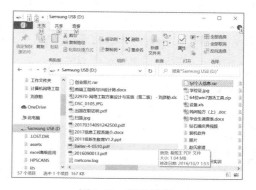

图 2.59　"此电脑"窗口　　　　　　　图 2.60　驱动器窗口

2．文件资源管理器

"文件资源管理器"是 Windows 系统提供的资源管理工具，文件资源管理器采用分层的树形文件系统结构，可以使用户更清楚、更直观地了解计算机中的文件和文件夹。使用文件资源管理器可以很方便地查看计算机上的所有资源，不需要打开多个窗口，而只在一个窗口中就能实现诸如目录浏览、查看、移动和复制文件或文件夹等操作。打开"文件资源管理器"的方法如下：

方法1：从开始菜单的"Windows系统"选项中选择"文件资源管理器"选项；

方法2：右击"开始"按钮，在弹出的快捷菜单中选择"文件资源管理器"选项。

打开后的Windows 10文件资源管理器窗口如图2.61所示。

图2.61　文件资源管理器窗口

3．文件或文件夹的显示方式

在"此电脑"窗口或"文件资源管理器"窗口的功能区中，通过"查看"选项卡中布局区的各个按钮可以改变文件夹中内容的显示方式，如图2.61所示。

（1）图标：文件和文件夹用图标显示，又可以分为超大图标、大图标、中图标和小图标；

（2）列表：文件和文件夹用列表的方式进行显示；

（3）详细信息：显示文件和文件夹的详细内容，其中包括文件名、大小、类型、修改时间等；

（4）平铺：以平铺的中图标方式来显示文件和文件夹；

（5）内容：可以详细地显示修改时间。

4．"文件夹选项"对话框

"文件夹选项"对话框是Windows系统的一项重要的系统设置功能，用户可以通过"文件夹选项"对话框进行相应的系统设置，如文件扩展名、隐藏的项目、隐私选项等。在Windows 10系统中，用户可以通过如下两种方法打开"文件夹选项"对话框：

方法一：在"此电脑"窗口、"文件资源管理器"窗口或者文件夹窗口的功能区中选择"查看"选项卡，然后单击右侧的"选项"按钮，即可打开"文件夹选项"对话框，如图2.62所示。

方法二：在"此电脑"窗口、"文件资源管理器"窗口或者"文件夹"窗口的功能区中选择"文件"选项卡，然后鼠标单击文件菜单，在打开的文件下拉菜单中单击"更改文件夹和搜索选项"菜单项，这样也可以打开文件夹选项窗口。

5．搜索筛选器

Windows 10中的"此电脑"或"文件资源管理器"窗口的右上部有一个"搜索"输入框，该搜索框提供了一种在当前文件夹内快速搜索文件的方法，只需要输入文件名的全部或一部分，即可在该文件夹中筛选出与输入文件名相匹配的文件。

另外，在Windows10文件资源管理器中还自带了一个"过滤器"，通过该"过滤器"可以快速筛选文件，从而帮助用户方便地找到想要的文件。使用"过滤器"查找文件的方法如下：

（1）需要把查找文件范围的文件夹的查看方式设置为"详细信息"。　方法是在文件夹的空白处点击右键，在弹出的右键菜单中选择"查看→详细信息"，如图2.63所示。

（2）可以在窗口顶部看到"名称、修改日期、类型、大小"等标签。把鼠标移动到每个标签上，会在右侧显示一个向下的箭头，点击箭头即可显示相应的过滤器，如图2.64所示。

图 2.62　"文件夹选项"对话框

图 2.63　"查看详细信息"菜单

（3）根据用户需求在不同的"过滤器"中勾选相应的"复选框"即可以快速找到想要的文件。

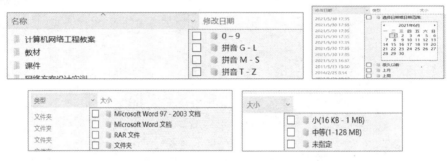

图 2.64　"名称、修改日期、类型、大小"过滤器

2.4.4　管理文件和文件夹

管理文件和文件夹是 windows 操作系统中最重要的功能之一。Windows 10 提供了"此电脑"和"文件资源管理器"两种对文件和文件夹进行管理的窗口。在执行文件或文件夹的操作之前，首先要选择操作对象，然后按自己熟悉的方法对文件或文件夹进行操作。文件或文件夹的操作一般包括创建、重命名、复制、移动、删除、查找文件或文件夹、查看或修改文件属性等。

1．选择文件或文件夹

在打开文件或文件夹之前应先将文件或文件夹选中，然后才能对其进行操作。

（1）选择单个文件或文件夹

选择单个文件或文件夹的方法非常简单，只需单击相应的文件或文件夹即可，此时被选中的文件或文件夹表现为高亮显示。

（2）选择多个文件或文件夹

要实现多个不连续的文件或文件夹的选择，只需按住 Ctrl 键后再单击要选择的文件或文件夹即可；要选择一个连续区域中的文件或文件夹，需要首先选中这个区域中的第一个文件或文件夹，然后按住 shift 键再单击这个区域中最后一个文件或文件夹；若要取消所有选定，只需在文件夹窗口中单击空白处即可。

2．排列文件和文件夹

在"此电脑"或"文件资源管理器"中，如果文件和文件夹比较多，而且图标排列凌乱，则会给用户查看和管理它们带来很大的不便，为此，用户必须对文件和文件夹图标进行排列。在 Windows 10 中提供的图标排序方式主要有按名称、按修改日期、按类型、按大小以及分组排列等几种方式（当然还有更多排列方式），每种排列方式又可以分为按升序排列或按降序排列。例如，如果用户选择了按名称的方式显示窗口中的文件与文件夹，则系统自动按文件与文件夹名称的首字母的顺序排列图标。要对当前窗口中的图标进行某种排列，可在窗口的空白处右击鼠标，并从弹出的快捷菜单中选择"排序方式"子菜单，然后选择相应的排列方式即可，如图 2.65 所示。

3．设置文件夹查看方式

对于不同的文件夹，用户可以根据自己的需要设置不同的查看方法。例如，对于一个存放文本资料的文件夹，最好使用"详细信息"查看方式，以便获取其文件大小、修改日期等信息；对于一个存放图片资料的文件夹，最好使用"大图标"查看方式，以便于预览图片。

Windows 10 操作系统默认的文件夹查看方式是详细信息，若要改变文件夹的查看方式，只需在文件夹窗口的空白处右击鼠标，在弹出的快捷菜单中选择相应的查看方式即可，如图 2.66 所示。

图 2.65　排列文件或文件夹

图 2.66　设置文件夹的查看方式

说明：在某个文件夹中修改了文件夹的查看方式后，只对该文件夹有效，要想将整个计算机的所有文件夹都设置成同一查看方式，首先要在设置好查看方式的文件夹中选择"查看"选项卡，然后单击右侧的"选项"命令按钮，打开如图 2.67 所示的"文件夹选项"对话框。在"文件夹选项"对话框的"查看"选项卡中单击"应用到文件夹"命令按钮，如图 2.68 所示。

图 2.67　"文件夹选项"对话框

图 2.68　"查看"选项卡

4．查找文件

查找文件可以通过"此电脑""文件资源管理器"或者某个文件夹窗口顶部的搜索框来实现。首先打开目标文件可能存放的文件夹，然后在搜索框中输入要查找的文件或文件夹的名称。如果搜索字词与文件的名称、标记或其他属性（甚至是与文本文档内的文本相匹配），则立即将该文件作为搜索结果显示出来。

如果基于属性（如文件类型）搜索文件，可以在开始键入文本前，通过前面介绍的"过滤器"功能进行更准确的搜索。

5．建立新文件夹

建立新文件夹的方法是首先打开要建立新文件夹的文件夹，然后用鼠标右键单击被打开文件夹目录中的空白区域，在弹出快捷菜单的"新建"选项中选择"文件夹"，如图 2.69 所示。此时在文件列表窗口的底部将出现一个名为"新建文件夹"的图标，输入新的文件夹名称后按回车键即可（也可以在输入新的文件夹名称后在其他地方单击鼠标）。

提示：在打开的文件夹窗口的"主页"选项卡的工具栏上单击"新建文件夹"按钮，同样可以新建一个文件夹。

6．创建新文档

创建新文档一般是由相应的应用程序来实现的，也可以在"此电脑"或"文件资源管理器"中直接建立某种类型的文档。其方法与建立新文件夹的方法相似，区别只是在弹出快捷菜单的"新建"子菜单的下级子菜单中选择对应新建文件类型的选项，而不是文件夹，如图 2.69 所示。

7．文件或文件夹的重命名

对文件或文件夹进行重命名的方法主要有如下三种：

（1）选中要重命名的文件和文件夹，在文件夹窗口的"主页"选项卡的工具栏中单击"重命名"命令按钮，输入新的名称并按回车键；

（2）右击要重命名的文件或文件夹，在弹出的快捷菜单中选择"重命名"选项，输入新的名称并按回车键；

（3）选中要重命名的文件或文件夹，再单击被选对象的名称，在文件名处将出现一个方框，在方框中输入新的名称并按回车键。

说明：Windows 10 操作系统与 Windows 7 操作系统一样，在对文件或文件夹进行重命名时，系统会默认排除扩展名部分的字符而仅选中单纯的主文件名部分，如图 2.70 所示。

图 2.69　新建文件夹

图 2.70　文件或文件夹重命名

8．复制、移动文件或文件夹

复制文件或文件夹是指将一个或多个文件、文件夹的副本从一个磁盘或文件夹中复制到另一个磁盘或文件夹中，复制完成后，原来的文件或文件夹仍然存在。

移动文件或文件夹是指将一个或多个文件、文件夹本身从一个磁盘或文件夹中转移到另一个磁盘或文件夹中，移动完成后，原来的文件或文件夹将被删除。

复制、移动文件或文件夹的方法如下：

（1）拖放法

首先，打开所要移动或复制的对象（文件或文件夹）所在的文件夹（源文件夹）和对象所要复制或移动到的文件夹（目标文件夹），并将这两个文件夹窗口并排置于桌面上。然后从源文件夹将文件或文件夹拖动到目标文件夹中。

说明：同盘之间拖动是移动，异盘之间拖动是复制；如果在拖动过程中按住"Ctrl"键则反之。

（2）使用"主页"选项卡中的工具栏按钮

选中需要复制或移动的文件或文件夹，在文件夹的"主页"选项卡中，选择"复制"或"剪切"命令，切换到目标文件夹，选择"粘贴"命令，即可实现复制、移动文件或文件夹的目的。

（3）使用快捷键

选中文件或文件夹后按快捷键"Ctrl+C"或"Ctrl+X"，切换到目标文件夹，按快捷键"Ctrl+V"。其中，"Ctrl+C"是复制，就是将选中对象的副本临时存放到剪贴板中；"Ctrl+X"为剪切，就是将选中对象本身临时存放到剪贴板中；"Ctrl+X"为粘贴，就是将临时存放在剪贴板中的内容放到目标区域。

剪贴板是 Windows 系统中一段可连续的、可随存放信息的大小而变化的内存空间，用来临时存放交换信息。剪贴板内置在 windows 系统的内存（RAM）或虚拟内存中，用来临时保存剪切和复制的信息，可以存放的信息种类是多种多样的。剪切或复制时保存在剪贴板上的信息，只有再剪贴或复制另外的信息，或退出 windows 系统，或停电，或有意地清除时，才可能更新或清除其内容。同时，剪切或复制到剪贴板中的内容可以进行多次粘贴。

9．删除文件或文件夹

删除文件或文件夹的方法如下：

（1）使用"主页"选项卡中的工具栏按钮

选中需要删除的一个或多个文件或文件夹后，在文件夹的"主页"选项卡中，单击"删除"命令按钮。

（2）使用键盘命令

选中需要删除的一个或多个文件或文件夹后按"Delete"键。

说明：使用以上方法删除文件或文件夹后，如果被删除的文件或文件夹是硬盘上的，这些文件或文件夹将会被移入"回收站"中，如果想恢复，可以打开"回收站"进行恢复。如果删除时不想把文件或文件夹移入"回收站"中，则可以按快捷键"Shift+Delete"进行删除（回收站是硬盘上的存储空间，其中的内容不会因为停电而丢失）。

10．创建文件或文件夹的快捷方式

一台计算机系统中有时会存放大量的文件和文件夹，为了便于一些常用文件或文件夹的打开，微软公司设计了通过建立文件或文件夹的快捷方式来打开文件或文件夹的方法。文件的快捷方式实际上就是指向该文件的指针，用户可以预先在适当的位置（如桌面）创建一个文件或文件夹的快捷方式，而后就可以通过打开快捷方式来打开与该快捷方式相对应的文件或文件夹了。

（1）在桌面上创建文件或文件夹的快捷方式

在桌面上创建某个文件或文件夹的快捷方式主要有如下两种方法：

方法 1：将要建立快捷方式的文件或文件夹用鼠标右键拖动到桌面上，并从弹出的快捷菜单中选择"在当前位置创建快捷方式"命令；

方法 2：选定要建立快捷方式的文件或文件夹并右击，鼠标指向快捷菜单中的"发送到"，然后单击级联菜单中的"桌面快捷方式"即可。

（2）在当前位置创建文件或文件夹的快捷方式

选定要建立快捷方式的文件或文件夹并右击，从弹出的快捷菜单中选择"创建快捷方式"即可。

（3）在指定文件夹中创建另一个文件或文件夹的快捷方式

① 打开要存放快捷方式的文件夹，并在其空白处右击，鼠标指向快捷菜单中的"新建"，然后单击级联菜单中的"快捷方式"，打开如图 2.71 所示的对话框；

② 单击浏览按钮，打开的"浏览文件或文件夹"对话框如图 2.72 所示；

③ 在对话框中指定要建立快捷方式的文件或文件夹的路径，并选中要建立快捷方式的文件或文件夹后单击"确定"按钮；

图 2.71　输入对象位置对话框

图 2.72　"浏览文件或文件夹"对话框

④ 单击"下一步"按钮，打开如图 2.73 所示的对话框；

⑤ 在对话框的"键入该快捷方式的名称"框中输入快捷方式的名称后单击"完成"按钮。

11．查看、修改文件或文件夹的属性

文件或文件夹的属性是用来标识文件的细节信息以及对文件或文件夹进行保护的一种措施。在 Windows 操作系统中，文件或文件夹的属性通常有"只读""隐藏"和"存档"三种属性。要查看、修改文件或文件夹的属性只需用鼠标右击某个文件或文件夹，在弹出的快捷菜单中选择"属性"命令，打开如图 2.74 所示的文件属性对话框，在该对话框中可以查看或修改该文件或文件夹的相应属性。

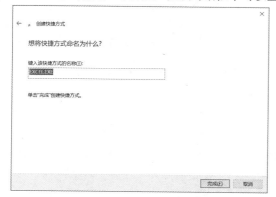

图 2.73　快捷方式名称对话框

图 2.74　文件属性对话框

2.4.5 磁盘操作

1. 磁盘清理

一台计算机在运行一段时间以后，系统的运行速度将会变慢，其主要原因是系统中的垃圾文件过多造成的，系统垃圾文件也就是系统在使用过程中产生的临时文件。此时，最好的解决办法就是对系统盘上的垃圾文件进行清理。目前，有很多优化软件都具有这一功能，但使用 Windows 10 操作系统自带的磁盘清理工具进行磁盘清理将更加方便快捷，其操作方法如下：

（1）用鼠标右击需要清理的磁盘，在弹出的快捷菜单中选择"属性"选项，打开如图 2.75 所示的"磁盘属性"对话框。

图 2.75　"磁盘属性"对话框　　　　　图 2.76　"磁盘清理"对话框

（2）在"磁盘属性"对话框中单击"磁盘清理"按钮，系统开始计算该磁盘上可以释放的空间大小，计算完成后将弹出如图 2.76 所示的"磁盘清理"对话框。

（3）在此对话框中选择需要清理的文件类型（如果觉得清理的类型太少），可单击对话框左下方的"清理系统文件"按钮，单击"确定"按钮，弹出如图 2.77 所示的"永久删除文件"对话框。

（4）单击"删除文件"，弹出如图 2.78 所示的"正在清理磁盘"对话框，并完成磁盘的清理。

图 2.77　"永久删除文件"对话框　　　　图 2.78　"正在清理磁盘"对话框

2. 碎片整理

磁盘碎片整理就是通过系统软件或者专业的磁盘碎片整理软件对电脑磁盘在长期使用过程中产生的碎片和凌乱文件重新整理，以便释放出更多的磁盘空间，进一步提高电脑的整体性能和运行速度。Windows 10 操作系统的碎片整理功能在原来的 Windows 操作系统基础上进行了一定的改进，其具体的操作过程如下：

（1）在"此电脑"窗口中，选中需要进行碎片整理的磁盘，选择"驱动器工具"选项卡，单击工具栏中的"优化"命令按钮，打开"优化驱动器"窗口，如图 2.79 所示。

（2）在"优化驱动器"窗口罗列出了此电脑中的所有磁盘分区，选择需要进行磁盘碎片整理的分区并单击"优化"命令按钮，打开"驱动器优化过程"窗口，如图 2.80 所示的。

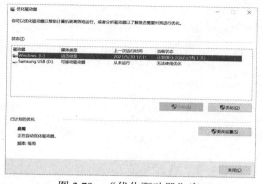

图 2.79　"优化驱动器"窗口

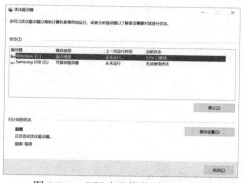

图 2.80　"驱动器优化过程"窗口

（3）磁盘碎片整理程序首先对需要整理的磁盘进行检测分析，然后自动进行碎片合并，这个过程需要较长的时间。

（4）有时，为了让计算机能够自动实施磁盘碎片整理工作，用户可以预先制订磁盘碎片整理的配置计划。其方法是在优化驱动器程序窗口中单击"更改设置"按钮，打开如图 2.81 所示的"优化计划"对话框。

（5）在"优化计划"对话框中勾选"按计划运行"，并对频率、驱动器选项进行相应的设置，最后单击"确定"按钮。

3. 磁盘格式化

磁盘格式化就是把一张空白的磁盘划分成一个个磁道和扇区，并加以编号，供计算机储存和读取数据。当一个磁盘感染了计算机病毒或者需要改变磁盘的文件存储格式时，一般都需要对磁盘进行格式化，但一张磁盘被格式化后，该磁盘上原来存储的所有信息将全部丢失。在 Windows 10 中，对磁盘进行格式化操作的方法如下：

（1）在"此电脑"或"文件资源管理器"窗口中，右击要格式化的磁盘，并在弹出的快捷菜单中选择"格式化"命令，打开如图 2.82 所示的"格式化参数设置"对话框。

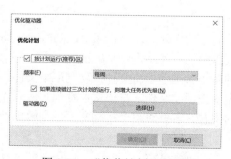

图 2.81　"优化计划"对话框

图 2.82　"格式化参数设置"对话框

（2）在"格式化参数设置"对话框中，根据个人需要进行必要的设置，设置完成后单击"开始"命令按钮。

（3）当出现如图 2.83 所示的"格式化确认提示信息"对话框时，单击"确定"按钮，弹出"正在格式化磁盘"对话框，并在对话框的下方显示格式化进度。

（4）格式化完成后将弹出"格式化完毕"的提示信息，单击"确定"按钮完成磁盘格式化操作。

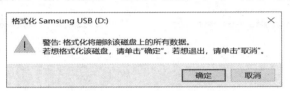

图 2.83　"格式化确认提示信息"对话框

2.4.6　压缩文件

通过压缩文件或文件夹可以减少文件或文件夹所占用的磁盘空间，同时在网络传输过程中可以大大减少网络资源的占用。多个文件被压缩在一起后，用户可以将它们看成一个单一的对象进行操作，便于查找和使用。文件被压缩以后，用户仍然可以像使用非压缩文件一样对它进行操作，几乎感觉不到有什么差别。

Windows 10 操作系统一个重要的新增功能就是置入了压缩文件程序，用户无须安装第三方压缩软件（如 WinRAR 等）就可以对文件进行压缩和解压缩。

1．创建压缩文件

创建压缩文件可以使用 Windows 10 操作系统自带的压缩软件来实现，但如果想把文件或文件夹压缩成具体的文件大小，就得借助第三方的压缩文软件。使用 Windows 10 操作系统自带的压缩软件创建压缩文件的操作步骤如下：

（1）右击要压缩的文件或文件夹；

（2）从弹出的快捷菜单中选择"发送到→压缩（zipped）文件夹"命令，如图 2.84 所示。

（3）系统自动对文件或文件夹进行压缩；

图 2.84　"发送到→压缩（zipped）文件夹"菜单

（4）压缩完成后将自动形成被压缩文件或文件夹的图标，重新输入压缩文件名，其扩展名默认为.zip。

2．添加和解压缩文件

一个文件或文件夹被压缩并形成扩展名为.zip 的压缩文件后，用户还可以随时向压缩文件中添加新的文件，同时也可以从压缩文件中取出某个被压缩的文件（也就是解压缩）。

向压缩文件中添加新的文件，只需直接从文件资源管理器中将文件拖动到压缩文件夹中即可；要将某个被压缩的文件从压缩文件中取出，需要先双击压缩文件，将该文件打开，然后才能够从压缩文件夹中将要解压缩的文件或文件夹拖动到新的位置。若要对整个压缩文件进行解压缩，需要打开此压缩文件，如图 2.85 所示。

在压缩文件窗口的工具栏中单击"全部解压缩"命令按钮，打开"提取压缩（zipped）文件夹"对话框，在对话框中选择解压缩后的文件存放位置后单击"确定"命令按钮，如图 2.86 所示。

图 2.85　"压缩文件"窗口

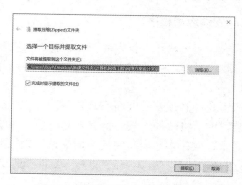

图 2.86 "提取压缩文件夹"对话框

2.5　控 制 面 板

"控制面板"是 Windows 10 操作系统中一个包含了大量工具的系统文件。用户可以根据自己的需要，利用其中的独立工具或程序项来调整或配置计算机系统的各种属性，如管理用户账户、添加新的硬件设备、安装或删除应用程序、网络系统设置、日期和时间设置等。

2.5.1　启动控制面板

在 Windows 10 操作系统中启动控制面板的方法有很多种，主要包括如下几种方法：

方法 1：右击"此电脑"→选择"属性"→单击"控制面板主页"；

方法 2：单击"开始"菜单→选择"设置"→搜索"控制面板"→单击"控制面板"；

方法 3：首先通过"个性化"将"控制面板"图标添加到桌面，然后直接双击桌面上的"控制面板"图标。

启动后的控制面板窗口如图 2.87 所示。

Windows 10 控制面板的默认显示方式为分类别显示，通过单击窗口右上部"查看方式"后的下拉箭头可以选择"大图标"或"小图标"显示方式，如图 2.88 所示。

图 2.87　"控制面板"窗口

图 2.88　控制面板中的查看方式菜单

2.5.2　添加和删除程序

1．安装应用程序

要安装应用软件，首先要获取该软件，用户除了购买软件安装光盘，还可以从软件厂商的官方网站下载。另外，目前国内很多软件下载站点都免费提供各种软件的下载，如天空软件站、华军软件园等。

应用软件必须安装（而不是复制）到 Windows 10 系统中才能使用。一般应用软件都配置了自动安装程序，将软件安装光盘放入光驱后，系统会自动运行它的安装程序。

对于存放在本地磁盘中的应用软件，则需要在存放软件的文件夹中找到 Setup.exe 或 Install.exe（也可能是软件名称等）安装程序，双击它便可进行应用程序的安装操作。

2．运行应用程序

要使用应用程序，首先要掌握启动和退出程序的方法。如果程序与操作系统不兼容，还需要为程序选择兼容模式，或以管理员身份运行。若某个程序可以用多种方式打开，此时可以为该程序设置默认的打开方式。

启动应用程序的方法主要有如下三种：

① 通过"开始"菜单

应用程序安装后，一般会在"开始"菜单中自动新建一个快捷方式，在"开始"菜单的"所有程序"列表中单击要运行程序所在的文件夹，然后单击相应的程序快捷图标，即可启动该程序。

② 通过快捷方式图标

如果在桌面上为应用程序创建了快捷方式图标，则双击该图标即可启动该应用程序。

③ 通过应用程序的启动文件

在应用程序的安装文件夹中找到应用程序的启动图标（一般是以 .exe 为后缀的文件），然后双击它。

3．卸载应用程序

当电脑中安装的软件过多时，系统往往会显得迟缓，所以应该将不用的软件卸载，以节省磁盘空间并提高电脑性能。卸载应用程序的方法通常有两种：一是使用"开始"菜单，二是使用"程序和功能"窗口。

（1）使用"开始"菜单卸载应用程序

大多数软件会自带卸载命令，安装好软件后，一般可在"开始"菜单中找到该命令，卸载这些软件时，只需执行卸载命令，然后再按照卸载向导的提示操作即可。

（2）使用"程序和功能"窗口卸载应用程序

有些软件的卸载命令不在"开始"菜单中，如 Office 2010、Photoshop 等，此时可以使用 Windows 10 提供的"程序和功能"窗口进行卸载。其操作方法如下：

① 打开"控制面板"窗口，单击"程序/卸载程序"图标中的"卸载程序"，打开"卸载或更改程序"窗口，如图 2.89 所示；

② 在"名称"下拉列表中选择要卸载的程序并右击，然后单击"卸载/更改"按钮，如图 2.90 所示；

③ 接下来按提示进行操作即可。

图 2.89　"卸载或更改程序"窗口

图 2.90　"卸载/更改"按钮

2.5.3　在计算机中添加新硬件

1．即插即用技术

随着多媒体技术的发展，使计算机用户需要安装的硬件设备越来越多，安装新硬件后的配置工作非常烦琐，为了解决这一问题，出现了"即插即用"技术（PNP 技术）。所谓即插即用技术，就是将设备连接到计算机后，不需要进行驱动程序的安装，也不需要对设备参数进行复杂的设置，设备就能够自动识别所连接的计算机系统，确保设备完成物理连接之后，就能正常使用了。

2．安装即插即用设备

（1）当计算机系统发现一个新的设备后，首先会尝试自动读取设备的 BIOS 或固件内包含的即插即用标示信息，然后将设备内部包含的硬件 ID 标识符和系统内建驱动库中包含的硬件 ID 标识符进行比对。

（2）如果能够找到匹配的硬件 ID 标识符，说明 Windows 10 系统已经进行过该硬件设备的驱动准备，可以在不需要用户干涉的前提下安装正确的驱动文件，并对系统进行必要的设置。同时，Windows 10 还会在桌面上提示系统正在安装设备驱动程序软件，如图 2.91 所示。

图 2.91　正在安装设备驱动程序软件提示框

（3）安装完成后，Windows 10 会在系统托盘中弹出相应的图标提示，显示安装已经结束。

3．安装非即插即用设备

要安装不支持即插即用或无法被 Windows 自动识别（如串/并口设备）的设备，可以使用"添加硬件向导"的方式来进行，运行"添加硬件向导"（以安装 HP Color LaserJet 3800 Class Driver 激光打印机为例）可以使用命令向导或通过设备管理器两种方法来进行。

方法一、使用命令向导安装

（1）右击"开始"按钮，从弹出的快捷菜单中选择"搜索"选项，在打开搜索窗口的搜索框中输入"hdwwiz"，出现如图 2.92 所示的搜索结果。

（2）单击搜索结果中的"hdwwiz"选项，弹出如图 2.93 所示的"添加硬件向导"对话框。

（3）单击"下一步"，在弹出如图 2.94 所示的对话框中选择"安装我手动从列表选择的硬件（高级）"选项，并单击"下一步"。

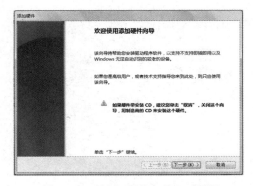

图 2.92　搜索 hdwwiz　　　　　　　　　图 2.93　"添加硬件向导"对话框

（4）在弹出如图 2.95 所示的常见硬件类型列表框中选择所要安装的硬件设备类型（在此选择打印机）（如果看不到想要的硬件类型，可以选择"显示所有设备"），单击"下一步"。

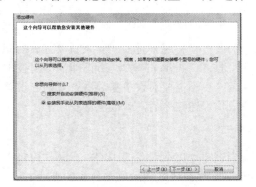

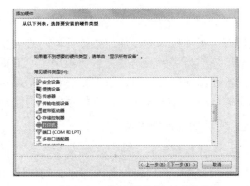

图 2.94　安装其他硬件对话框　　　　　　图 2.95　常见硬件类型列表框

（5）在弹出如图 2.96 所示的"选择打印机端口"对话框中选择相应的打印机端口（在此选择 LPT1），单击"下一步"。

（6）在弹出如图 2.97 所示的"安装打印机驱动程序"对话框的左侧窗格中选择厂商（在此选择 HP），然后在右侧窗格中选择具体型号（在此选择 HP Color LaserJet 3800 Class Driver），单击"下一步"（如果已下载了驱动程序，可以单击"从磁盘安装"）。

图 2.96　"选择打印机端口"对话框　　　　图 2.97　"安装打印机驱动程序"对话框

（7）在弹出如图 2.98 所示的"输入打印机名称"对话框中输入打印机名称（在此输入 HP Color LaserJet 3800），单击"下一步"。

（8）在弹出如图 2.99 所示的"打印机共享"对话框中选择是否共享这台打印机（如果共享，需要指定共享名），单击"下一步"。

（9）在弹出的"完成"对话框中进行"默认打印机"和"打印测试页"的设置，最后单击"完成"。

图 2.98　"输入打印机名称"对话框

图 2.99　设置打印机共享

方法二、通过设备管理器安装

（1）右击"此电脑"，在弹出的快捷菜单中选择"管理"选项，打开"计算机管理"窗口，在"计算机管理"窗口中双击"设备管理器"，打开如图 2.100 所示的"设备管理器"窗口。

（2）选定设备列表中的某个设备后，从"操作"菜单中选择"添加过时硬件"，如图 2.101 所示。

（3）弹出如图 2.93 所示的"添加硬件向导"对话框，接下来的操作步骤与使用命令向导方式相同。

图 2.100　"设备管理器"窗口

图 2.101　添加过时硬件

4. 卸载硬件设备

卸载硬件设备包括将该硬件设备从电脑中卸载以及卸载该硬件设备的驱动程序两部分内容。对于暂时不再使用的硬件设备，用户只需将该硬件设备从电脑中卸载即可，但最好要保留其驱动程序，以供以后再次需要时使用。而对于用户长时间不再使用的硬件设备，用户除了要将该硬件设备从电脑中卸载，最好同时将该硬件设备的驱动程序一起卸载，这样可以为用户提供更多的磁盘空间。

卸载硬件设备的具体步骤如下：

（1）右击"此电脑"，在弹出的快捷菜单中选择"管理"选项，打开"计算机管理"窗口，在"计算机管理"窗口中双击"设备管理器"，打开如图 2.100 所示的"设备管理器"窗口。

（2）选择要卸载的硬件设备（以声音、视频和游戏控制器为例），如图 2.102 所示。

（3）点开"声音、视频和游戏控制器"前面的">"，选择设备"Realtek High Definition Audio"，准备卸载，如图2.103所示。

图2.102　选择要卸载的硬件设备　　　　　　　图2.103　准备卸载

（4）鼠标单击"操作"，从打开的菜单中选择"卸载设备"，如图2.104所示。

（5）在打开如图2.105所示的"确认卸载设备"对话框中勾选"删除此设备的驱动程序软件"后单击"确定"按钮。

图2.104　"卸载设备"菜单　　　　　　　图2.105　"确认卸载设备"对话框

（6）系统进入卸载过程，当"Realtek High Definition Audio"设备正常卸载完毕后，任务栏声音图标小喇叭右下方有叉，鼠标移动到小喇叭上时显示"未安装任何音频输出设备"，如图2.106所示。此时播放音乐电脑没有声音。

（7）再次进入系统设备管理器查看，"声音、视频和游戏控制器"已经被卸载，如图2.107所示。

图2.106　找不到音频输出设备　　　　　　　图2.107　设备被成功卸载

2.5.4　用户管理与安全防护

1. 管理用户账户

（1）用户账户

用户账户是指 Windows 用户在操作计算机时具有不同权限的信息的集合。比如可以访问哪些文件和文件夹，可以对计算机和个人首选项（如桌面背景和屏幕保护程序等）进行哪些更改。通过用户账户，可以在拥有自己的文件和设置的情况下与多个人共享计算机。每个人都可以使用用户名和密码访问其用户账户。

Windows 10 提供了三种类型的用户账户，每种类型的用户账户为用户提供不同的计算机控制级别。其中，标准账户适用于日常管理，管理员账户可以对计算机进行最高级别的控制，来宾账户主要针对需要临时使用计算机的用户。

（2）用户账户的设置

① 在"控制面板"窗口中单击"用户账户"选项，打开如图 2.108 所示的"用户账户"窗口。

② 在"用户账户"窗口中单击"管理其他账户"，打开如图 2.109 所示的"管理账户"窗口。

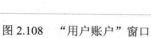

图 2.108　"用户账户"窗口

图 2.109　"管理账户"窗口

③ 在"管理账户"窗口中单击左下方的"在电脑设置中添加新用户"按钮，打开"家庭和其他用户"窗口，如图 2.110 所示。

④ 在"家庭和其他用户"窗口中单击"将其他人添加到这台电脑"命令按钮，弹出"为这台电脑创建一个账户"对话框，如图 2.111 所示。

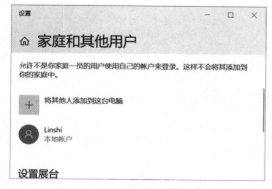

图 2.110　"家庭和其他用户"窗口

图 2.111　新用户账户

⑤ 在对话框中输入"用户名""密码""确认密码"并回答三个问题后单击"下一步"按钮。这时，在"管理账户"中便会多出一个刚刚创建的新账户"liuyf 标准用户"，如图 2.112 所示。

⑥ 单击该新创建的账户"liuyf 标准用户"按钮可以打开"liuyf 标准用户"的管理设置界面，在该界面中可以对该账户进行一些必要的设置，如更改账户名称、更改密码、更改账户类型、删除账户、管理其他账户等，如图 2.113 所示。

图 2.112　新建的"liuyf 用户"　　　　　图 2.113　"liuyf 用户"管理窗口

2. 家长控制

家长控制是指家长针对儿童使用计算机的方式所进行的协助管理。Windows 10 的家长控制主要包括时间控制、游戏控制、程序控制三个方面的内容。

当家长控制阻止了对某个游戏或程序的访问时，将显示一个通知，声明已阻止了该程序的运行。孩子可以单击通知中的链接，以请求获得该游戏或程序的访问权限，家长可以通过输入账户信息来允许其访问。

（1）建立并配置儿童账户

若要设置家长控制，家长需要有一个带密码的管理员用户账户，同时还需要为孩子配置一个单独的（受限制的）儿童账户，儿童账户必须是一个标准用户账户。配置儿童账户操作步骤如下：

① 单击"开始"菜单，选择"设置"选项，并在打开的窗口中选择"账户"，打开"账户信息"窗口，如图 2.114 所示。

② 在"账户信息"窗口左侧单击"家庭和其他用户"选项，打开"家庭和其他用户"窗口，如图 2.115。

图 2.114　"账户信息"窗口　　　　　图 2.115　"家庭和其他用户"窗口

③ 在"家庭和其他用户"窗口中单击"添加家庭成员"命令按钮,打开"添加家庭成员"窗口,如图 2.116 所示。

④ 在"添加家庭成员"窗口中选择"添加儿童",如果儿童没有邮箱,则单击"我想要添加的人员没有电子邮件地址",此时将弹出一个创建 Microsoft Account 的向导去创建账号。

⑤ 如果要建的儿童账户有 Microsoft Account 邮箱账号,则将 Microsoft Account 邮箱账号填入文本框中并单击"下一步"按钮,此时儿童账号创建完毕。

⑥ 由设置进入"用户账户窗口",此时会发现虽然使用儿童账号可以登录计算机,但儿童账号却处于挂起状态,如图 2.117 所示。

图 2.116　"添加家庭成员"窗口　　　　　图 2.117　处于挂起状态的儿童账号

（2）设置家长控制

在配置完孩子的儿童账户之后,用户就可以对管控功能进行详细配置了。从 Windows 10 开始,微软已经把家庭控制的管控功能完全转变成了在线管理方式,不再使用本地配置来实现。另外,要想实现在线管理,家长需要提前登录 Microsoft Account 的邮箱去确认受控邀请才能生效,此时微软会向该账号的邮箱发一个邀请链接。设置家长控制的操作步骤如下:

① 由"开始"菜单打开 Windows 设置窗口,并在窗口中选择"网络和 Internet"选项。

② 在打开窗口的右侧找到"Windows 防火墙"并单击,打开"防火墙与网络保护"窗口,如图 2.118 所示。

③ 在窗口的左侧单击三个小人的"家庭选项"按钮,打开"家庭选项"窗口,如图 2.119 所示。

图 2.118　"防火墙与网络保护"窗口　　　　　图 2.119　"家庭选项"窗口

④ 在窗口中单击"查看家庭设置"将打开"Microsoft Family Safety"家庭控制在线管理窗口，如图 2.120 所示。

⑤ 在该窗口中可以通过 Microsoft Edge 对孩子能够浏览的网站、孩子使用计算机的时间和时长、允许孩子可以看到和购买的设备内容进行设置，同时还可以获取孩子每周的活动报告，了解孩子的联机活动。

⑥ 在"Microsoft Family Safety"家庭控制在线管理窗口中选择"活动报告"选项，打开"最近活动"窗口，如图 2.121 所示。将窗口中的"活动报告"功能开启，并勾选"通过电子邮件向我发送每周报告"

图 2.120　家庭控制在线管理窗口

复选框，这样家长每周都可以收到孩子使用电脑的活动报告，并对最近活动中孩子运行过的程序进行单独限制执行。

⑦ 在"Microsoft Family Safety"家庭控制在线管理窗口中选择"阻止不适当的内容"选项，打开"Web 浏览"窗口，如图 2.122 所示。Web 浏览功能可以以黑白名单的方式来配置阻止和允许访问的网站。

图 2.121　"最近活动"窗口

图 2.122　"Web 浏览"窗口

注意：该功能只能适配到 Microsoft Edge 或 Internet Explorer 浏览器，而且会禁用 InPrivate 浏览功能并打开 Bing 的安全搜索功能。家长可以在应用和游戏功能中阻止孩子使用其他浏览器，进而按分级标准来阻止视频和游戏运行，如图 2.123 所示。

⑧ 在"Microsoft Family Safety"家庭控制在线管理窗口中选择"设置屏幕时间限制"选项，打开"屏幕时间"窗口，如图 2.124 所示。在该窗口中可以限定儿童账号能够使用计算机的精确时间，以免孩子无节制玩电脑。

当临近限制使用时间时，Windows 10 将会在倒数 10 分钟和 1 分钟提醒儿童时间即将到期。当达到家长限制的时间时，Windows 10 将自动将孩子当前的使用程序挂起到后台并退出到登录窗口。当小孩下次在允许的时间再次使用其账号登录到系统时，会自动恢复到上次被挂起的状态。

图 2.123　设置视频和游戏运行权限

图 2.124　"屏幕时间"窗口

2.5.5　Windows 10 防火墙

防火墙的作用是用来检查网络或 Internet 的交互信息,并根据一定的规则设置阻止或许可这些信息包通过,从而实现保护计算机的目的。Windows 防火墙是一个基于主机的准状态防火墙,安装在被保护的主机上,用来保护本台主机不被黑客入侵。在 Windows 10 系统中,内置的防火墙比以前的版本功能更加强大,使其替代其他第三方主机防火墙产品成为一种切实的可能。

1. Windows 10 防火墙窗口的打开

在"控制面板"窗口中单击"网络和 Internet"下方的"查看网络状态和任务"选项,打开"网络和共享中心"窗口,如图 2.125 所示。

单击"网络和共享中心"窗口左下角的"Windows Defender 防火墙"选项,打开"Windows Defender 防火墙"窗口,如图 2.126 所示。

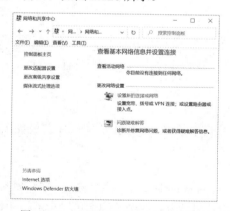

图 2.125　"网络和共享中心"窗口

图 2.126　"Windows Defender 防火墙"窗口

2. Windows 10 防火墙的常规设置

"Windows Defender 防火墙"窗口被分为左右两个区域,窗口左侧为一些功能设置,右侧为当前的网络状态。"Windows Defender 防火墙"的常规设置方法如下:

(1)启用和关闭 Windows 防火墙

单击如图 2.126 左侧的"启用和关闭 Windows Defender 防火墙",可以打开如图 2.127 所示的"自定义设置"窗口。

由图可以看出，专用网络设置和公用网络设置是完全分开的，可以分别启用和关闭"Windows Defender 防火墙"。在启用 Windows 防火墙窗口中，还有两个选项可以选择。

① "阻止所有传入连接，包括位于允许应用列表中的应用"，这个默认即可，否则可能会影响允许程序列表中一些程序的使用。

② "Windows Defender 防火墙阻止新应用时通知我"，对于个人用户来说，该选项最好选中，以方便用户随时做出判断和响应。

如果需要关闭 Windows 防火墙，只需选择对应网络类型里的"关闭 Windows Defender 防火墙（不推荐）"这一项，然后点击"确定"即可。

（2）还原默认值

如果用户觉得防火墙配置得有点混乱，可以单击图 2.126 左侧的"还原默认值"选项，打开如图 2.128 所示的"还原默认值"窗口。还原时，Windows 10 会删除所有的网络防火墙配置项目，恢复到初始状态。比如关闭防火墙后防火墙将会自动开启，如果设置了允许程序列表，则会全部删除添加的规则。

图 2.127 "自定义设置"窗口 　　　　　　图 2.128 "还原默认值"窗口

3．Windows 10 防火墙的高级设置

在如图 2.126 所示的"Windows Defender 防火墙"窗口中单击"高级设置"按钮，打开如图 2.129 所示的"高级安全 Windows Defender 防火墙"窗口。

（1）设置"Windows Defender 防火墙"属性

鼠标单击窗口中间窗格"概述"区下端的"Windows Defender 防火墙属性"选项，打开如图 2.130 所示的"Windows Defender 防火墙属性"对话框。通过该对话框的四个选项卡可以指定将计算机连接到企业域时的行为、连接到专用网络位置的行为、连接到公用网络位置的行为以及对"Ipsec 默认值""Ipsec 免除""Ipsec 隧道授权"进行相应的设置。

（2）设置出入站规则

鼠标单击窗口左侧窗格的"入站规则"，窗口中间窗格将列出所有要进入防火墙的应用程序。选择其中的一个应用程序，则可以在右侧窗格中对该应用程序的进站规则进行设置。使用同样的方法可以对所有应用程序的出站规则进行设置，如图 2.131 所示。

图 2.129　"高级安全 Windows Defender 防火墙"窗口

图 2.130　"防火墙属性"对话框

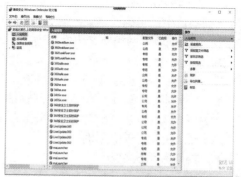

图 2.131　"Windows Defender 防火墙"出入站规则设置

习　题　2

一、单项选择题

1. Windows 10 是一个（　　）。
   A. 多用户操作系统　　　　　　　　B. 图形化的单用户、多任务操作系统
   C. 网络操作系统　　　　　　　　　D. 多用户、多任务操作系统
2. "控制面板"窗口（　　）。
   A. 是硬盘系统区的一个文件　　　　B. 是硬盘上的一个文件夹
   C. 是内存中的一个存储区域　　　　D. 包含一组系统管理程序
3. 在 Windows 10 的各个版本中，支持的功能最多的是（　　）。
   A. 家庭版　　　　　B. 教育版　　　　C. 专业版　　　　D. 企业版
4. 在 Windows 10 操作系统中，将打开窗口拖动到屏幕顶端，窗口会（　　）。
   A. 关闭　　　　　　B. 消失　　　　　C. 最大化　　　　D. 最小化
5. Windows 10 的桌面指的是（　　）。
   A. 整个屏幕　　　　B. 全部窗口　　　C. 整个窗口　　　D. 活动窗口
6. 在 Windows 10 操作系统中，显示桌面的快捷键是（　　）。

A．"Win" + "D"   B．"Win" + "P"

C．"Win" + "Tab"   D．"Alt" + "Tab"

7．下列操作中，不能打开"此电脑"窗口的是（　　）。

A．用鼠标右键单击"此电脑"图标，从弹出的快捷菜单中选择"打开"命令

B．用鼠标右键单击"开始"菜单按钮，然后从文件资源管理器中选取

C．用鼠标左键单击"开始"菜单，然后选择"此电脑"菜单项

D．用鼠标左键双击"此电脑"图标

8．关于 Windows 10 的开始菜单的描述，不正确的是（　　）。

A．Windows 10 开始菜单包含应用区和磁贴区两个部分

B．Windows 10 开始菜单的应用区包含常用项目和最近添加的项目以及所有应用程序列表

C．Windows 10 开始菜单的磁贴区主要是用来固定应用磁贴或图标的

D．在 Windows 10 中，已经被固定到磁贴区的某项应用的快捷方式不能从屏幕上取消

9．下列描述中，正确的是（　　）。

A．置入回收站的内容，不占用硬盘的存储空间

B．在回收站被清空之前，可以恢复从硬盘上删除的文件或文件夹

C．软磁盘上被删除的文件或文件夹，可以利用回收站将其恢复

D．执行回收站窗口中的"清空回收站"命令，可以将回收站中的内容还原到原来位置

10．利用"开始菜单"能够完成的操作有（　　）。

A．能运行某个应用程序   B．能查找文件或计算机

C．能设置系统参数   D．上述三项操作均可进行

11．任务栏的位置是可以改变的，通过拖动任务栏可以将它移到（　　）。

A．桌面横向中部   B．桌面纵向中部

C．桌面四个边缘位置均可   D．任意位置

12．任务栏的宽度最宽可以（　　）。

A．占据整个窗口   B．占据整个桌面

C．占据窗口的二分之一   D．占据桌面的二分之一

13．任务栏上的应用程序按钮处于被按下状态时，对应（　　）。

A．最小化的窗口   B．当前活动窗口

C．最大化的窗口   D．任意窗口

14．回收站是（　　）。

A．硬盘上的一个文件   B．内存中的一个特殊存储区域

C．软盘上的一个文件夹   D．硬盘上的一个文件夹

15．放入回收站中的内容（　　）。

A．不能再被删除了   B．只能被恢复到原处

C．可以直接编辑修改   D．可以真正被删除

16．关于窗口的描述，正确的是（　　）。

A．窗口最大化后都将充满整个屏幕，不论是应用程序窗口还是文档窗口

B．当应用程序窗口被最小化时，就意味着该应用程序暂时停止运行

C．文档窗口只存在于应用程序窗口内，且没有菜单栏

D．在窗口之间切换时，必须先关闭活动窗口才能使另外一个窗口成为活动窗口

17. 在 Windows 10 中，当一个应用程序窗口被最小化后，该应用程序将（ ）。
    A．继续在前台运行   B．暂停运行
    C．被转入后台运行   D．被中止运行
18. 若在 Windows 10 桌面上同时打开两个窗口，下列描述不正确的是（ ）。
    A．Windows 10 中打开的多个窗口，既可以平铺也可以层叠
    B．用户打开的多个窗口，只有一个是活动（当前）窗口
    C．在 Windows 10 桌面上，可以同时有两个以上的活动窗口
    D．只有活动窗口的标题栏是高亮度显示的
19. 文件的类型可以根据什么来识别（ ）。
    A．文件的大小   B．文件的用途
    C．文件的扩展名   D．文件的存放位置
20. 下面描述不正确的是（ ）。
    A．窗口是 Windows 10 中最重要的组成部分，其主要组成为：标题栏、地址栏、工具面板、导航窗格、最小化按钮、最大化按钮、关闭按钮和窗口边框等
    B．菜单是操作命令的列表，用户对其中的命令进行选择即可进行相应操作
    C．对话框是程序从用户获得信息的地方，其主要作用是接收用户输入的信息、系统显示信息
    D．窗口和对话框都可以被最小化
21. 关于 Windows 10 剪贴板的操作，正确的是（ ）。
    A．剪贴板中的内容可以多次被使用，以便粘贴到不同的文档中或同一文档的不同地方
    B．将当前窗口的画面信息存入剪贴板的操作是 Ctrl+PrintScreen
    C．多次进行剪切或复制的操作将导致剪贴板中的内容越积越多
    D．Windows 10 关闭后，剪贴板中的内容仍不会消失
22. 鼠标右键单击桌面上的"此电脑"图标，弹出的菜单被称之为（ ）。
    A．下拉菜单   B．弹出菜单   C．快捷菜单   D．级联菜单
23. 在菜单中，前面有 √ 标记的项目表示（ ）。
    A．复选选中   B．单选选中   C．有级联菜单   D．有对话框
24. 在菜单中，前面有 · 标记的项目表示（ ）。
    A．复选选中   B．单选选中   C．有子菜单   D．有对话框
25. 在菜单中，后面有右箭头标记的命令表示（ ）。
    A．开关命令   B．单选命令   C．有级联菜单   D．有对话框
26. 在菜单中，后面有…标记的命令表示（ ）。
    A．开关命令   B．单选命令   C．有子菜单   D．有对话框
27. 在 Windows 10 中可以完成窗口切换的方法是（ ）。
    A．"Alt" + "Tab"   B．"Win" + "Tab"
    C．单击要切换窗口的任何可见部位
    D．单击任务栏上要切换的应用程序按钮
28. Windows 10 在多个应用程序间进行信息传递，在源应用程序中通常要使用（ ）命令。
    A．复制或剪切   B．粘贴   C．删除   D．选择
29. Windows 10 "任务栏"上的内容为（ ）。
    A．当前窗口的图标   B．已启动并正在执行的程序名

C. 已经打开的文件名　　　　　　　　D. 所有已经打开的窗口的图标

30. 在某个文档窗口中已进行了多次剪切（复制）操作，当关闭了该文档窗口后，当前剪贴板中的内容为（　　）。

　　A. 空白　　　　　　　　　　　　　　B. 所有剪切（复制）的内容

　　C. 第一次剪切（复制）的内容　　　　D. 最后一次剪切（复制）的内容

31. 剪贴板中临时存放（　　）。

　　A. 被删除的文件的内容　　　　　　　B. 用户曾进行的操作序列

　　C. 被复制或剪切的内容　　　　　　　D. 文件的格式信息

32. 在 Windows 10 中，要将整个桌面的内容存入剪贴板，应按（　　）键。

　　A. PrintScreen　　　　　　　　　　　B. Ctrl+PrintScreen

　　C. Alt+PrintScreen　　　　　　　　　D. Ctrl+Alt+PrintScreen

33. 用鼠标器拖放功能实现文件或文件夹的快速移动时，下列操作一定可以成功的是（　　）。

　　A. 用鼠标左键拖动文件或文件夹到目的文件夹

　　B. 按住 Shift 键，同时用鼠标左键拖动文件或文件夹到目的文件夹

　　C. 按住 Ctrl 键，同时用鼠标左键拖动文件或文件夹到目的文件夹

　　D. 用鼠标右键拖动文件或文件夹到目的文件夹，然后在弹出的菜单中选择"移动到当前位置"菜单项

34. 在 Windows 10 中，对文件和文件夹的管理可以使用（　　）。

　　A. 文件资源管理器或控制面板窗口　　B. 文件夹窗口或控制面板窗口

　　C. 文件资源管理器或文件夹窗口　　　D. 快捷菜单

35. 快捷方式确切的含义是（　　）。

　　A. 特殊文件夹　　　　　　　　　　　B. 特殊磁盘文件

　　C. 各类可执行文件　　　　　　　　　D. 指向某对象的指针

36. 有关快捷方式的描述，说法正确的是（　　）。

　　A. 在桌面上创建快捷方式，就是将相应的文件复制到桌面

　　B. 在桌面上创建快捷方式，就是通过指针使桌面上的快捷方式指向相应的磁盘文件

　　C. 删除桌面上的快捷方式，即删除快捷方式所指向的磁盘文件

　　D. 对快捷方式图标名称重新命名后，双击该快捷方式将不能打开相应的磁盘文件

37. DOS 中的每个目录在 Windows 10 中可以对应一个（　　）。

　　A. 文件　　　　　　B. 文件夹　　　　　　C. 快捷方式　　　　　　D. 快捷菜单

38. 在 Windows 10 中，每运行一个应用程序就（　　）。

　　A. 创建一个快捷方式　　　　　　　　B. 打开一个应用程序窗口

　　C. 在开始菜单中添加一项　　　　　　D. 创建一个文件夹

39. 在 Windows 10 中，下列叙述中正确的是（　　）。

　　A. Windows 10 只能用鼠标操作

　　B. 在不同的磁盘间移动文件，不能用鼠标拖动文件图标的方式实现

　　C. Windows 10 为每个任务自动建立一个显示窗口，其位置和大小不能改变

　　D. Windows 10 打开的多个窗口，既可平铺，也可层叠

40. 剪贴板是在（　　）中开辟的一个特殊存储区域。

　　A. 硬盘　　　　　　B. 外存　　　　　　C. 内存　　　　　　D. 窗口

二、判断题

1. 正版 Windows 10 操作系统不需要激活即可使用。（　　）

2. Windows 10 企业版支持的功能最多。（　　）

3. Windows 10 家庭版支持的功能最少。（　　）

4. Windows 10 的所有基本操作都可以通过文件资源管理器窗口来实现。（　　）

5. 在 Windows 10 中，使用 Win 键 + 四个方向键（↑、↓、←、→）实现窗口切换。（　　）

6. 正版 Windows 10 操作系统不需要安装安全防护软件。（　　）

7. 任何一台计算机都可以安装 Windows 10 操作系统。（　　）

8. 文件夹中只能包含文件。（　　）

9. 窗口的大小可以通过鼠标拖动来改变。（　　）

10. Windows 系统中，文件或文件夹的属性通常有"只读""隐藏"和"存档"三种属性。（　　）

11. 桌面上的任务栏可根据需要移动到桌面上的任意位置。（　　）

12. 在 Windows 10 的窗口中，选中末尾带有省略号（…）的菜单意味着该菜单项已被选用。（　　）

13. 将 Windows 应用程序窗口最小化后，该程序将立即关闭。（　　）

14. 当改变窗口的大小，使窗口中的内容显示不下时，窗口中会自动出现垂直滚动条或水平滚动条。（　　）

15. 磁盘上刚刚被删除的文件或文件夹都可以从"回收站"中恢复。（　　）

16. 在 Windows 菜单项中，有些菜单项显灰色，它表示该菜单项已经被使用过。（　　）

17. 设置桌面背景时无论背景图片大小都可以全屏显示背景。（　　）

18. 打开文件或文件夹只能双击打开。（　　）

19. Windows 10 中任务栏既能改变位置也能改变大小。（　　）

20. 鼠标左键双击和右键双击均可打开一个文件。（　　）

21. 从桌面删除应用程序的快捷方式就可以删除应用程序了。（　　）

22. 复制文件只能在"编辑"菜单中操作。（　　）

23. 对话框可以移动，也可以改变大小。（　　）

24. 当选定文件或文件夹后，不将文件或文件夹放到"回收站"而直接删除的操作是按 Delete 键。（　　）

25. 所有使用同一台计算机的用户都可以看到这台计算机上其他账户的密码提示。（　　）

26. 窗口被最大化后要调整窗口大小，正确的操作是用鼠标拖动窗口的边框线。（　　）

27. 如果想一次选定多个分散的文件或文件夹，操作方法是按住 shift 键，用鼠标右键逐个选取。（　　）

28. 在 Windows 10 中可以同时打开多个窗口，但某一时刻只有一个窗口是活动的。（　　）

29. 使用"发送到"命令可以将文件或文件夹添加到"压缩文件夹"或"桌面快捷方式"。（　　）

30. 在文件夹属性中可以为文件夹进行重命名。（　　）

第 3 章

Word 2016 文字处理软件

Office 是 Microsoft 公司开发并推出的办公套装软件,主要版本有 Office 2003/2007/2010/2016 等,包括 Word、Excel、Access、PowerPoint、FrontPage(FrontPage 在 Office 2007 及以后的版本被取消)等。

Word 2016 中文版是 Office 2016 中最主要的程序之一,是一个具有丰富的文字处理功能、图文表格混排、所见即所得、易学易用等特点的文字处理软件,是当前世界上应用最广泛的文字处理和文档编排系统之一。

本章主要介绍 Word 2016 的基本概念和使用 Word 2016 编辑文档、排版、设置页面、制作表格和绘制图形等基本操作。通过本章的学习,应掌握:

(1)Word 的基本功能、运行环境,Word 的启动和退出;

(2)文档的创建、打开、输入、保护和打印等基本操作,美化文档外观;

(3)文本的选定、插入与删除、复制与移动、查找与替换等基本编辑技术,多窗口和多文档的编辑;

(4)字体格式设置、段落格式设置、文档页面设置和文档分栏等基本排版技术;

(5)表格的创建、修改,表格中数据的输入与编辑,数据的排序和计算;

(6)图形和图片的插入,图形的建立和编辑,文本框的使用;

(7)文档的修订与共享,长文档的编辑与管理。

3.1 Word 2016 基础

3.1.1 Word 2016 的启动与退出

1. Word 2016 中文版的启动

Word 2016 中文版的启动非常简便而且方法很多,在 Windows 10 操作系统中,概括起来主要有以下几种方法,它们各有优缺点,用户可以根据不同的环境和个人习惯灵活选择。

(1)常规方法:将鼠标指针移至桌面左下角,单击"开始"菜单按钮,执行"开始"→"Word 2016"命令,启动 Word 2016 中文版。

(2)在 Windows 资源管理器中找到带有图标 的文件(即 Word 文档,文档名后缀为"docx"或"doc"),双击该文件即可启动 Word 2016 中文版。

(3)在 Windows 10 的桌面上创建 Word 2016 中文版快捷方式图标 。双击 Word 2016 快捷方式图标,即可启动 Word 2016 中文版。

2．退出 Word 2016

在完成对所有文档的编辑后，要关闭文件，退出 Word 2016 中文版环境。退出 Word 2016 常用以下几种方法。

（1）执行"文件"→"关闭"命令。

（2）单击标题栏右侧的"关闭"按钮 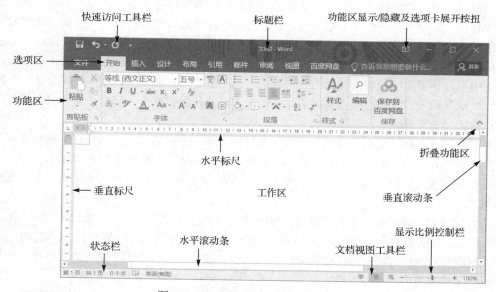 。

（3）单击 Word 2016 窗口左上角，弹出一个下拉菜单，单击"关闭"按钮。

（4）按组合快捷键 Alt + F4。

（5）右击"任务栏"上要关闭的 Word 文档图标，单击"关闭窗口"命令；或右击"标题栏"，选择"关闭"选项。

在执行退出 Word 2016 操作时，如有文档输入或修改后尚未保存，那么 Word 2016 将会弹出一个对话框，询问是否要保存未保存的文档。

3.1.2　Word 2016 窗口的组成

作为 Windows 环境下的一个应用程序，Word 2016 中文版的窗口和窗口的组成与 Windows 其他应用程序大同小异，包括标题栏、快速访问工具栏、选项卡、工作区、功能区、状态栏、文档视图工具栏、显示比例控制栏、滚动条、标尺等。启动 Word 2016 中文版系统，便进入如图 3.1 所示的 Word 2016 中文版工作窗口。位于 Word 顶端的带状区域包含了用户使用 Word 软件时需要的几乎所有功能。例如，有开始、插入、设计、布局、引用、邮件、审阅、视图等选项卡。

图 3.1　Word 2016 中文版工作窗口

（1）标题栏。标题栏位于 Word 窗口顶部，其上显示正在编辑的文档的文件名，左侧是 Word 控制菜单按钮，右侧是窗口操作按钮［最小化、最大化（还原）和关闭］。

（2）快速访问工具栏。快速访问工具栏默认位于标题栏下面，功能区上方，用户可以根据需要修改设置。它的作用是使用户能快速启动经常使用的命令。用户可以根据需要，使用"自定义快速访问工具栏"命令添加或定义自己的常用命令。Word 2016 默认的快速访问工具栏包括保存、撤销、重复和自定义快速访问工具栏命令按钮。

（3）功能区和选项卡。在 Word 2016 中，传统的菜单和工具栏被功能区所代替。功能区是一个全新的设计，它以选项卡的方式对命令进行分组和显示。同时，功能区上的选项卡在排列方式上与用户所要完成任务的顺序相一致，并且选项卡中命令的组合方式更加直观，大大提升了应用程序的可操作性。

在 Word 2016 功能区拥有"开始""插入"等选项卡。

①"开始"选项卡。它包含了有关文字编辑和排版格式设置的各种功能，包括剪贴板、字体、段落、样式和编辑等几个命令组。

②"插入"选项卡。主要用于在文档中插入各种元素，包括页面、表格、图片、链接、页眉和页脚、文本、符号和特殊符号等命令组。

③"设计"选项卡。主要用于对 Word 文档格式进行设计和对背景进行编辑，包括主题、文档格式、页面背景等命令组。

④"布局"选项卡。用于帮助用户设置文档页面样式，包括页面设置、段落、排列等命令组。

⑤"引用"选项卡。用于实现在文档中插入目录、引文、题注等索引功能，包括目录、脚注、引文与书目、题注、索引和引文目录等命令组。

⑥"邮件"选项卡。专门用于在文档中进行邮件合并方面的操作，包括创建、开始邮件合并、编写和插入域、预览结果和完成等命令组。

⑦"审阅"选项卡。主要用于对文档进行审阅、校对和修订等操作，适用于多人协作处理大文档，包括校对、中文简繁转换、批注、修订、更改、比较和保护等命令组。

⑧"视图"选项卡。主要用于帮助用户设置 Word 操作窗口的查看方式、操作对象的显示比例等，以便用户获得较好的视觉效果，包括视图、显示、显示比例、窗口和宏等命令组。

（4）后台视图。在 Word 2016 应用程序中单击"文件"选项卡，即可查看 Office 后台视图。在后台视图中可以管理文档和有关文档的相关数据，是用于对文档或应用程序执行操作的命令集。例如，创建、保存和发送文档；检查文档中是否包含隐藏的元数据或个人信息；文档安全控制选项；应用程序自定义选项等。

（5）工作区。工作区是水平标尺以下和状态栏以上的一个屏幕显示区域。在 Word 2016 窗口的工作区中可以打开一个文档，输入文字、生成表格、插入图形，并可方便地进行编辑、校对、排版。文档窗口中的插入点，指明输入时字符出现的位置。Word 2016 可以打开多个文档，每个文档有一个独立窗口。

可以通过单击功能区右上角的"折叠功能区或者功能区显示选项"按钮来扩大/缩小工作区。

（6）状态栏。状态栏在 Word 2016 窗口的底部左侧，用来显示当前的某些状态，如当前页面数、字数等；有用来发现校对错误的图标及对应校对的语言图标，还有用于将输入的文字插入到插入点的插入图标（单击变为"改写"模式）。

（7）文档视图工具栏。所谓视图，就是查看文档的方式，同一个文档可以在不同的视图下查看，虽然显示方式不同，但是文档的内容是不变的。有以下 5 种"视图"，可以通过单击水平滚动条右侧的视图切换按钮来进行切换。

① 页面视图。主要用于版面设计，页面视图显示文档的每一页，与打印所得的页面相同，即"所见即所得"（最佳排版视图）；可以进行输入、编辑和排版文档，也可以处理页边距、文本框、分栏、页眉和页脚、图片和图形等。

② 阅读视图。适于阅读长篇文章，是最佳观看视图，分为左、右两个窗口显示（阅读文章的最佳视图）。

③ Web 版式视图。使用该视图，无须离开 Word 即可查看 Web 页在 Web 浏览器中的效果（最佳网上发布视图）。

④ 大纲视图。大纲视图显示文档的层次结构，如章、节、标题等，这对于长文档来说，可以让用户清晰地看到它的概况。在大纲视图中，可折叠文档只查看到某级标题，或者扩展文档以查看整个文档，还可以通过拖动标题来移动、复制或重新组织正文。进入大纲视图时会自动出现大纲工具栏。

⑤ 草稿视图。取消了页面边距、分栏、页眉和页脚以及图片等元素，仅显示标题和正文，是最节省计算机系统硬件资源的视图方式。

（8）标尺。标尺分为水平标尺和垂直标尺两种。在草稿视图下只能显示水平标尺，只有在页面视图下才能全显示。标尺可以显示文字所在的实际位置、页边距尺寸，并且可以用来设置制表位、段落、页边距尺寸、左右缩进、首行缩进等。有两种方法可以隐藏/显示标尺。

方法：单击"视图"选项卡"显示"组中的"标尺"复选框可以显示/隐藏标尺。

（9）滚动条。滚动条有垂直滚动条和水平滚动条，拖曳滚动条上的"滑块"或单击滚动箭头，可以移动文档，查看文档的不同位置。

（10）插入点。在 Word 2016 启动后，自动创建一个名为"文档1"的文档，其工作区是空的，只是在第 1 行第 1 列处有一个闪烁的黑色竖条（或称光标），称为插入点。

3.2　Word 2016 文档的基本操作

3.2.1　Word 2016 文档处理流程

在 Word 2016 中要完成一份 Word 文档的处理工作，一般流程如下：

（1）启动 Word 2016；

（2）创建或打开一个文档；

（3）页面设置；

（4）用户在文档中的插入点处输入文档的内容；

（5）编辑和排版；

（6）打印输出。

为了安全起见，在文档编辑过程中要及时存盘。

3.2.2　创建新文档

每次启动 Word 2016 时，会自动打开一个新的空白文档并暂时命名为"文档1"。通常这个文档对应的默认磁盘文件名为"doc1.docx"，在保存时也可按照需要更改它的名称。创建 Word 2016 文档也可以使用以下方法：

（1）执行"文件"→"新建"命令，或按组合快捷键 Alt+F，单击"新建"→"空白文档"选项，即可创建 Word 文档；

（2）按组合快捷键 Ctrl+N，即可创建 Word 文档。

3.2.3　打开已存在的文档

当要查看、修改、编辑或打印已存在的 Word 文档时，首先应该打开它。文档的类型可以是 Word 文档，也可以是利用 Word 软件的兼容性，经过转换打开的非 Word 文档（如 WPS 文件、纯文本文件等）。

1. 打开一个已存在的文档

在资源管理器中，双击带有 Word 文档图标的文件名是打开 Word 文档最快捷的方式。除此之外，打开一个已存在的文档，通常还有以下几种方法：

（1）执行"文件"→"打开"命令，选择要打开的文件。

（2）按组合快捷键 Ctrl+O。

这时 Word 会打开 Office 后台视图的"打开"命令，如图 3.2 所示。

图 3.2 后台视图

双击图 3.2 中间的"这台电脑"命令，这时会弹出"打开"对话框，如图 3.3 所示。如果文件名在"文档库"列表区中，单击文件名，然后单击"打开"按钮，或双击要打开的文档名。

图 3.3 "打开"对话框

2. 利用"打开"对话框

若"文档库"列表区中没有要打开的文件，可能是因为磁盘或文件夹的位置不对，或"文件类型"下拉列表框中给出的文件类型不符合要求。

在"打开"对话框左侧的文件夹树中单击所选定的驱动器，则右侧的"名称"列表框中就列出了该驱动器下包含的文件夹和文件名。双击打开所选的文件夹，则"名称"列表框中就会列出该文件夹所包含的文件夹和文档名。重复这一操作，直到打开包含有要打开的文档名的文件夹为止。

如果在打开文档时，忘记了文档的文件名和存放位置，或者是不小心把文件挪动了位置，这时可以用搜索功能来查找、打开文件。在"打开"对话框右上角的"搜索文档"文本框输入要查找的文档名或部分文档名，搜索结果会显示在"文档库"列表区。

3．同时打开多个文档

Word 可以同时打开多个文档，通常有两种操作方法：一是逐一使用"打开"命令打开多个文档；二是使用"打开"对话框，选中多个文件一次打开多个文档。

在"打开"对话框的"文件及文件夹"列表区中，选择多个文档后（选择连续的多个文档按 Shift 键，不连续的多个文档按 Ctrl 键），单击"打开"按钮，即可同时打开多个文档。

每打开一个文档，Windows 任务栏就有一个相应的文档按钮与之对应。当打开的文档数量多于一个时，这些文档便以重叠的按钮组形式出现。将光标移至按钮（或按钮组）上停留片刻，按钮（或按钮组）便会展开显示文档窗口缩略图，单击文档窗口缩略图可实现文档的切换。另外，也可以通过单击"视图"选项卡中"切换窗口"下拉菜单中所列的文件名进行文档切换。

4．打开最近使用过的文档

如果要打开的是最近使用过的文档，Word 2016 提供了更快捷的操作方式，其中两种常用的操作方法如下：

（1）执行"文件"→"打开"→"最近"命令，打开"今天"所用文件栏，如图 3.2 所示，单击"今天"或者之前时间下所需文件夹和 Word 文档名，即可打开用户指定的文档。

（2）若当前已存在打开的一个（或多个）Word 文档，则右击 Windows 任务栏中"已打开 Word 文档"按钮，此时会弹出"最近"列表，如图 3.4 所示。列表中含有最近使用过的 Word 文档，单击需要打开的文档名即可打开指定的文档。

图 3.4　"最近"列表

3.2.4　保存文档

用户编辑的文档内容，都暂时存放在计算机内存中，为了将其永久保存起来以备将来使用，需要给文档起一个文件名并存盘保存。保存文档不仅指的是一份文档在编辑结束后才将其保存，同时也指在编辑过程中进行保存。

1．保存新建文档

保存文档的常用方法有以下几种：

（1）单击快速访问工具栏的"保存"按钮。

（2）执行"文件"→"保存"命令。

（3）直接按组合快捷键 Ctrl+S。

若是第一次保存文档，会弹出 Office 后台视图中"另存为"命令，如图 3.5 所示。双击"这台电脑"命令，弹出如图 3.6 所示的"另存为"对话框。

（1）在左侧"文件夹树"中选定要保存文档的驱动器。

（2）在右侧"名称"下拉列表框可以选择常用的文件夹。"名称"列表区列出了"保存位置"指定的文件夹和"保存类型"下拉列表框中类型相符的所有文件以及该文件夹中所包含的子文件夹。

（3）在"文件名"下拉列表框中可以输入或选择文件名称。

 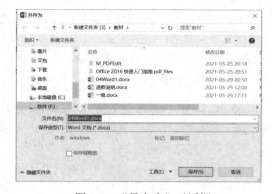

图 3.5　后台视图的"另存为"命令　　　　　　　图 3.6　"另存为"对话框

（4）在"保存类型"下拉列表框中可以选择合适的保存类型，默认为 Word 文档。

（5）单击"保存"按钮存盘，单击"取消"按钮不存盘返回编辑窗口。

2．保存已有文档

对已有的文件打开和修改后，同样可用上述方法将修改后的文档以原来的文件名保存在原来的文件夹中，此时不再出现"另存为"对话框。

3．用另一文档名保存文档

执行"文件"选项卡，在打开的 Office 后台视图中执行"另存为"命令，可以把一个正在编辑的文档以另一个不同的名字保存起来，而原来的文件依然存在。在"另存为"对话框中给出路径名及文件名，把当前文档保存在指定磁盘的指定文件夹中，并将另存后的文档作为当前的编辑文档。

4．自动保存文档

自动保存是指 Word 2016 会在一定时间内自动保存一次文档，可以有效地防止用户在进行大量工作之后发生意外（停电、死机等）时因没有保存而导致文档的内容大量丢失。

（1）在 Word 2016 应用程序中，单击"文件"→"选项"命令。

（2）打开"Word 选项"对话框，单击左侧的"保存"命令，如图 3.7 所示。

图 3.7　"Word 选项"对话框

（3）在"保存文档"选项区域，选中"保存自动恢复信息时间间隔"复选框，并指定具体分钟数（可输入 1～120 的整数）。默认自动保存的时间间隔是 10 分钟。

（4）最后单击"确定"按钮，自动保存文档设置完毕。

3.2.5　关闭文档

单击标题栏上的关闭窗口按钮，或执行"文件"→"关闭"命令，或直接选择控制菜单的"关闭"命令，或使用组合快捷键 Alt+F4，都可以关闭当前文档。对于修改后没有存盘的文档，系统会给出提示信息（是否保存修改），单击"是"按钮保存后退出；单击"否"按钮则不存盘退出；单击"取消"按钮，重新返回 Word 编辑窗口。

3.2.6　文档的保护

如果所编辑的文档不希望无关人员查看，则可以给文档设置打开权限密码，那么再打开此文档，Word 会首先核对密码，只有密码正确才能打开，否则拒绝打开。

1. 设置"打开权限密码"

（1）执行"文件"→"另存为"命令，打开"另存为"对话框。

（2）单击对话框右下方"工具"下拉菜单，打开"常规选项"对话框，如图 3.8 所示。在"打开文件时的密码"文本框中输入设定的密码。

（3）单击"确定"按钮，弹出"确认密码"对话框，在"请再次键入打开文件时的密码"文本框中再次输入要设置的密码（和前次一样）。单击"确定"按钮，若两次密码核对正确，则返回"另存为"对话框，否则出现"密码确认不符"的警示信息，此时只能单击"确定"按钮，重新设置密码。

（4）单击"保存"按钮即可存盘。下次再打开此文档时，会出现"密码"对话框，要求用户输入密码以便核对。

如果要取消已设置的密码，在打开此文档的前提下，进入"常规选项"对话框，删除"打开文件时的密码"文本框中的"*"，然后保存即可。

注意：执行"文件"→"信息"→"保护文档"→"用密码进行加密"命令，弹出"加密文档"对话框，也可实现对文档内容加密。

2. 设置修改权限密码

如果允许别人打开并查看一个文档，但无权修改它，则可以在"常规选项"对话框中，通过设置"修改文件时的密码"实现。

3. 设置文件为"只读"属性

在"常规选项"对话框中，勾选"建议以只读方式打开文档"复选框，则文件为"只读"属性。

4. 对文档中的指定内容进行编辑限制

如果要保护文档中的某一内容（一句话、一段文字等），不允许被别人修改，但允许阅读或对其进行修订、审阅等操作，在 Word 中称为文档保护，方法如下：

（1）选定需要保护的文档内容。

（2）单击"审阅"选项卡"保护"组的"限制编辑"命令，打开"限制编辑"对话框，如图 3.9 所示。

图 3.8　"常规选项"对话框　　　　　　　　图 3.9　"限制编辑"对话框

（3）勾选"仅允许在文档中进行此类型的编辑"复选框，然后在"限制编辑"下拉列表中从"修订""批注""填写窗体"和"不允许任何更改（只读）"4 个选项中选定一项。

在信息社会，信息安全变得越来越重要。ISO（国际标准化组织）对"信息安全"的定义为：为数据处理系统建立和采用的技术、管理上的安全保护，为的是保护计算机硬件、软件、数据不因偶然和恶意的原因而遭到破坏、更改和泄露。公民欠缺足够的信息保护意识是信息安全问题之一，因此可为自己的文档设置打开、编辑、修改密码和设置"只读"属性，为我们的文档安全保驾护航。

3.3　Word 2016 文档的基本操作和基本编辑

通常在启动 Word 2016 中文版后，在屏幕上会显示出一个空白文档供用户输入使用。此时，屏幕文本编辑区的左上角有一个闪烁的竖条，指明了文本插入的位置，称为插入点（即光标位置）。在该窗口内可以输入文字（中文和英文字符），插入特殊字符、当前日期、当前时间、图形、表格或其他内容。

3.3.1　输入文本

1. 输入文本

（1）中文输入。Word 2016 中文版自身不带汉字输入法，为了输入汉字，可以使用 Windows 10 自带、搜狗或中文之星等提供的输入法。选择中文输入法，按相应输入法的具体要求输入汉字。

（2）标点符号的输入。全角和半角的区分：英文标点有全角和半角之分，全角字符占两个半角的位置。中文标点的输入，在中文标点状态下输入。

（3）插入特殊字符及符号。Word 2016 中文版提供了丰富的符号，除键盘上显示的字母、数字和标点符号外，还提供了项目符号、编号、版权号、注册号等特殊符号。单击"插入"选项卡"符号"组的"符号"下拉按钮，在弹出的列表中单击"其他符号"命令，打开"符号"对话框，如图 3.10 所示。

在"字体"下拉列表框中选择要插入符号的字体，在

图 3.10　"符号"对话框

"子集"下拉列表中选择要插入符号的类型，单击要插入的符号，再单击"插入"按钮，即可将该符号插入到插入点所在位置。用此方法可以连续插入多个符号。在"近期使用过的符号"中列出了最近使用过的符号，可快速插入。

（4）输入当前日期和时间。在 Word 2016 中文版文档中，可以用不同的格式插入当前日期和时间。单击"插入"选项卡中"文本"组的"日期和时间"命令，打开"日期和时间"对话框，在"可用格式"下拉列表框中选择日期和时间的格式。

（5）插入脚注和尾注。在编写文章时，常常需要对一些从别人的文章中引用的内容、名词或事件加以注释，这称为脚注和尾注。脚注位于每一页面的底部，而尾注位于文档的结尾处。

将插入点移到需要插入脚注和尾注的字符之后，打开"引用"选项卡，单击"脚注"右下方的箭头，打开"脚注和尾注"对话框，选定"脚注"或"尾注"，设定注释的编号格式、自定义标记、起始编号和编号方式等。如果要删除脚注和尾注，那么选定脚注或尾注后按 Delete 键。

2．输入文本应注意的问题

（1）即点即输：Word 2016 提供了即点即输的功能，在页面上有效范围内的任何空白处单击，插入点便被定位于该处，在此处可以输入文本、插入表格、插入图片和图形等内容和设置对齐格式。如果在文档中看不到"即点即输"功能，那么应先启用该功能，执行"文件"→"选项"→"高级"命令，勾选"启用即点即输"复选框即可。

（2）Word 具有自动换行功能，当文字输入到行尾继续输入时系统会自动换行，后面的文字自动出现在下一行。为了有利于自动排版，不要在每行的行尾按 Enter 键，只有当一个段落结束时，才需要按 Enter 键，插入段落标记。若需要在一个自然段内强行换行（不是另起一段），则按住组合快捷键 Shift+Enter 进行强制换行。

（3）注意当前的编辑状态：插入或改写。可以通过键盘上的 Insert 键切换，当状态栏上是"改写"时为"改写"状态，当状态栏上是"插入"时为"插入"状态。

"插入"状态下，随着新内容的输入，原内容后移；"改写"状态下，随着新内容的输入，原内容被覆盖。

（4）不要用加空格的方法实现段落的首行缩进。

（5）换行符。如果要另起一行，但不另起一个段落，可以输入换行符。可使用组合快捷键 Shift+Enter 或单击"页面布局"选项卡"页面设置"组"分隔符"右侧下拉按钮，单击"自动换行符"按钮。

注意：换行符显示为"↓"，回车符显示为"↵"。

（6）段落的调整。自然段落之间用"回车符"分隔。两个自然段落的合并只需删除它们之间的"回车符"即可。一个段落要分成两个段落，只需在分段上键入"回车符"即可。段落格式具有继承性，结束一个段落按 Enter 键后，下一段落会自动继承上一段落的格式（标题样式除外）。

（7）文档中的标题最好用标题样式。

文档中的正文通常用"正文"样式。如果文档中有多级标题，最好按标题的级别从大到小依次选择"标题 1""标题 2"……等标题样式。选择方法是将光标定位在标题文字所在的行或段，在"样式"命令栏的"样式"中选择一个标题样式即可。

（8）文档中红色与绿色波浪下画线的含义。

如果没有在文档中设置下画线格式，却在文本的下面出现了下画线，可能原因为：当 Word 2016 在检查"拼写和语法"状态时用红色波浪下画线表示可能的拼写错误，用绿色波浪下画线表示可能的语法错误。

启动/关闭检查"拼写和语法"：在"审阅"功能区中的"语言"组中单击"语言"下拉按钮，

选择"设置校对语言"命令，打开"语言"对话框，如图 3.11 所示。勾选或取消"不检查拼写或语法"复选框。

隐藏/显示检查"拼写和语法"：执行"文件"→"选项"命令，打开"Word 选项"对话框，单击"校对"选项，在最下方勾选或取消"只隐藏此文档中的拼写错误"和"只隐藏此文档中的语法错误"复选框。

（9）文档中蓝色与紫色下画线的含义。

Word 2016 系统默认蓝色下画线的文本表示超链接，紫色下画线的文本表示使用过的超链接。

图 3.11　"语言"对话框

（10）注意保存文档。正在输入的内容通常在内存中，如果不小心退出、死机或断电，输入的内容会丢失，最好经常做存盘操作。也可执行"文件"→"选项"命令，单击"保存"选项卡，设置自动保存的时间，这样，Word 系统会定期自动保存文档内容。

3.3.2　文档的编辑操作

当文档的内容输入后，常常需要对文档的某一部分进行删除、复制、移动和其他修改操作。

1．插入点的移动

在文本区域中，插入点是一个不断闪烁的黑色竖条，称为插入点光标。在插入状态下，每输入一个字符或汉字，插入点右侧的所有文字都相应右移一个位置。所以，可以在插入点前插入需要插入的文字和符号。

移动插入点是 Word 的基本操作之一，将插入点重新定位有以下方法。

注意：鼠标指针和插入点是不同的，鼠标指针只有在文本区域单击后才能变为插入点。

（1）利用鼠标移动插入点。将"I"形指针移到文本的指定位置并单击鼠标左键后，插入点移动到刚才鼠标指针的指定位置。

（2）利用键盘光标键移动光标。可以用键盘上的光标键移动插入点（光标），表 3.1 列出了移动插入点的常用键。

表 3.1　用键盘移动插入点

移　　动	按　　键	移　　动	按　　键
向前或向后移动一个字符	←或→	向下移一页	Alt+Ctrl+PageDown
向上或向下移动一行	↑或↓	向上移一页	Alt+Ctrl+PageUp
移至行首	Home	移至本屏底部	Ctrl+PageDown
移至行尾	End	移至本屏顶部	Ctrl+PageUp
向上或向下移动一个段落	Ctrl+↑或 Ctrl+↓	移至文档的开头	Ctrl+Home
向下移一屏	PageDown	移至文档的结尾	Ctrl+End
向上移一屏	PageUp	移动光标到最近曾经修改过的 3 个位置	Shift+F5

（3）设置"书签"移动光标。

Word 提供的书签功能具有记忆某个特定位置的功能。在文档中可以插入多个书签，书签可以出现在文档的任何位置。插入书签时由用户为书签命名。

将光标移动到插入书签的位置，单击"插入"选项卡"链接"组的"书签"按钮，打开"书签"对话框，输入书签名，单击"添加"按钮。

若要删除已设置的书签，则在"书签"对话框中选择要删除的书签名，单击"删除"按钮。

光标移动到书签，通常有以下两种方式：

① 在"书签"对话框，选择书签名，单击"定位"按钮。

② 单击"开始"选项卡"编辑"组的"替换"命令，打开"查找与替换"对话框，选择"定位"选项卡，在"定位目标"列表框选择"书签"，在"请输入书签名称"栏中输入要定位的书签名，单击"定位"按钮。

（4）用定位快速按钮。

选择"定位"浏览对象，可打开"查找和替换"对话框，如图 3.12 所示。

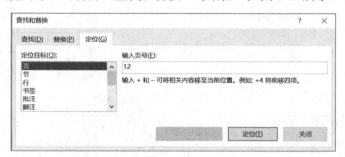

图 3.12 "查找与替换"对话框

在"查找和替换"对话框中，可按页、节、行、书签等在文档中进行快速定位。下面以"页"为例说明操作方法。在"查找和替换"对话框的"定位目标"中选择"页"，输入页号，单击"定位"按钮，即可定位到文档中的相应页。

2．插入和删除空行

插入空行：在"插入"状态下，只需将插入点移到需要插入空行的地方，按 Enter 键。在文档开始前插入空行，只需将光标定位到文首，按 Enter 键。

删除空行：将光标移到空行，按 Delete 键。

3．断行和续行

断行：即将原来的一行分为两行。例如，有"河北省邢台市河北科技工程职业技术学院"语句，若要在"市"字后断行，则在插入状态下，可将插入点定位到学校名称的第一个字"河"字前，按 Enter 键即可。在"市"字后会出现一个换行符，即段落标记。

续行：即将由换行符分开的两行或两个段落合成一行或一段，只需将第一行或第一段后的换行符删除即可。

4．选定文本

编辑文本的第一步就是使其突出显示，即"选定"文本。首先通过"选定"来标识需要修改的部分，然后再进行操作，称为"先选后做"。一旦选定了文本，就可以对其进行复制、移动，插入到另一个位置或另一个文档，设置格式，以及删除字、词、句子和段落等一系列操作，完成操作后，可以单击文档的其他位置，取消选定。

（1）用鼠标选择。这种方法是最常用，也是最基本、最灵活的。

① 选定任意大小的文本区。拖动鼠标选择文本，用户只需将鼠标指针停留在所要选定内容的开始部分，然后按住鼠标左键拖动，直到所要选定部分的结尾处，即所有需要选定的内容都已成高亮状态，松开鼠标即可。

② 选中一行。将鼠标指针移到所选行左侧的文本选择区域，鼠标指针变为右指箭头，单击鼠标，即可选中一行。

③ 选中一段。将鼠标指针移到所选段左侧的文本选择区域，鼠标指针变为右指箭头，双击鼠标，即可选中一段。用鼠标三击段落内的任意位置，也可选中该段落。

④ 选择不相邻的多段文本。选择一段文字后，按住 Ctrl 键，再选择另外一处或多处文本。

⑤ 选定矩形区域中的文本。用 Alt 键和鼠标配合，先按下 Alt 键不放，再用鼠标拖动矩形区域，矩形区域即可被选中。

⑥ 选择整篇文章。将鼠标指针移到所选段左侧的文本选择区域，鼠标指针变为右指箭头，三击鼠标，即选中整篇文章。

（2）用键盘选择文本。把插入点置于要选定的文本之前，使用表 3.2 给出的组合快捷键，在相应范围内选择文本。

表 3.2　用键盘选择文本功能键

选 择 范 围	功 能 键	选 择 范 围	功 能 键
右侧一格字符	Shift+→	下一屏	Shift+PgDn
左侧一格字符	Shift+←	上一屏	Shift+PgUp
单词结尾	Ctrl+Shift+→	窗口结尾	Ctrl+Shift+PgDn
单词开头	Ctrl+Shift+←	窗口开始	Ctrl+Shift+PgUp
行首	Shift+Home	文档开始处	Ctrl+Shift+Home
行尾	Shift+End	文档结尾处	Ctrl+Shift+End
下一行	Shift+↓	整篇文档	Ctrl+A
上一行	Shift+↑	纵向文本块	Ctrl+Shift+F8+箭头
段尾	Ctrl+Shift+↓	段首	Ctrl+Shift+↑

（3）用扩展功能键 F8 选择文本。利用 Word 的扩展功能，可以很方便地选择光标所在的整句、整段或全文。

右击状态栏，勾选"选定模式"，然后可以用连续按 F8 键扩大选择范围等方法来选择文本。反复按组合快捷键 Shift+F8 可以逐级缩小选择范围。

5．删除文本

利用 Word 2016 的删除功能可以方便且不留痕迹地达到这一目的：

（1）利用 Delete 键可以删除光标后面的内容；

（2）利用 BackSpace 键可以删除光标前面的内容；

（3）如果需要删除一句话或一段文字，可先选择内容，再利用 Delete 键或 BackSpace 键来删除。

6．撤销与重复

撤销：在对 Word 文档进行编辑操作过程中，如果对先前所做的工作感到不满意，可利用快速访问工具栏上的"撤销"按钮，恢复到原来的状态。Word 2016 可以撤销最近进行的多次操作。单击快速访问工具栏上的"撤销"按钮旁边的向下箭头，打开允许撤销的动作表，该动作表记录了用户所做的每一步动作，如果希望撤销前几次的动作，那么可以在列表中滚动到该动作并选择它。键盘上的 Ctrl+Z 组合快捷键为撤销快捷键。

重复：单击常用工具栏上的"重复"按钮允许撤销一个"撤销"动作（即恢复前一个操作），同样，允许撤销上几次的"撤销"操作（单击"重复"旁边的向下箭头）。

7．文本的移动和复制

在编辑文档过程中，利用 Word 的剪切、复制和粘贴功能以及鼠标的拖放功能可以很容易地实现文本的移动和复制。

（1）移动文本。选定需要移动的文本，单击"开始"选项卡"剪贴板"组的"剪切"按钮（或右击选择"剪切"），选择的文本即被从文本中删除，保存在剪贴板中。将插入点移动到需要插入的文本位置（该位置可以位于本文档或另一文档中，也可以是其他应用软件的文本编辑区），单击"开始"选项卡"剪贴板"组的"粘贴"按钮（或右击选择"粘贴"），刚才的文本可被移动到文档中插入点的位置处。

利用鼠标的拖放功能也可以实现文本的移动，操作步骤如下：

① 选择文档中要移动的内容。

② 按住鼠标左键拖动，这时鼠标光标会变成移动释放光标（鼠标箭头下方出现一个虚的方框，并且在鼠标箭头的左侧会出现一条竖直的虚线表示插入点）。

③ 在目标位置松开鼠标，即可完成文本的移动。

（2）复制文本。选择需要复制的文本，单击"开始"选项卡"剪贴板"组的"复制"按钮（或右击选择"复制"，选择的文本仍被保留并被保存在剪贴板中），将插入点移动到目标位置，单击"开始"选项卡"剪贴板"组的"粘贴"按钮（或右击选择"粘贴"），文本即被复制到文档中插入点的位置处。

利用鼠标的拖放功能也可以实现文本的复制，操作步骤和移动文本相似：

① 选择文档中要复制的内容。

② 将鼠标指向被选择的对象，此时鼠标将由"I"字形光标变成箭头光标，此时按住 Ctrl 键的同时按下鼠标左键。

③ 拖动鼠标，这时鼠标光标会变成复制释放光标。

④ 当到达目标位置时松开鼠标左键，这时被选择的文档内容就被复制到用户想要放置的地方了。

以上操作中，复制、剪切、粘贴对应的组合快捷键分别为 Ctrl+C、Ctrl+X、Ctrl+V。

文本的移动或复制也可以利用 Office 剪贴板。单击"开始"选项卡的"剪贴板"按钮，打开"剪贴板"窗口，在文档中选定要移动或复制的文本，则选定的内容将以图标形式出现在"剪贴板"任务窗格中。在任务窗格中选中某项内容，即可进行移动或复制。

Office 2016 的剪贴板可以存放 24 个项目，而 Windows 的系统剪贴板只能存放一个项目。当向 Office 剪贴板复制多个项目时，所复制的最后一项将被复制到系统剪贴板上；当清空 Office 剪贴板时，系统剪贴板也将同时被清空；当使用"粘贴"命令时，使用"粘贴"按钮或组合快捷键 Ctrl+V 所粘贴的是系统剪贴板的内容，而非 Office 剪贴板上的内容。

3.3.3　查找和替换

在长文档编辑过程中，经常要对文本进行定位，或查找、替换某些特定的内容。这些操作可用 Word 的查找和替换功能来实现。Word 不仅能查找和替换普通文本，还可查找和替换一些特殊标记，如制表符"^t"、分节符"^b"、尾注标记"^e"等。

1．查找文本

（1）单击"开始"选项卡"编辑"组的"查找"按钮，打开"导航"任务窗格，如图 3.13 所示。

在"导航"下方的文本栏输入查找内容，如 Office 2016，就会弹出文档中包含查找内容（黄色突出显示）的段落，以及有多少个匹配项。

（2）单击"开始"选项卡"编辑"组的"替换"按钮，打开"查找和替换"对话框，单击"查找"选项卡。

① 在"查找内容"文本框中输入要查找的文本，如"Office 2016"，或单击文本框右侧的下拉箭头，从中选择以前查找过的文本。

② 单击"查找下一处"按钮开始查找，单击此按钮可以反复查找，找到的文本将反相显示。

③ 选择"阅读突出显示"下拉框中的"全部突出显示"，匹配的内容将会全部突出显示，再次选择"阅读突出显示"下拉框中的"清除突出显示"，则匹配的查找内容将会恢复原状。

④ 可在"在以下项中查找"中指定搜索的范围，包括"主文档""页眉和页脚"及"主文档的文本框"，如果文档中有选定的内容，则还会增加"当前所选内容"。

（3）单击"更多"按钮，弹出"查找和替换"扩展对话框，如图 3.14 所示。常用的选项包括以下几个。

图 3.13　"导航"任务窗格　　　　　　图 3.14　"查找和替换"扩展对话框

① 在"搜索"下拉列表框中指定搜索范围和方向，包括：全部、向上和向下。

② 选中"区分大小写"复选框，只搜索大小写完全匹配的字符串，如"A"和"a"是不同的。

③ 选中"全字匹配"复选框，搜索到的字必须为完整的词，而不是单词的一部分。例如，此复选框有效时，查找"wo"便不会找到"word"。否则，全部查找。

④ 选中"使用通配符"复选框，可以使用通配符查找文本，常用的通配符有"*"和"?"两个。

⑤ 选中"区分全/半角"复选框，则区分字符全角、半角。

⑥ 单击"特殊格式"按钮可以选择要查找的特殊字符，如段落标记、手动换行符等。

⑦ 单击"格式"按钮，显示查找格式列表，包括字体设置（如大小、颜色等）、段落设置（如查找指定行间距的段落）、制表位等，可选定查找内容的文本格式。

2．替换文本

利用查找和替换功能可以将文档中（一次或多次）出现的错词/字更改或替换为另一个词/字，例如，将"计算机"替换为"电脑"。单击"开始"选项卡的"替换"按钮，打开"查找和替换"对话框。

替换操作与查找相似，在"查找内容"中输入要查找的内容，在"替换为"中输入替换后的内容，单击"查找下一处"按钮开始向下查找第一处匹配的文本，查到后单击"替换"按钮，即可对当前查到的内容进行替换。单击"查找下一处"按钮，继续下一处的查找、替换操作，直到完成全部工作。如果要将文档中查到的内容全部替换，只需单击"全部替换"按钮即可。

单击"更多"按钮，可看到"搜索选项""格式"和"特殊格式"等。

（1）单击"格式"按钮，可设置要查找或替换的内容的字体、段落等格式，如将七号字替换为小四号字，黑色替换为红色，全角字符替换为半角字符等。

（2）单击"特殊格式"按钮可查找或替换一些特殊字符，如将"手动换行符"替换为"段落标记"等，如图 3.15 所示。

图 3.15　"替换"选项卡

3.3.4　多窗口编辑技术

1．窗口的拆分

Word 的文档窗口可以拆分为两个窗口，利用窗口拆分可以将一个大文档不同位置的两部分拆分成两个窗口，方便编辑文档。拆分窗口的方法通常有两种。

（1）单击"视图"选项卡"窗口"组的"拆分"按钮，鼠标指针变为上下箭头形状且与屏幕上同时出现的一条灰色水平线相连，移动鼠标指针到要拆分的位置，单击鼠标左键确定。可以利用鼠标拖动水平线改变窗口的大小。此时，"拆分"按钮变为"取消拆分"按钮。

（2）拖动垂直滚动条上端的窗口拆分条，当鼠标指针变为上下箭头形状时，向下拖动鼠标可将一个窗口拆分为两个。

光标所在的窗口称为工作窗口。单击可以改变工作窗口。在这两个窗口间可以对文档进行各种编辑。

2．多个窗口间的编辑

Word 允许同时打开多个文档进行编辑，每一个文档对应一个窗口。

在"视图"选项卡"窗口"组的"切换窗口"下拉菜单中列出了所有被打开的文档名，其中只有一个文档名前含有"√"符号，该文档窗口是当前文档窗口。单击文档名可切换到当前文档窗口，也可以单击 Windows 任务栏中相应的文档按钮来切换。

在"视图"选项卡的"窗口"组中，单击"并排查看"按钮，可以将所有文档窗口排列在屏幕上。单击某个文档窗口可使其成为当前窗口。

各文档窗口间的各类内容可以进行剪切、复制、粘贴等操作。

3.4　Word 2016 的文档排版技术

文档经过输入、编辑、修改后，通常还需要进行排版，才能使之成为一篇图文并茂、赏心悦目的文章。Word 2016 提供了丰富的排版功能，包括页面设置、字符格式设置、段落的排版、分栏和文档的打印等排版技术。

3.3.1　文字格式的设置

文字的格式主要包括字体、字形、字号，另外还可以给文字设置颜色、边框，加下画线、着重号和改变文字间距等。

设置文字的格式通常有以下两种方法：

（1）利用"开始"选项卡"字体"组中的"字体""字号""字形"等；

（2）在文本编辑区的任意位置右击，在快捷菜单中选择"字体"命令，打开"字体"对话框。

Word 默认的字体格式：中文为宋体、五号，西文为 Times New Roman、五号。

在文字输入前、后都可以对字符进行格式设置。在文字输入前，可以通过选择新的格式对将要输入的文本进行定义；对已输入的文字进行格式修改，则必须"先选定，后操作"。对同一文字设置新的格式后，原有格式自动取消。

1. 设置字体、字形和颜色

（1）利用"开始"选项卡"字体"组设置文字格式。当前光标所在的文字格式设置会在格式栏中显示。如果不重新定义，所显示的字体和字号将应用于下一个输入的字符。若当前光标处于含有多种字体和字号的选定区中，则字体和字号框的显示为空白。

① 选定要设置格式的文本。

② 单击"开始"选项卡"字体"组"字体"的下拉按钮，在随之展开的字体列表中单击所需的字体，如图 3.16 所示。"字号"的设置类似。

单击"字体颜色"的下拉按钮，在随之展开的"主题颜色"列表中单击所需的颜色，如图 3.17 所示。如果系统提供的主题颜色和标准色不能满足用户的个性需求，可以选择"其他颜色"命令，打开"颜色"对话框，如图 3.18 所示。然后在"标准"选项卡和"自定义"选项卡选择合适的字体颜色。

如果需要，单击"加粗""倾斜""下画线""字符边框"等按钮，则所选文字设置为所选的格式。

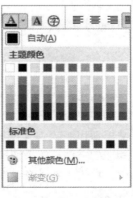

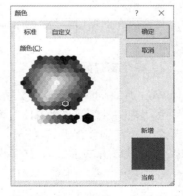

图 3.16　"字体"组　　　图 3.17　设置字体颜色　　　图 3.18　"颜色"对话框

（2）利用"字体"对话框设置文字格式。

① 选定要设置格式的文本。

② 右击，在打开的快捷菜单中选择"字体"命令，或单击"开始"选项卡"字体"组的对话框启动器按钮，打开"字体"对话框，如图 3.19 所示。

在此设置字体、字号、字形、颜色等格式。

2．设置字符间距、字宽度和水平位置

（1）选定要调整的文本。

（2）单击"字体"对话框中的"高级"选项卡，如图 3.20 所示。

图 3.19　"字体"对话框^①　　　　图 3.20　"高级"选项卡

在"字符间距"选项区域中包括诸多选项设置，用户可以通过这些选项设置来轻松调整字符间距。

① "缩放"：在水平方向上扩展或压缩文字，100%为标准缩放字体。

② "间距"：调整"磅值"加大或缩小文字的字间距，默认的字间距为"标准"。

③ "位置"：调整"磅值"改变文字相对水平基线提升或降低显示的位置，默认为"标准"。

④ "为字体调整字间距"复选框用于调整文字或字母组合间的距离，可以使文字看上去更加美观、均匀。

⑤ 选中"如果定义了文档网格，则对齐到网格"复选框，Word 2016 将自动设置每行字符数，使其与"页面设置"对话框中设置的字符数一致。

设置完成后，可在预览框中查看设置结果，单击"确定"按钮予以确认。

3．给文本添加下画线、着重号、边框和底纹

（1）利用"开始"选项卡"字体"组给文本添加下画线、着重号、边框和底纹。选定要设置格式的文本后，单击"开始"选项卡"字体"组中的"下画线""边框"和"底纹"按钮即可，但没有边框和底纹的线型和颜色的变化。

（2）利用"字体"对话框。选定要设置格式的文本后，打开"字体"对话框，可以设置下画线的线型、颜色以及着重号。

在"字体"对话框的"效果"组还有"删除线"和"上标"等复选框，可以使文字格式显现相应的效果。

---

① 微软 Word 中使用"下划线"，正确用法为"下画线"。——编者注

4．对文本添加边框和底纹

选定要加边框和底纹的文本，单击"页面布局"选项卡"页面背景"组的"页面边框"按钮，打开"边框和底纹"对话框。如图 3.21 所示。

图 3.21　"边框和底纹"对话框

在"边框"选项卡的"设置""样式""颜色""宽度"等列表中选定所需的参数。在"应用于"列表框选定为"文本"，在预览框中可查看结果，确认后单击"确定"按钮。

如果要加底纹，单击"底纹"选项卡，选定底纹的颜色和图案，在"应用于"列表框选定为"文本"，在预览框中可查看结果，确认后单击"确定"按钮。边框和底纹可以同时或单独加在文本上。

5．格式的复制和清除

对一部分文字设置的格式可以复制到另一部分的文字上，使其具有相同的格式。设置好的格式如果觉得不满意，也可以清除它。使用"开始"选项卡"剪贴板"组的"格式刷"按钮可以实现格式的复制。

（1）格式的复制。选定已设置格式的文本。单击"开始"选项卡"剪贴板"组的"格式刷"按钮，此时鼠标指针变为刷子形。将鼠标指针移到要复制格式的文本开始处，拖动鼠标直到要复制格式的文本结束处，放开鼠标左键就可以完成格式的复制。

注意：上述方法的格式刷只能使用一次。如果想多次使用，应双击"格式刷"按钮，此时，格式刷可使用多次。如果要取消"格式刷"功能，只要单击"格式刷"按钮一次即可。

（2）格式的删除。如果对于所设置的格式不满意，可以清除所设置的格式，恢复到 Word 默认的状态。

选定需要清除格式的文本，单击"开始"选项卡"样式"组的"样式"按钮，选择"清除格式"命令，即可清除所选文本的格式。

3.4.2　段落的排版

简单地说，段落就是以段落标记"↵"作为结束的一段文字。每按一次 Enter 键就插入一个段落标记，并开始一个新的段落（新段落的格式设置与前一段相同）。如果删除段落标记，下一段文本就连接到上一段文本之后，成为上一段文本的一部分，其段落格式改变成与上一级相同。

文档中，段落就是一个独立的格式编排单位，它具有自身的格式特征。对段落的整体布局进行格式化操作称为段落的格式化，如设置段落的首行缩进、悬挂缩进、左缩进、右缩进、段前间距、段后间距、行间距、对齐方式和分栏等。

1. 段落左、右边界的设置

段落的左边界是指段落的左端与页面左边距之间的距离（以厘米或字符为单位）。同样，段落的右边界是指段落的右端与页面右边距之间的距离。Word默认以页面左、右边距为段落的左右边界，即页面左边距与段落左边界重合，页面右边距与段落右边界重合。

（1）使用"开始"选项卡"段落"组的命令按钮。单击"开始"选项卡"段落"组的"减少缩进量"或"增加缩进量"按钮可缩进或增加段落的左边界。每次的缩进量是固定不变的，灵活性差。

（2）使用"段落"对话框。要设置左、右边界的段落，单击"开始"选项卡"段落"组的对话框启动器按钮，打开"段落"对话框，如图3.22所示。

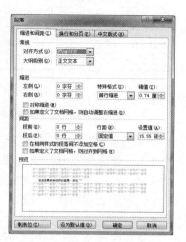

图 3.22 "段落"对话框

在"缩进和间距"选项卡中，单击"缩进"组下的"左侧"或"右侧"文本框的增减按钮，设定左、右边界的字符数。

单击"特殊格式"列表框的下拉按钮，选择"首行缩进""悬挂缩进"或"无"，确定段落首行的格式。段落的4种缩进方式如表3.3所示。

表3.3 段落的4种缩进方式

缩进方式	解释
首行缩进	每个段落中第一行第一个字符的缩进空格位。中文段落普遍采用首行缩进2个字符。其余行的左边界不变
悬挂缩进	段落首行的左边界不变，其余各行的左边界相对于页面左边界向右缩进一段距离
左缩进	整个段落的左边界向右缩进一段距离
右缩进	整个段落的右边界相对于页面右边界向左缩进一段距离

在"预览"框中查看排版效果，确认后单击"确定"按钮。若排版效果不理想，单击"取消"按钮取消本次设置。

（3）用鼠标拖动标尺上的缩进标记。在普通视图和页面视图下，Word窗口中可以显示水平标尺。在标尺的两端有可以用来设置段落左、右边界的可滑动的缩进标记，包括首行缩进标记、悬挂缩进标记、左缩进标记和右缩进标记等。

使用鼠标拖动这些标记，可以对选定的段落设置左、右边界和首行缩进的格式。如果在拖动标记的同时按住Alt键，那么标尺上会显示出具体缩进的数值。

注意： 在拖动标记时，文档窗口中出现一条虚的竖线，它表示段落边界的位置。

2. 设置段落对齐方式

段落对齐方式有文本左对齐、文本右对齐、居中对齐、两端对齐、分散对齐5种，如表3.4所示。Word默认的对齐方式是两端对齐。

（1）使用"开始"选项卡"段落"组中各功能按钮设置对齐方式。先选定要设置对齐方式的段落，然后单击"开始"选项卡"段落"组中相应的对齐方式按钮即可。

（2）使用"段落"对话框。选定要设置对齐方式的段落，打开"段落"对话框，在"缩进和间距"选项卡中单击"对齐方式"列表框的下拉按钮，选定相应的对齐方式。

表 3.4 段落的对齐方式

对 齐 方 式	解　释
文本左对齐	段落按左缩进标记对齐，右侧根据文本的长短连续或参差不齐，是默认的对齐方式
文本右对齐	段落按右缩进标记对齐，左侧根据文本的长短连续或参差不齐
两端对齐	通过微调每一行文字间的距离，使段落各行的文字与左、右缩进标记都对齐，段落结束时行保持左对齐
居中对齐	段落按左、右缩进标记居中对齐
分散对齐	使段落在每一行上都对齐左、右缩进标记，段落结束时也不例外

在"预览"框中查看，确认排版效果满意后，单击"确定"按钮。

3．行间距与段间距的设定

在"开始"选项卡"段落"组有"行和段落间距"下拉按钮，单击可弹出下拉列表，选择所需的行距，如图 3.23 所示。如果执行"行距选项"命令，打开"段落"对话框（右击选择"段落"命令也可）可以精确设置段间距和行间距。

（1）设置段间距。"段前（后）"表示所选段与上（下）一段之间的距离。

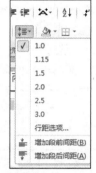

选定要改变段间距的段落，打开"段落"对话框，在"缩进和间距"选项卡中单击"间距"组的"段前"和"段后"文本框的增减按钮，设定间距，每按一次增加或减少 0.5 行，也可以在文本框中直接输入数字和单位（如厘米或磅）。

在"预览"框中查看，确认排版效果满意后，单击"确定"按钮；如不满意，则取消。

也可在"页面布局"选项卡"段落"组的"间距"栏，设置段前或段后间距。

图 3.23　下拉列表

（2）设置行距。行距决定了段落中各行文字之间的垂直距离。一般情况下，Word 会根据用户设置的字体自动调整段落内的行距。

选定要设置行距的段落，打开"段落"对话框，在"缩进和间距"选项卡中单击"行距"列表框，选择所需的行距选项。

● "单倍行距"：默认值，设置每行的高度为可容纳这行中最大的字体，并在上、下留有适当的空隙。
● "1.5 倍行距"：设置每行的高度为这行中最大的字体高度的 1.5 倍。
● "固定值"：设置成固定的行距，Word 不能调节。以磅为单位。
● "多倍行距"：允许行距设置成小数倍数，如 1.25 倍。以基本行距的倍数值为单位。

在"设置值"框中输入具体的设置值。

在"预览"框中查看，确认排版效果满意后，单击"确定"按钮；如不满意，则取消。

注意：段落的左、右边界，特殊格式，段间距，行距的单位可以设置为"字符""行""厘米""磅"等，通过执行"文件"→"选项"→"高级"命令，打开"Word 选项"对话框，如图 3.24 所示，在"显示"中更改"度量单位"的选项即可。

采用"字符"单位设置首行缩进时，无论字体大小如何变化，其缩进量始终保持 2 个字符数。

4．给段落添加边框和底纹

对文档中的某些重要段落或文字加上边框或底纹，使其更为突出和醒目。方法同给文本加边框或底纹。

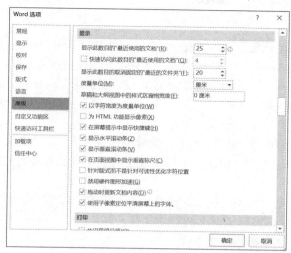

图 3.24　"Word 选项"对话框

5. 项目符号和段落编号

编排文档时，在某些段落前加上编号或某种特定的符号（称为项目符号），这样可以提高文档的可读性。手工输入段落编号，在修改时容易出错。

（1）在输入文本时自动创建编号或项目符号。在输入文本时，先输入一个星号"*"，后面跟一个空格，星号会自动改变成黑色圆点的项目符号，并在新的一段开始处自动添加同样的项目符号。如果要结束自动添加项目符号，可以按 BackSpace 键删除插入点前的项目符号，或再按一次 Enter 键。

在键入文本时，先输入如"1.""（1）""一"等格式的起始编号，然后输入文本。当输完一段按 Enter 键，在新的一段开始处就会根据上一段的编号格式自动创建编号。如果要结束自动创建编号，可以按 BackSpace 键删除插入点前的编号，或再按一次 Enter 键。

（2）对已输入的各段文本添加项目符号或编号。选定要添加项目符号（或编号）的各段落。在"开始"选项卡"段落"组中单击"项目符号"（或"编号"）下拉按钮，打开"项目符号库"列表，如图 3.25 所示（图 3.26 为"编号"列表）。选定所需要的项目符号（或编号），单击"确定"按钮。

如果"项目符号库"列表中没有所需要的项目符号，可以单击"定义新项目符号"按钮，打开"定义新项目符号"对话框，如图 3.27 所示，选定或设置所需要的项目符号。

图 3.25　"项目符号库"列表

图 3.26　"编号"列表

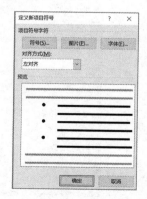

图 3.27　"定义新项目符号"对话框

6．制表位的设定

按 Tab 键，插入点移动到的位置为制表位。各行文本之间的对齐是通过按 Tab 键来移动插入点到下一制表位实现的。在 Word 中，默认制表位从标尺左端开始自动设置，各制表位间的距离是 2 个字符。另外，Word 还提供了 5 种不同的制表位，可以根据需要选择并设置各制表位间的距离。

（1）使用标尺设置制表位

① 将插入点置于要设置制表位的段落。

② 单击水平标尺上要设置制表位的地方，此时在该位置上出现"制表符"图标。

③ 可以拖动水平标尺上的"制表符"图标调整其位置，如果在拖动的同时按住 Alt 键，那么可以看到精确的位置数据。

设置好制表位后，当输入文本并按 Tab 键时，插入点将依次移动到所设置的下一制表位上。要取消制表位的设置，用鼠标将制表位图标拖离水平标尺即可。

（2）使用"制表位"对话框设置制表位

① 将插入点置于要设置制表位的段落。

② 双击水平标尺上的"制表位"图标，或在"段落"对话框中，单击"制表位"按钮，都可以弹出"制表位"对话框，如图 3.28 所示。

③ 在"制表位位置"文本框键入具体的位置值（以字符为单位）。

④ 在"对齐方式"中选择一种对齐方式。对齐方式有左对齐、居中、右对齐、小数点对齐和竖线对齐 5 个制表符。

⑤ 在"前导符"组中选择一种前导符，单击"设置"按钮。

重复以上步骤可设置多个制表位。单击"清除"按钮，可以清除当前的制表位；单击"全部清除"按钮，可以清除所有设置的制表位。

7．段落的换行和分页控制

Word 2016 中文版具有自动换行功能，但在自动换行时要注意避头字符和避尾字符的出现。段落的换行与分页控制操作步骤如下：

① 选中要改变格式的段落。

② 单击"开始"选项卡"段落"组的对话框启动器按钮，打开"段落"对话框，选中"换行和分页"选项卡，如图 3.29 所示。

● 孤行控制：阻止段落的最前面一行或最后一行与段落之间有分页符。

图 3.28　"制表位"对话框

图 3.29　"段落"对话框

- 与下段同页：在选中的段落和下一段之间不能插入分页符。
- 段中不分页：在该段落中不插入分页符，即段落中的所有行在同一页打印。
- 段前分页：强制在选中的段落前面插入分页符，即该段在一页的开始打印。
- 取消行号：取消选定段落中的行号打印。
- 取消断字：在选中段落中不进行断字处理（英文排版）。

③ 单击"确定"按钮，关闭对话框。

3.4.3　版面设置

建立新文档时，Word 预设了一个以 A4 纸为基准的 Normal 模板，其版面几乎可以使用大部分文档。但 Word 允许根据需要随时调整或更改设置。

1. 页面设置

纸张大小、页边距确定了可用文本区域。文本区域的宽度等于纸张的宽度减去左、右页边距，文本区的高度等于纸张的高度减去上、下页边距。

（1）选择"布局"选项卡"页面设置"组，有"页边距""纸张方向""纸张大小"三个功能可以设置，也可单击右下角的对话框启动器按钮，弹出"页面设置"对话框，对话框中包含"页边距""纸张""版式""文档网格"4 个选项卡。

（2）在"页边距"选项卡中，可以设置上、下、左、右边距，如图 3.30 所示。

① 在"页边距"栏的"上""下""左""右"数字框中可利用上、下箭头改变或直接输入新的页边距，单位为厘米？

② 在"应用于"列表框中可选"整篇文档"或"插入点之后"，通常选"整篇文档"。

③ 如果需要一个装订边，那么可以在"装订线"文本框中填入边距的数值，并选择"装订线位置"。

④ 在"纸张方向"中可选"纵向"或"横向"，通常选"纵向"。

⑤ 在"页码范围"中，如需要双面打印，可选中"对称页边距"；如需要将打印后的页面对折，可选中"拼页"。

（3）在"纸张"选项卡中，可以设置纸张大小和方向，如图 3.31 所示。单击"纸张大小"列表框下拉按钮，在标准纸张的列表中选择一项，也可选定"自定义大小"，并在"宽度"和"高度"中分别填入纸张的大小。Word 2016 中文版提供了包括"自定义大小"在内的多种规格的纸张供选择。在"纸张来源"中可以选定纸张的来源。

（4）在"版式"选项卡中，可设置页眉和页脚在文档中的编排，如图 3.32 所示，可以设置整个文档或本节的版式。

① 在"节的起始位置"下拉列表框中可更改节的设置，Word 2016 将一种排版格式定为一节，该参数定义新设置的版面格式（页面大小、页边距、打印进纸方式等）所适用的范围，可以从新建栏、新建页开始，或从偶（奇）数页开始，也可以选择"接续本页"。

② 在"页眉和页脚"中，选中"奇偶页不同"复选框，可以设置奇偶页不同的页眉和页脚；选中"首页不同"复选框，可以设置首页有不同的页眉。

③ 在"页眉""页脚"数字框中可利用上、下箭头改变或直接输入页眉和页脚距上、下边框的边距。

④ 在"垂直对齐方式"下拉列表框设置文本在页面上的纵向对齐方式，有"顶端对齐""居中""两端对齐""底端对齐"4 种选择。

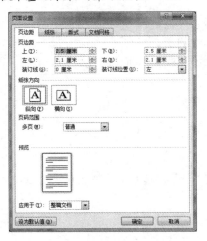

图 3.30 "页面设置-页边距"选项卡

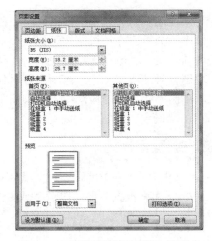

图 3.31 "页面设置-纸张"选项卡

⑤ 单击"行号"按钮，弹出"行号"对话框，可以为文档添加行号，设置起始行号和行号间隔，以及编号的方式等。

⑥ 单击 "边框"按钮，设置页面的边框和底纹。

（5）在"文档网格"选项卡中，可以设置文字排列的方向、每行的字符数、每页的行数，以及分栏等操作，在绘图时可以起到精确定位的作用，如图 3.33 所示。

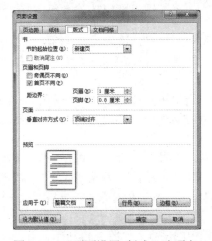

图 3.32 "页面设置-版式"选项卡

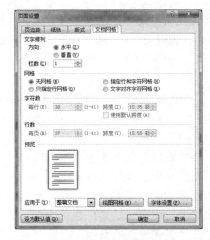

图 3.33 "页面设置-文档网格"选项卡

2．插入分页符

Word 具有自动分页的功能，即当输入文本或插入的图形满一页时，Word 会自动分页。当编辑排版时，Word 会根据情况自动调整分页的位置。有时为了将文档的某一部分内容单独形成一页，可以插入分页符进行人工分页。插入分页符的步骤如下：

① 将插入点移到新的一页的开始位置。

② 单击"插入"选项卡"页"组的"分页"按钮，或按组合快捷键 Ctrl+Enter，或单击"布局"选项卡"页面设置"组的"分隔符"列表中的"分页符"命令。

3．插入页码

在每页文档中可以插入页码。插入页码的步骤如下：

① 单击"插入"选项卡"页眉和页脚"组的"页码"下拉按钮，如图 3.34 所示，根据需要选择页码的位置。

② 单击"页面顶端"下拉按钮，选择页码数字的格式。

③ 如果要更改页码的格式，单击"页码"下拉菜单中的"设置页码格式"命令，打开"页码格式"对话框，如图 3.35 所示。

图 3.34　"页码"下拉按钮

图 3.35　"页码格式"对话框

可以编辑页码的数字格式，如是否包含章节号，以及页码起始样式等属性。可以设置页码编号，如续前节、起始页码等。

在页面视图和打印预览方式下，可以看到插入的页码。

4．首字下沉

首字下沉是在文章开头一段的第一个字下沉其他字符几行，使内容醒目。设置首字下沉步骤如下：

（1）选定需要首字下沉的段落或将光标移到要首字下沉的段落中的任何一个地方。

（2）单击"插入"选项卡"文本"组的"首字下沉"下拉按钮，选择首字下沉的格式：无、下沉、悬挂，如图 3.36 所示。

（3）如需设置更多参数，在"首字下沉"下拉菜单中选择"首字下沉选项"，弹出"首字下沉"对话框，如图 3.37 所示，可以设置首字下沉的位置、字体、下沉的行数，以及首字下沉后字与段落正文之间的距离，单击"确定"按钮即可。

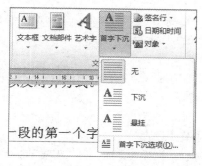

图 3.36　"首字下沉"下拉按钮

图 3.37　"首字下沉"对话框

5. 分栏

在编辑报纸、杂志时，经常需要对文章做各种复杂的分栏排版，使得版面更生动，更具有可读性。多栏版式仅在页面视图或打印预览下有效。在普通视图下，只能按一栏的宽度显示文本。多栏操作包括创建相等宽度的栏和不等宽度的栏，创建不等宽度的多栏，更改栏宽和栏间距，更改栏数和在栏间添加竖线等。

下面以创建等宽度的栏为例说明操作步骤：

（1）打开要进行分栏排版的文档，单击"布局"选项卡"页面设置"组的"分栏"下拉按钮，如图3.38所示，单击所需格式的分栏。

（2）单击图3.38中的"更多分栏"命令，打开"分栏"对话框，如图3.39所示。在"预设"中选择所需的栏数，在"宽度和间距"中设置栏、宽度和间距。单击"分隔线"复选框，可以在各栏之间加一条分隔线；单击"栏宽相等"复选框，则各栏宽度相等，否则可以逐栏设置栏宽度。最后单击"确定"按钮。

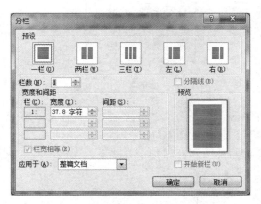

图 3.38　"分栏"下拉按钮　　　　图 3.39　"分栏"对话框

6. 分节的创建

"节"即文档中的一部分内容，默认情况下一个文档即一节。可向文档插入分节符进行分节。分节的好处是可在不同的节中使用不同的页面格式设置。每个分节符包含了该节的格式信息，如页边距、页眉/页脚、分栏、对齐、脚注/尾注等。节可以是一个段落，也可以是整个文档。节用分节符标识，在普通和大纲视图中，分节符是两条横向平行的虚线，虚线中有"节的结尾"字样。

（1）插入分节符。在文档中设置分节符的操作如下：

① 将插入点移到新节开始的地方，单击"布局"选项卡"页面设置"组的"分隔符"下拉按钮，如图3.40所示。在"分节符"区中有4种分节符供用户选择。

● 下一页：在插入点设置分页符，新的一节从下一页开始。

● 连续：在插入点设置分节符，但不分页。新节与前面一节共存于当前页中。

● 偶数页：从插入点所在页的下一个偶数页开始新的一节。

● 奇数页：从插入点所在页的下一个奇数页开始新的一节。

② 选择其中一种类型，单击"确定"按钮，完成节的设置。

（2）删除分节符。要删除分节符，可按如下步骤进行：执行"文件"→"选项"命令打开"Word选项"窗口，在"显示"选项卡中选择"显示所有格式标记"复选框，单击"确定"按钮，返回Word文档选中分节符，按Delete键，该分节符被删除。

7．设置页眉和页脚

页眉和页脚是打印在一页顶部和底部的注释性文字或图形。它不是随文本输入的，而是通过命令设置的。页码就是最简单的页眉或页脚。

（1）页眉或页脚的建立。页眉或页脚的建立过程类似，下面以页眉为例。

① 单击"插入"选项卡"页眉和页脚"组的"页眉"下拉按钮，打开内置"页眉"版式列表，如图 3.41 所示。

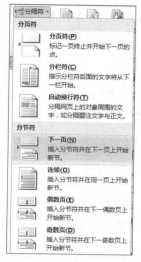

图 3.40　"分隔符"下拉按钮　　　　图 3.41　内置"页眉"版式列表

② 在内置"页眉"版式列表中选择所需的页眉版式，并随之输入页眉内容。当选定页眉版式后，Word 窗口会自动添加一个名为"页眉和页脚工具-设计"的上下文选项卡，如图 3.42 所示。此时，仅能对页眉内容进行编辑操作，而不能对正文进行编辑操作。若要退出页眉编辑状态，单击"页眉和页脚工具-设计"选项卡中的"关闭"按钮即可。

图 3.42　"页眉和页脚工具-设计"上下文选项卡

③ 单击内置"页眉"版式列表下的"编辑页眉"命令，直接进入"页眉"编辑状态并输入页眉内容，且在"页眉和页脚工具"功能区中设置页眉的相关参数。

这样，整个文档的各页都具有同一格式的页眉。

（2）建立奇偶页不同的页眉。通常情况下，文档的页眉和页脚的内容是相同的。有时需要建立奇偶页不同的页眉或页脚。

在图 3.42 中，选中"奇偶页不同"复选框，就可以分别编辑奇偶页的页眉内容了。

（3）页眉和页脚的删除。在图 3.41 中，单击"删除页眉"命令就可以删除页眉。另外，选定页眉或页脚，按 Delete 键也可删除。

（4）设置首页的页眉和页脚。在图 3.42 中，选中"首页不同"复选框，系统将对首页的页眉和页脚单独处理。

（5）为文档各节创建不同的页眉和页脚。用户可以为文档的各节创建不同的页眉和页脚，例如，为一本著作的各章应用不同的页眉格式。

① 将鼠标指针放置在文档的某一节中，插入页眉内容。

② 在"页眉和页脚工具-设计"选项卡的"导航"组中单击"下一节"按钮，进入"页眉"的第二节区域中。

③ 在"导航"组中单击"链接到前一条页眉"按钮，将断开新节中的页眉与前一节中的页眉之间的链接。此时，Word 2016 页面中将不再显示"与上一节相同"的提示信息，这时，用户可以更改本节现有的页眉页脚了。

④ 在新一节中插入页眉。

（6）调整页眉和页脚的位置。用户也可以更改页眉和页脚的默认位置。在图 3.42 中的"位置"组，可以设置页眉顶端距离、页脚底端距离以及对齐方式。

8. 水印

水印是页面背景的形式之一。例如，给文档设置"绝密""严禁复制"或"样式"等字体的"水印"可以提醒读者对文档的正确使用。

单击"设计"选项卡"页面背景"组的"水印"下拉按钮，如图 3.43 所示，选择所需的水印即可。如果不能满足，那么单击"自定义水印"按钮，打开"水印"对话框，如图 3.44 所示。

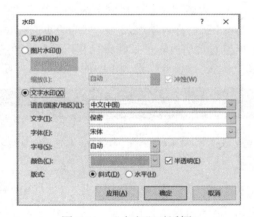

图 3.43　"水印"下拉按钮　　　　　图 3.44　"水印"对话框

在"水印"对话框中，有"图片水印"和"文字水印"两种水印形式，选定其中一种即可。

如果选定"图片水印"，则需要选择用作水印的图片；如果选定"文字水印"，则可以设置文字的内容，以及字体、字号、颜色、版式等。

9. 脚注和尾注

使用脚注和尾注可用来解释、注解或提供文档中正文的引用、名词的解释、背景的介绍等。在正文中注解引用的正文位置放一个引用记号，同时在对应的脚注或尾注的开始处使用相同的引用记号来标识它。脚注位于其引用记号出现的页面底部，而尾注放在文档的最后。

脚注的引用记号可以是符号，如*，或是顺序编号；而尾注一般都是按顺序编号引用的。

插入、修改、移动、删除脚注和尾注可单击"引用"选项卡"脚注"组的对话框启动器按钮，打开"脚注和尾注"对话框，如图 3.45 所示。单击"脚注"或"尾注"单选按钮，并在单选按钮右侧下拉列表框中选择脚注或尾注要显示的位置。在"格式"中选择编号格式、起始编号等。单击"插入"按钮开始输入注释文本，输入完毕单击文档任意位置即可继续处理其他内容。

10．插入文档封面

专业的文档要配有漂亮的封面才会更加完美，在 Word 2016 中，内置的封面库为用户提供了充足的选择空间。

单击"插入"选项卡"页面"组的"封面"下拉按钮，打开系统内置的封面库列表，如图 3.46 所示。

选定一个满意的封面，此时，该封面就会自动插入到当前文档的第一页，现有的文档内容自动后移。

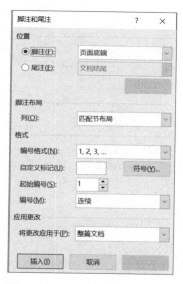

图 3.45　"脚注和尾注"对话框

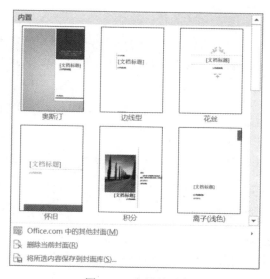

图 3.46　内置封面库

3.4.4　定义并使用样式

样式是一组字符格式化和段落格式化命令的组合，也可以说是关于文档格式化的批处理。当把某种样式应用到一段文本时，即相当于对这段文本执行了一系列操作。可以使用 Word 中各种内置样式或者直接创建自己的新样式，并将它们应用到文档中，这样既可以简化编辑工作，又能够保证整篇文档编排格式的一致性。

1．样式的应用

为文档中某段文本设置样式的操作非常简单，只需要选中一段或几段段落或者将插入点移到需要应用样式的段落中，单击"开始"选项卡"样式"组的"其他"按钮，打开"快速样式库"列表，如图 3.47 所示。

用户只需在各种样式之间轻松滑动鼠标，标题文本就会自动呈现出当前样式应用后的视觉效果。如果用户不满意，只需将鼠标移开，就会恢复到原来的样式。如果用户单击它，该样式就会被应用到当前所选文本中。

用户还可以使用"样式"任务窗格将样式应用于选中文本。

在 Word 2016 文档中，选择要应用样式的标题文本，单击"开始"选项卡"样式"组的对话框启动器按钮，打开"样式"任务窗格，如图 3.48 所示。

图 3.47　"快速样式库"列表　　　　　　图 3.48　"样式"任务窗格

在列表框中选择希望应用到选中文本的样式，即可将该样式应用到文档中。

2．创建新样式

Word 2016 中文版提供了两种创建样式的方法：使用样例文本和使用样式对话框。

（1）使用样例文本。用户可以把文档中的某个段落或文本的格式直接设置成新样式，此段落或文本称为样例文本。使用样例文本创建样式的过程如下：

① 把某段落或文本设置成需要的样式格式，然后将插入点移动到该段落或文本中。

② 单击"开始"选项卡"样式"组的"其他"按钮，在图 3.47"快速样式库"列表中选择"创建样式"命令，打开"根据格式设置创建新样式"对话框，如图 3.49 所示，在"名称"文本框输入新的样式名称。单击"修改"按钮，打开如图 3.50 所示对话框，设置字体、字号等格式。单击"确定"按钮。

（2）使用样式对话框。在图 3.48"样式"任务窗格中，单击"新建样式"按钮（"样式"任务窗格左下角的第一个按钮），弹出"根据格式设置创建新样式"对话框，如图 3.50 所示，在此可以设置该样式的各种属性。

① 名称：样式名称，新建的样式名称不能与内置样式相同。

② 样式类型：注明该样式的类型是"段落"还是"字符"。

③ 样式基准：新样式在未做任何格式化之前就可具有基准样式的所有格式属性，用户可以根据自己的新样式类型选择一个最相似的已有样式作为基准样式，这样在格式化新样式时就可以尽量地减少手工格式化的工作量。一般系统以正文样式为默认基准样式。

图 3.49　"根据格式设置创建新样式"对话框　　　　图 3.50　修改新样式定义

④ 后续段落样式：后续段落样式指的是该样式的段落后面自动跟随的样式，在绝大多数情况下，新的段落总是继承前一段落的样式。可以设置后续样式来规定各种样式后面自动跟随的段落样式。

⑤ 格式：在"格式"栏中可以设置字体、字号、字形等，修改样式。

3．复制并管理样式

在编辑文档的过程中，如果需要使用其他模板或文档的样式，可以将其复制到当前的活动文档或模板中，而不必重复创建相同的样式。

（1）打开需要复制样式的文档，在图 3.48"样式"任务窗格中，单击"管理样式"按钮（"样式"任务窗格左下角第三个按钮），打开"管理样式"对话框，如图 3.51 所示。在此可以修改该样式的各种属性。

（2）单击图 3.51 中"编辑"选项卡下的"导入/导出"按钮，打开"管理器"对话框，如图 3.52 所示。左侧区域显示的是当前文档中包含的样式列表，而右侧区域则显示在 Word 默认文档模板中包含的样式。

图 3.51　"管理样式"对话框　　　　　　　　图 3.52　"管理器"对话框

（3）选择样式，单击中间"复制"按钮，将所选样式复制到 Word 默认文档模板中。

（4）创建新文档，会发现复制过来的样式。

（5）单击图 3.51 中的"推荐"选项卡，可以选择一个或多个样式，设置默认情况下这些样式是否显示在推荐列表中以及它们的显示顺序。

（6）单击图 3.51 中的"限制"选项卡，可以选择一个或多个样式，设置文档受保护时是否可对这些样式进行格式更改。

（7）单击图 3.51 中的"设置默认值"选项卡，可以修改样式中字体、字号、字体颜色、段落位置、段落间距等样式内容。

3.4.5 生成文档目录

目录是用来列出文档中的各级标题及该标题在文档中所在页码的。当编辑完一个长文档之后，为了使读者更好地阅读文档及在文档中查找所需要的信息，用户应该在文档中生成一个目录，并且将其打印出来。Word 2016 提供了一个内置的目录库，其中，有多种目录样式可供选择，从而可代替用户完成大部分工作，使得插入目录的操作变得非常快捷、简便。

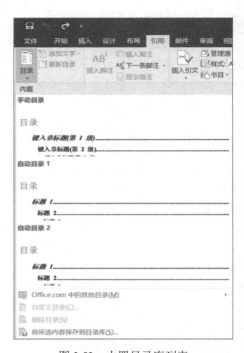

1. 生成文档目录

在 Word 2016 中文版中生成文档目录的操作过程如下：

（1）将插入点移动到要插入目录的位置。

（2）单击"引用"选项卡"目录"组的"目录"下拉按钮，打开内置目录库列表，如图 3.53 所示。

（3）用户只需单击其中一个满意的目录样式，Word 2016 就会自动根据所标记的标题在指定位置创建目录。

2. 使用自定义样式创建目录

（1）将鼠标指针定位在需要建立文档目录的地方。

（2）单击"引用"选项卡"目录"组的"目录"下拉菜单中的"自定义目录"命令，打开"目录"对话框，如图 3.54 所示。

（3）单击"选项"按钮，打开"目录选项"对话框，如图 3.55 所示。

图 3.53　内置目录库列表

在"有效样式"区域可以查找应用于文档中标题的样式，在"目录级别"文本框中输入目录的级别，以指定希望标题样式代表的级别。

设置完毕，单击"确定"按钮即可在插入点位置插入文档目录。

3. 更新目录

如果用户在创建目录后，又添加、删除或更改了文档中的标题或其他目录项，需要更新目录。

单击"引用"选项卡"目录"组的"更新目录"按钮，打开"更新目录"对话框，选择"只更新页码"或"更新整个目录"单选按钮，单击"确定"按钮。

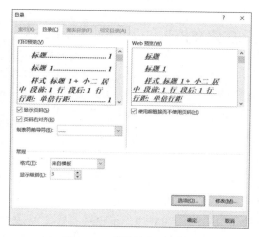

图 3.54　"目录"对话框

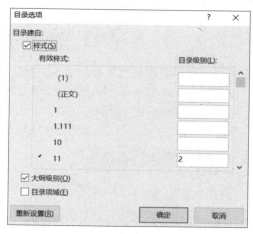

图 3.55　"目录选项"对话框

3.3.6　使用模板和向导

模板是存储可以用于其他文档的文本、样式、格式、宏和页面信息的专用文档。Word 2016 提供了多种模板，用户可以根据具体的应用需要选择不同的模板。

1．将文档保存为模板

用户可以将文档保存为模板，操作如下：

（1）打开新的或现有的文档。

（2）添加要在所有文档中显示的以模板为基础的文本、图片和格式。根据需要，调整页边距。

（3）设置页面大小，并创建新样式。

（4）执行"文件"→"另存为"命令，双击"这台电脑"，弹出"另存为"对话框。

（5）单击"保存类型"下拉按钮，然后单击"Word 模板"按钮。

（6）确保"模板"文件夹（通常位于 Programs 文件夹中的 Microsoft Office 文件夹中）或者它的一个子文件夹显示在"保存位置"框中。

（7）输入新模板的名称。

（8）单击"保存"按钮。

用户可以打开模板，进行更改并保存所做的更改，就像在其他文档中进行操作一样。

提示：

① 默认情况下，所有 Word 文档都使用 Normal 模板。

② 复制模板文本和图形。如果要将模板文本或图形添加到已有的文档中，则可以打开模板，然后将需要的文本或图形复制并粘贴到文档中。

2．利用模板创建新文档

（1）在 Word 2016 应用程序中，执行"文件"→"新建"命令。

（2）在"可用模板"选项区中选择"样本模板"选项，即可打开在计算机中已经安装的 Word 模板类型，选择需要的模板后，在窗口右侧显示利用本模板创建的文档外观。

（3）单击"创建"按钮，即可快速创建出一个带有格式的文档。

3.5 Word 2016 表格的制作

表格是一种简洁而有效地将一组相关的数据组织在一起的文档信息组织方式。它具有清晰直观、信息量大的特点，在人事管理、科学研究和商业领域的文档和报表中有着广泛的应用。表格由行和列构成，行与列相交产生的方格称为单元格，可以在单元格中输入文本、数字或图形。可以在表格内按列对齐数字，然后对数字进行排序和计算。

3.5.1 创建和绘制表格

1. 自动创建简单表格

简单表格是指由多行或多列构成的表格，即表格中只有横线和竖线，不出现斜线。Word 2016 提供了两种创建简单表格的方法。

（1）用"插入"选项卡"表格"组的"表格"命令创建表格。

① 将光标移至要插入表格的位置。

② 单击"插入"选项卡的"表格"下拉按钮，弹出"表格"下拉菜单，如图 3.56 所示。

③ 单击并将鼠标指针在表格框内向右下方拖动，选定所需的行数和列数，松开鼠标，表格自动插入到当前的光标处。

（2）用"插入"选项卡"表格"下拉菜单中的"插入表格"命令创建表格。

在图 3.56 中，单击"插入表格"命令，打开"插入表格"对话框，如图 3.57 所示。

图 3.56　"表格"下拉菜单　　　　图 3.57　"插入表格"对话框

输入表格的行数和列数，可创建所需行数和列数的表格。

在"自动调整"操作中，可以选中"固定列宽""根据内容调整表格"或"根据窗口调整表格"单选按钮，三者只能选其一。

此时 Word 2016 功能区中会自动打开"表格工具"选项卡，包含"设计"和"布局"两个功能区，以下用"表格工具-设计"选项卡表示"表格工具"选项卡的"设计"功能区。

2. 手工绘制复杂表格

Word 提供了绘制如斜线等不规则表格的功能。

单击"插入"选项卡"表格"下拉菜单中的"绘制表格"命令，此时鼠标指针在文本窗口会显示为铅笔形状，在需要插入表格的位置按下鼠标左键，向右下方拖动鼠标，直到适当位置后放开，这时将得到一个表格的外框。用户可以根据自己的需要绘制其他的表格线。

3．使用快速表格

Word 2016 提供了一个快速表格库，其中包含了一组预先设计好格式的表格，用户可以从中选择以快速创建表格。

（1）将光标移至要插入表格的位置。

（2）单击"插入"选项卡"表格"下拉菜单中的"快速表格"按钮，打开系统内置的快速表格库样式列表，如图 3.58 所示。

（3）用户可以根据实际需要进行选择，如选择"带副标题 1"，此时所选表格就会插入到文档中。

图 3.58　快速表格库样式列表

3.5.2　表格的编辑与修饰

表格创建后，通常要对它进行编辑与修饰。包括调整行高和列宽，插入与删除行、列、单元格，单元格的合并与拆分，表格的拆分，表格框线和底纹的设置，单元格中文字的排版等。

1．在表格中移动插入点

光标插入点显示了输入的文本将在表格中出现的位置。可以用鼠标指针指向某个单元格，然后单击即可将插入点移动到单元格中，也可以使用键盘按键在单元格之间移动插入点，如 Tab 键将插入点移动到下一个单元格等。

2．行、列、单元格、表格的选定

在 Word 2016 中，行、列、单元格、表格的选定方法与选定文本的方法相似，可以使用键盘或鼠标。

（1）用鼠标选定单元格、行或列。

① 选定单元格或单元格区域。将鼠标指针移到要选定的单元格的选定区（单元格的回车符之前，此时鼠标指针变成一个斜向右上的黑色加粗箭头），单击鼠标选定单元格，向上、下、左、右拖动鼠标选定相邻多个单元格，即单元格区域。

② 选定一行或多行。单击要选定的第一行的左侧空白处，然后拖动选定所需的行。

③ 选定一列或多列。只需单击要选择的第一列的上方，然后拖动，选定所需的列。

④ 选定不连续的单元格。按住 Ctrl 键，依次选中多个不连续的区域。

⑤ 选定整个表格。单击表格左上角的移动控制点，可以选定整个表格。

（2）用键盘选定单元格、行或列。

与用键盘选定文本的方法类似，也可以用键盘选定表格，但不如用鼠标方便，限于篇幅有限，此处不再详述。

（3）用"表格工具-布局"选项卡"表"组中的"选择"下拉菜单选定单元格、行、列及表格。

3．插入或删除单元格、行、列

在插入操作前，必须明确插入位置。插入单元格后，当前单元格的位置会发生变化，插入单元格的数量、行数、列数与当前选中的单元格的数量、行数、列数相同。

（1）单元格的插入。选定相应数量的单元格，单击"表格工具-布局"选项卡"行和列"组的"表格中插入单元格"按钮，打开"插入单元格"对话框，选择下列操作之一：

① 活动单元格右移。即当前选定的单元格右移，新插入的单元格成为选定单元格，会造成表格右边线不齐。

② 活动单元格下移。即当前选定的单元格下移，并插入同数量的单元格，此时表格的行数会增加，增加的行数与选定单元格占用行数相同。

单击"确定"按钮完成操作。

（2）插入行、列。行和列的编辑方法相似，下面以列操作为例进行介绍。

选择要插入列的位置（可选一列或多列，插入的列数将与选择的列数相同），单击"表格工具-布局"选项卡"行和列"组中的"在左侧插入"或"在右侧插入"按钮，这样就可以在当前列（或选定列）左侧/右侧插入一列或与选定列数相同的列。也可以在要插入列的位置右击，在弹出的快捷菜单中选择"插入列"选项。

（3）在表尾快速插入行。将插入点定位到表格右下角最后一个单元格内，按 Tab 键即可在表尾插入一空行。

（4）删除单元格、行、列、表格。选定要删除的单元格，执行"表格工具-布局"选项卡"删除"命令，如图 3.59 所示，选择相应的选项即可。选项包括删除单元格、删除行、删除列、删除表格。如选择删除单元格，则打开"删除单元格"对话框（右击选择"删除单元格"也可），如图 3.60 所示。

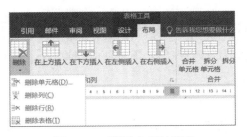

图 3.59　"删除"下拉菜单

图 3.60　"删除单元格"对话框

- 右侧单元格左移。即删除当前选定的单元格，右侧同行上的单元格左移，会造成表格右边线不齐。
- 下方单元格上移。即删除当前选定的单元格，表格的行数不变，单元格上移后，列末会出现相同数量的空单元格。
- 删除整行。删除选定单元格占用的行。
- 删除整列。删除选定单元格占用的列。

单击"确定"按钮完成操作。

4．合并或拆分单元格

在简单表格的基础上，通过对单元格的合并或拆分可以构成比较复杂的表格。

（1）拆分单元格。单元格的拆分是指将单元格拆分成多行或多列的多个单元格。

将插入点移动到需要拆分的单元格，右击，在快捷菜单中选择"拆分单元格"命令，弹出"拆分单元格"对话框，输入要将所选单元格拆分的行数或列数，取消选中"拆分前合并单元格"复选框，然后单击"确定"按钮。

（2）合并单元格。单元格的合并是指将多个相邻的单元格合并成一个单元格。

选择要合并的多个单元格，右击，在快捷菜单中选择"合并单元格"命令，将所选择的单元格合并，合并后单元格的内容将集中在一个单元格中。

5．拆分或合并表格

有时需把一个表格拆分成两个独立的表格，拆分表格的操作如下：将插入点移至表格中欲拆分的那一行（此行将成为拆分后第二个表格的首行），单击"表格工具-布局"选项卡"合并"组中的"拆分表格"按钮，这样就在插入点所在行的上方插入一空白段，把表格拆分成两个表格。

如果要合并两个表格，只要删除两个表格之间的换行符即可。

如果要将表格当前行后面的部分强行移至下一页，可在当前行按 Ctrl+Enter 组合快捷键。

6．表格标题行的重复

当一张表格超过一页时，通常希望在第二页的续表中也包括表格的标题行。Word 提供了重复标题的功能，操作步骤为：选定标题行，单击"表格工具-布局"选项卡"数据"组的"重复标题行"按钮。这样，Word 会在因分页而拆开的续表中重复表格的标题行，在页面视图下可以查看。

7．表格格式的设置

（1）表格自动套用格式。表格创建后，可以使用"表格工具-设计"选项卡"表格样式"组中内置的表格样式对表格进行排版。该功能还提供修改表格样式，预定义了许多表格的格式、字体、边框、底纹、颜色供选择，使表格的排版变得轻松、容易。

将插入点移到要排版的表格内，单击"表格工具-设计"选项卡"表格样式"组的"其他"按钮，打开表格样式列表，如图 3.61 所示，选定所需的表格样式即可。

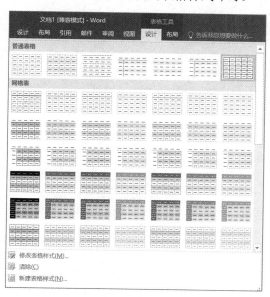

图 3.61　表格样式列表

（2）表格边框与底纹的设置。单击"表格工具-设计"选项卡"表格样式"组的"底纹"和"边框"组的"边框"按钮，可以对表格边框线的线型、粗细和颜色，底纹颜色，单元格中文本的对齐方式等进行个性化的设置。

单击"边框"下拉按钮，打开边框列表，可以设置所需的边框。

单击"底纹"下拉按钮，打开底纹颜色列表，可以选择所需的底纹颜色。

（3）表格在页面中的位置。设置表格在页面中的对齐方式和是否文字环绕表格，操作如下：

① 将插入点移动到表格的任意单元格内。

② 右击，选择"表格属性"选项，打开"表格属性"对话框，默认打开"表格"选项卡，如图 3.62 所示。

③ 在"尺寸"中，如选中"指定宽度"复选框，则可设定具体的表格宽度。

④ 在"对齐方式"中，选择表格对齐方式；在"文字环绕"中，选择"无"或"环绕"。单击"文字环绕"中的"环绕"按钮，可以实现表格文字的混排，单击"定位"按钮，打开"表格定位"对话框，如图 3.63 所示，可调整表格水平、垂直、距正文等。

图 3.62　"表格属性"对话框　　　图 3.63　"表格定位"对话框

表格中的文字同样可以用文档文本排版方法进行设置，如设置字体、字号、颜色等。

要设置文字的对齐方式，可以右击选择"单元格对齐方式"下拉菜单中的一种。

8．改变单元格的行高、列宽

（1）使用表格中行、列边界线。使用表格中行、列边界线可以不精确地调整行高、列宽。

将鼠标移到表格的列网格线上时，鼠标指针会变成带有水平箭头的双竖线状，此时按住鼠标左键可以左右拖动，会减小或增大列宽，并且同时调整相邻列的宽度。

① 如果在拖动列网格线的过程中同时按住 Shift 键，则该列左侧的一列的单元格列宽发生改变，其他单元格的列宽不改变，即该列网格线右侧的所有单元格作为一个整体一起随着移动。

② 如果在拖动列网格线的过程中同时按住 Ctrl 键，则该列右侧的各列按原比例自动调整。

③ 如果在拖动列网格线的过程中同时按住 Alt 键，则每一列的列宽显示在标尺上。

④ 如果在拖动列网格线的过程中同时按住 Shift+Alt 组合快捷键或 Ctrl+Alt 组合快捷键，则可以达到复合的效果。

将鼠标指针移到单元格的下方时，指针变为带有上下箭头的双横线状，此时按住鼠标左键可以上、下拖动，会减少或增加行高，对相邻行无影响。

（2）利用"表格属性"对话框设置。将插入点定位到表格内的任意位置，单击"表格工具-布局"选项卡"表"组的"属性"命令，弹出"表格属性"对话框，如图 3.64 所示，包含"表格""行""列""单元格"等选项卡。

① 利用"行"选项卡设定行高。单击"行"选项卡，如图 3.64 所示。选中"指定高度"复选框，输入或选择表格的高度，在"行高值是"下拉列表框中有"最小值"或"固定值"两种选项。

如果表格较大，可以选中"允许跨页断行"复选框，允许表格行中的文字跨页显示。如果希望后继表格的第一行能够自动重复该表格的标题行，那么打开"表格"下拉菜单，选中"标题行重复"即可。

单击"上一行"或"下一行"按钮，可以对各行分别设置行高。

② 利用"列"选项卡设定列宽。单击"列"选项卡，如图 3.65 所示，可以设置每一列的宽度。

图 3.64　"行"选项卡

图 3.65　"列"选项卡

（3）自动调整功能。选定需要调整的行、列或整个单元格，右击打开快捷菜单，选择"自动调整"命令，在弹出级联菜单中选择需要的选项，或单击"表格工具-布局"选项卡"单元格"组的"自动调整"按钮，如图 3.66 所示。

9. 表格的移动和缩放

（1）表格的移动。单击"表格移动控制点"并拖动，可以移动表格。

（2）表格的缩放。当鼠标指针移过表格时，表格的右下角会出现缩放点，单击缩放点并拖动鼠标可实现表格的缩放。

3.5.3　表格内容的输入和格式设置

（1）表格内容的输入。建立空表格后，可以将插入点移动到表格的单元格中输入文本。表格中的单元格是一个编辑单元，当输入到单元格右边线时，单元格高度会自动增大，把输入的内容转到下一行。如同编辑文本，如果要另起一行，则按 Enter 键。

（2）单元格文字格式、段落格式设置。每个单元格的内容都可看作一个独立的文本，可以选定其中的一部分或全部内容进行字体和段落格式的设置。

（3）单元格的边框和底纹设置。边框和底纹的设置不止可以对表格或表格中的单元格，也可以对页面、节进行设置。所有边框和底纹的设置都是通过"边框和底纹"对话框来完成的。

（4）单元格中内容的格式化。表格中内容的格式操作与普通文档中的格式操作相似。

① 选择要对齐的单元格、行或列。

② 单击"表格工具-布局"选项卡"对齐方式"组的单元格对齐按钮，如图 3.67 所示。

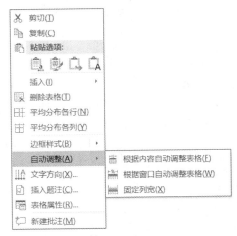

图 3.66　"自动调整"级联菜单

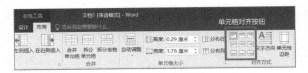

图 3.67　单元格对齐按钮

（5）更改单元格中的文本方向。将光标移到要更改的单元格，单击"表格工具-布局"选项卡"对齐方式"组的"文字方向"按钮，单元格中的文本方向会自动更改。

3.5.4　灵活控制和运用表格

首先制作班级成绩单，如表 3.5 所示。

表 3.5　班级成绩单

姓　名	英　语	数　学	物　理	语　文	平均成绩
张三	78	88	44	78	
李四	76	98	56	76	
王五	66	67	87	93	

1．表格排序

在 Word 2016 中文版中，可以对表格项目内容按设定的方式和规则（如字母顺序、数字顺序或日期顺序的升序或降序）进行排序。在表 3.5 中，排序要求是：按数学成绩进行递减排序，当两个学生的数学成绩相同时，再按语文成绩递减排序。

选中表格或将插入点移动到表格中，单击"表格工具-布局"选项卡"数据"组的"排序"按钮，打开"排序"对话框，如图 3.68 所示。

在"主要关键字"下拉列表框选择"数学"，在"类型"下拉列表框选择"数字"，单击"降序"单选按钮。

在"次要关键字"下拉列表框选择"语文"，在"类型"下拉列表框选择"数字"，单击"降序"单选按钮。

在"列表"中单击"有标题行"单选按钮。

最后单击"确定"按钮。

2．表格计算

Word 2016 提供了对表格中数据进行简单的加、减、乘、除、求百分比，以及求最大、最小值运算。对表 3.5 所示的学生考试成绩计算学生考试平均成绩。

（1）将插入点移到存放平均成绩的单元格中。本例中放在第二行的最后一列。

（2）单击"表格工具-布局"选项卡"数据"组的"公式"按钮，打开"公式"对话框，如图 3.69 所示。

图 3.68　"排序"对话框

（3）在"公式"列表框中显示"＝SUM（LEFT）"，表明计算左边各列数据的总和，在这里需要计算其平均值，修改为"=AVERAGE（LEFT）"，也可在"粘贴函数"下拉列表中选取 AVERAGE。

（4）在"编号格式"列表框中选定"0.00"格式，表示数据保留到小数点后两位。

（5）单击"确定"按钮，得出计算结果。

3．虚框表格的使用

虚框表格的表格线只能显示在屏幕上而不会被打印出来。虚框表格在排版上可以代替制表符对齐和排列文本，将不同的图片和文字组合在一起形成特殊的效果。

用户可以在"边框和底纹"对话框中选择"无边框"来将表格的边框设置为虚框，同时通过"表格"下拉菜单中的"隐藏/显示虚框"命令来控制虚框的隐藏和显示。

4．表格与文本之间的相互转换

用户可以根据需要将文字转换成表格，也可以将表格中的内容转换成文字。

（1）文字转换为表格。选择要转换成表格的文本，单击"插入"选项卡"表格"组的"表格"下拉按钮，在弹出的菜单中选择"文本转换成表格"命令，弹出"将文字转换成表格"对话框，如图 3.70 所示。

图 3.69　"公式"对话框

图 3.70　"将文字转换成表格"对话框

在"文字分隔位置"中包括段落标记、逗号、空格、制表符、其他字符等。选择不同的文字分隔位置，"表格尺寸"栏下的"列数"和"行数"会根据文字分隔位置的不同而不同，单击"确定"按钮即可。

（2）表格转换为文字。选择某个表格后，执行"表格工具"→"布局"→"转换"→"转化为文本"按钮，可以将表格转化为文字。

3.6　Word 2016 的图文混排功能

图文混排是 Word 的特色功能之一，可以在文档中插入由其他软件制作的图片，也可插入用 Word 提供的绘图工具绘制的图形，达到图文并茂的效果。

3.6.1　插入图片

在 Word 2016 中，能够轻松地将图形或图像作为图片插入到 Word 文档中。

1．联机图片的插入

Word 2016 中文版为用户提供了许多联机功能，并且将它们按类别分类。

将插入点移到要插入联机图片的位置，单击"插入"选项卡"插图"组的"联机图片"按钮，弹出"插入图片"任务窗格，在"b 必应图像搜索"文本框中输入要插入的联机图片类别，如"动物"，单击"搜索"按钮，如果被选中的收藏集中含有指定关键字的联机图片，则会显示联机图片搜索结果。如图 3.71 所示。

单击选择的联机图片，选择"插入"按钮，该联机图片插入文档。

注意：2020 年 6 月 11 日国家版权局发布《关于规范摄影作品版权秩序的通知》，让摄影作品的版权相关问题，再一次地摆到了大众的面前，尤其是在现如今自媒体流行的情况下显得尤为重要。所以大家在非商用场合使用图片时，需要注明图片的出处。如果商用，必须经图片著作权人同意。

2．图片文件的插入

在 Word 2016 中文版中，用户可以将由其他应用程序（如 PhotoShop、CoreDRAW 等）生成的图片文件插入文档。

将插入点移到要插入图片文件的位置，单击"插入"选项卡"插图"组的"图片"按钮，弹出"插入图片"对话框，如图 3.72 所示。

选择需要的图片文件的路径和文件名，单击"插入"按钮即可将图片插入到插入点处。

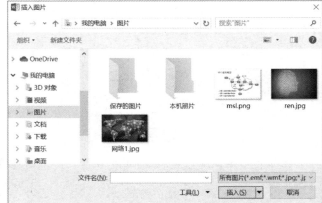

图 3.71　"联机图片"任务窗格　　　　　图 3.72　"插入图片"对话框

3．图片格式的设置

当单击选中图片时，图片周围将出现 8 个空心小圆圈，拖动这 8 个控制点可以改变图片的大小，同时将弹出"图片工具-格式"选项卡，如图 3.73 所示。

图 3.73　"图片工具-格式"选项卡

设置图片格式最常用的方法有两种：利用"图片工具-格式"选项卡和右击在快捷菜单中选择"设置图片格式"命令。

（1）改变图片的大小和移动图片位置。单击选定的图片，将鼠标指针移到图片中的任意位置，指针变成十字箭头时，拖动它可以移动图片到新的位置。

将鼠标指针移到任意一个空心小圆圈，鼠标指针会变成水平、垂直或斜对角的双向箭头，按箭头方向拖动鼠标指针可以改变图片的水平、垂直或斜对角方向的大小尺寸。

（2）图片的剪裁。如果要裁剪图片中某一部分的内容，可以单击"图片工具-格式"选项卡"大小"组中的"裁剪"按钮，此时图片的 4 个角会出现 4 个直角线段，图片 4 边中部出现 4 个黑色短线。

将鼠标指针移到图片四周的 8 个黑色线段处，向图片内侧拖动鼠标，可裁去图片中不需要的部分。如果拖动鼠标的同时按住 Ctrl 键，那么可以对称裁剪图片。

（3）文字的环绕。通常，图片插入文档后会像字符一样嵌入到文本中。

选中要进行设置的图片，右击，在打开的快捷菜单中选择"图片"命令，或单击"图片工具-格式"选项卡"排列"组"文字环绕"下拉菜单的"其他布局选项"命令，打开"布局"对话框，选择"文字环绕"选项卡，如图 3.74 所示。

在 Word 中将文档分为三层：文本层、文本上层、文本下层。文本层即通常的工作层，同一位置只能有一个文字或对象，利用文本上层、文本下层可以实现图片和文本的层叠。

- 嵌入型。此时图片处于文本层，作为一个字符出现在文档中，其周边控制点为实心小圆圈。用户可以像处理普通文字那样处理此图片。
- 四周型和紧密型。也是把图片和文本放在同一层上，但是将图片和文本分开来对待，图片会挤占文本的位置，使文本在页面上重新排列。
- 衬于文字下方。此时图片处于文本下层，单击图片后，其周边控制点为空心小圆圈，可实现水印的效果。
- 浮于文字上方。此时图片处于文本上层，单击图片后，其周边控制点为空心小圆圈，可实现文字和图片的环绕排列。

单击选中所需的环绕方式，单击"确定"按钮。

单击"大小"选项卡，可以改变图片的大小尺寸。

（4）设置图片在页面上的位置。Word 2016 提供了可以便捷控制图片位置的工具，让用户可以合理地根据文档类型布局图片。

选中要进行设置的图片，单击"图片工具-格式"选项卡"排列"组"位置"下拉菜单的"其他布局选项"命令，打开"布局"对话框，如图 3.75 所示，根据需要设置水平、垂直位置以及相关的选项。

图 3.74　"布局-文字环绕"选项卡　　　　　　　图 3.75　"布局-位置"选项卡

- 对象随文字移动。该设置将图片与特定的段落关联起来，使段落始终保持与图片显示在同一页面上。该设置只影响页面上的垂直位置。
- 锁定标记。该设置锁定图片在页面上的当前位置。
- 允许重叠。该设置允许图片对象相互覆盖。
- 表格单元格中的版式。该设置允许使用表格在页面上安排图片的位置。

（5）为图片添加边框。右击图片，在打开的快捷菜单中选择"图片"命令，打开"设置图片格式"对话框，设置线条颜色、线型、阴影等。

3.6.2　利用绘图工具栏绘制图形

Word 提供了一套绘制图形的工具（只能在页面视图下），利用它可以创建各种图形。单击"插入"选项卡"插图"组的"形状"按钮，可打开自选图形单元列表，从中选择所需的图形单元并绘制图形。

绘制好图形单元后，经常需要对其进行修饰、添加文字、组合、调整叠放次序等操作。选中自选图形单元，弹出"绘图工具"功能区或右击绘制好的自选图形，在弹出快捷菜单中选择"设置自选图形/图片格式"，选用这两种方法都可以实现操作。

1．图形的创建

绘图画布可用来绘制和管理多个图形对象。使用绘图画布，可以将多个图形对象作为一个整体，在文档中移动、调整大小或设置文字环绕方式。也可以对其中的单个图形对象进行格式操作，且不影响绘图画布。绘图画布内可以放置自选图形、文本框、图片、艺术字等多种不同的图形。若要使用绘图画布来放置图形对象，可先插入绘图画布。

将插入点移动到插入绘制图形的位置。

单击"插入"选项卡"插图"组的"形状"下拉按钮，选择"新建绘图画布"命令，在插入点插入一个画布。

选中"绘图工具"选项卡"插入形状"组的各种形状，就可以在画布上用鼠标拖出一个同样的图形。

如果只绘制直线、箭头、矩形和椭圆等简单图形，那么直接选用"绘图工具"功能区上的相应按钮即可。

2．编辑绘制的图形

单击图形，图形周围除了有 8 个尺寸控制点，还有 1 个顺时针弯曲箭头控制点和 1 个黄色圆形控制点（称为调整控制点，不是所有图都有）。顺时针弯曲箭头控制点用于旋转图形，黄色圆形控制点用于改变图形形状。

（1）选择图形对象。编辑图形对象前首先必须选择它。如果需要选择一个单独的图形对象，一般用鼠标单击该图形即可；如果要同时选择多个图形对象，可以利用 Ctrl 或 Shift 键，或用鼠标从要选择的图形对象外围的左上角开始，单击并拖动一个虚框，将所要选择的对象包围起来，松开鼠标左键，此时刚才被虚框包围的所有图形就被全部选中了。

图形对象被选中后，在对象的周围将出现一些灰色的小方框/小圆圈，称为对象句柄。当鼠标指针落在图形对象的边框附近时，鼠标将变成"十"字形状，表明此时可以通过拖动鼠标来移动该图形。

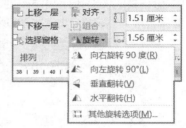

（2）移动、复制和删除图形对象。利用鼠标和键盘，以及快捷菜单等工具可以非常方便地移动、复制和删除图形对象，具体操作方法和文本的移动、复制、删除方法一样。

（3）旋转和翻转图形对象。单击要旋转的图形对象，单击"绘图工具-格式"选项卡"排列"组的"旋转"下拉按钮，弹出下拉菜单，如图 3.76 所示，可以让图形旋转或翻转。

图 3.76　下拉菜单

（4）调整图形的大小。调整图形大小有两种方式：利用尺寸控制点进行拖动调整或右击打开快捷菜单。

（5）设置阴影与三维效果。绘制的图形中，除了直线、箭头等线条类图形，几乎都可以设置阴影或三维效果。选中图形，右击选择"设置形状格式"命令，打开"设置形状"对话框，进行设置。

（6）组合图形对象和取消组合。Word 2016 允许用户将几个独立的对象组合成一个对象来处理，有利于编辑操作，例如，图形的移动或整体按比例缩放。同时还允许用户将组合在一起的图形对象再重新取消组合，还原成原来的多个独立对象。将操作对象选定后，右击选择"组合"和"取消组合"命令即可。

（7）在图形中添加标注。标注是一种通过某种指示标志与图形对象相连接的文本框。利用"自选图形"中的"标注"面板可以为图形添加各种样式的标注，用来说明或解释图形中的某一部分。

在"标注"面板上选定某种样式的标注后，单击图形中需要标注的位置，然后拖动鼠标定义标注框的大小，松开鼠标左键，此时就会出现一个内容为空的标注框，在标注框中输入文字或插入图片。

（8）在自制图形上添加文字。选定图形对象，右击，在弹出的菜单中选择"添加文字"命令，系统将自动添加文本框，在文本框内可输入文字，并可按普通文本进行文字格式设置。

3．图形的叠放次序

Word 能够将图形或正文对象放置在不同的层次上，上面一层的对象会覆盖下面一层对象的内容，如常说的水印，就是位于最下面一层的文本，其他所有层次的对象都能将其覆盖。

右击，在快捷菜单中选择"置于顶层/置于底层"命令，可以实现图形的各种分层叠放操作。

3.6.3　插入艺术字

艺术字在文档中是一种介于图像和文本之间的对象。准确地说，艺术字应该是一种以嵌入对象的形式存在的特殊文本。应用 Microsoft WordArt 艺术字处理程序，可以给文本添加各种艺术字。

1. 插入艺术字

单击"插入"选项卡"文本"组的"艺术字"下拉按钮，弹出内置艺术字版式列表，单击需要的版式，如图 3.77 所示，打开"请在此放置您的文字"文本框。在"文本框"中输入艺术字的文本。编辑完毕后，就会在插入点的位置插入以用户所选择的样式生成的艺术字。

注意：若要将现有文本转换为艺术字，则将其选中，然后单击"插入"选项卡"文本"组的"艺术字"下拉按钮，单击需要的版式，即可将现有文本转为艺术字。

2. 编辑和修饰艺术字

用户可以对已经生成的艺术字进行编辑和修饰。当用户选择某个艺术字对象时，Word 会弹出"绘图工具-格式"选项卡。单击该选项卡中的"艺术字样式"对话框启动器按钮，可在窗口右侧打开"设置形状格式"窗格，如图 3.78 所示。

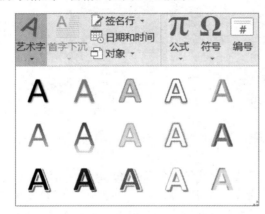

图 3.77　内置艺术字版式列表

图 3.78　"设置形状格式"窗口

用户可以继续插入另一种新的艺术字对象，编辑被选择的艺术字的文本，设置艺术字样式、版式、字符间距等属性。

（1）改变艺术字大小。修改"绘图工具-格式"选项卡"大小"组的形状高度和形状宽度数值，即可修改艺术字的大小。

（2）改变艺术字颜色。单击"绘图工具-格式"选项卡"艺术字样式"组的"文本填充"和"文本轮廓"下拉按钮，选择需要的颜色，即可设置艺术字的填充颜色和轮廓颜色。

（3）改变艺术字文本效果。单击"绘图工具-格式"选项卡"艺术字样式"组的"文本效果"下拉按钮，打开"文字效果"下拉菜单，如图 3.79 所示。在该菜单中，可以设置艺术字阴影、映像、发光、棱台、三维旋转和转换效果。每一种效果中又有多种选择，如在"转换"效果下有"无转换、跟随路径和弯曲"效果，如图 3.80 所示。

艺术字既有图的属性也有文本的属性，根据需要，展开图 3.78 中的所有折叠项，选择需要的设置。

3.6.4　文本框

文本框也是 Word 的一种绘图对象。在文本框中可以方便地输入文字、图形等对象，并可将其放在页面上的任意地方。文本框分为横排文本框和竖排文本框，横排和竖排指的是文本框中文本的方向是横排还是竖排。

图 3.79　"文字效果"下拉菜单　　　　　图 3.80　"转换"效果列表

1．插入文本框

选择插入点，单击"插入"选项卡"文本"组的"文本框"下拉菜单，打开 word 内置的文本框列表，如图 3.81 所示。选择所需文本框的类型，或单击"绘图工具"选项卡的"文本框"按钮，将在插入点处插入绘图画布。此时鼠标指针变成"十"字状，按住左键移动鼠标便可绘制出一个文本框，在文本框中可添加文字或图形。

2．编辑文本框

Word 将文本框作为图形对象处理，所以文本框的格式设置与图形的格式设置基本相同。单击文本框边框，右击选择"设置形状格式"选项打开"设置形状格式"子窗口，用对话框中"填充与线条"属性可设置文本框的填充颜色与线条，通过"布局"属性，可以设置文本框对齐方式、文字方向、文本框内文本距离文本框上下左右边距，如图 3.82 所示。

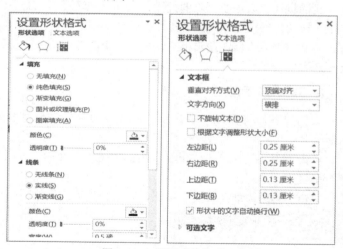

图 3.81　内置"文本框"列表　　　　图 3.82　"设置形状格式"对话框

3.7　文档的修订与共享

在与他人协同处理文档的过程中，审阅、跟踪文档的修订状况将成为最重要的环节之一，用户需要及时了解其他用户更改了文档的哪些内容，以及为何要进行这些更改。

3.7.1　审阅与修订文档

1．修订文档

当用户在修订状态下修改文档时，Word 应用程序将跟踪文档中所有内容的变化状况，同时会把用户在当前文档中修改、删除、插入的每一项内容记录下来。

用户打开要修订的文档，单击"审阅"选项卡"修订"组的"修订"下拉按钮下的"修订"命令，即可开启文档的修订状态。

用户在修订状态下直接插入的文档内容会通过颜色和下画线标记下来，删除的内容可以在右侧的页边空白处显示出来。

当多个用户同时参与对同一文档进行修订时，文档将通过不同的颜色来区分不同用户的修订内容。

单击"审阅"选项卡"修订"组的"修订"下拉按钮下的"修订选项"命令，打开"修订选项"对话框，用户可以在"批注""墨迹""插入和删除""按批注显示图片""格式"5 个选项区域中，根据用户自己的习惯和具体要求设置修订内容的显示情况。

2．为文档添加批注

在多人审阅文档时，可能需要彼此之间对文档内容的变更状况做一解释，或者向文档作者询问一些问题，这时可以在文档中插入"批注"信息。

批注不是在原文的基础上进行修改，而是在文档页面的空白处添加相关的注释信息，并用有颜色的方框括起来。

选定需要添加批注的文本，单击"审阅"选项卡"批注"组的"新建批注"命令，然后在右侧的空白处输入批注内容。

删除批注，右击要删除的批注，执行"删除批注"命令即可删除批注。如果是多个批注，可以单击"审阅"选项卡"批注"组"删除"下拉按钮中的"删除文档中的所有批注"命令。

当文档被多人修改或审批后，单击"审阅"选项卡"修订"组的"显示标记"下拉按钮，选择某一选项。

3．审阅修订和批注

文档内容修订完成以后，用户还需要对文档的修订和批注进行最终审阅，并确定最终的文档版本。

单击"审阅"选项卡"批注"组的"上一条（或下一条）"按钮，可定位到文档中的上一条或下一条批注。

单击"拒绝"或"接受"按钮，来选择接受或拒绝，一直到文档中不再有修订和批注。

3.7.2　快速比较文档

Word 2016 提供了精确比较的功能，可以帮助用户显示两个文档的差异。

单击"审阅"选项卡"比较"组的"比较文档"命令，打开"比较文档"对话框，如图 3.83 所示。在"原文档"区域，通过浏览找到原始文档；在"修订的文档"区域，通过浏览找到修订完成的文档。

图 3.83　"比较文档"对话框

单击"确定"按钮，两个文档的不同之处将突出显示在"比较结果"文档的中间，供用户查看。

3.7.3　删除文档中的个人信息

文档中的个人信息可能存储在文档本身或文档属性中，在共享文档前应该删除，以保护个人隐私。

打开要检查是否存在隐藏数据或个人信息的 Office 文档副本。执行"文件"→"信息"→"检查问题"→"检查文档"命令，打开"文档检查器"对话框，如图 3.84 所示。选择要检查的隐藏内容类型，然后单击"检查"按钮。检查完毕后，可以删除检查出的结果。

3.7.4　标记文档的最终状态

如果文档已经确定修改完成，用户可以为文档标记最终状态来标记文档的最终版本，此时将文档设置为只读。执行"文件"→"信息"→"保护文档"→"标记为最终状态"命令完成设置。如图 3.85 所示。

图 3.84　"文档检查器"对话框

图 3.85　标记文档的最终状态

3.7.5　构建并使用文档部件

文档部件实际上就是一段指定文档内容（文本、图片、表格、段落等文档对象）的封装手段，也可以单纯地将其理解为对这段文档内容的保存和重复使用。

选定要保存为文档部件的文本内容。单击"插入"选项卡"文本"组的"文档部件"下拉按钮，选择"将所选内容保存到文档部件库"命令，打开"新建构建基块"对话框，如图 3.86 所示，在"名称"文本框输入文档部件的名称，单击"确定"按钮。

图 3.86　"新建构建基块"对话框

打开需要使用文档部件的文档，将插入点移动到要插入文档部件的位置，执行"插入→文本→文档部件"下拉按钮，可看到存在的文档部件，单击即可。

3.8 Word 2016 文档的输出

3.8.1 打印文档

打印文档在日常办公中是一项很常见且很重要的工作。在打印 Word 文档之前，可以通过打印预览功能查看整篇文档的排版效果，确认无误后再打印。

执行"文件"→"打印"命令，打开"打印"后台视图，如图 3.87 所示。在视图的右侧可以即时预览文档的打印效果，同时，用户可以选择打印机和对打印页面进行调整，如页边距、纸张大小、方向等。

图 3.87　"打印"后台视图

3.8.2 转换成 PDF 文档格式

用户可以将文档保存为 PDF 格式，保证文档的只读性。

执行"文件"→"另存为"命令，打开"另存为"对话框，在"保存类型"中选择"PDF"，即可存为 PDF 文档。

也可执行"文件"→"保存并发送"→"创建 PDF/XPS 文档"命令，单击"创建 PDF/XPS"按钮，打开"发布为 PDF 或 XPS"对话框，单击"发布"按钮即可。

习 题 3

一、选择题

1. 启动 Word 的可执行文件名（默认）是（　　）。

　A．Win.com　　　　　B．Win.exe　　　　　C．WORD.EXE　　　　D．WINWORD.EXE

2. 在 Windows 10 下，可通过双击（　　）直接启动 Word。

A．Word 桌面快捷方式图标　　　　　　B．"我的电脑"图标

C．"开始"按钮　　　　　　　　　　　D．"我的文件夹"图标

3．下面（　　）不属于 Word 的文档显示模式。

　　A．普通视图　　　　B．页面视图　　　　C．大纲视图　　　　D．邮件合并

4．用 Word 进行文字录入和编排时，可使用（　　）键实现在段内强行换行。

　　A．Enter　　　　　B．Shift+Enter　　　C．Ctrl+Enter　　　D．Alt+Enter

5．中文版 Word 的汉字输入功能是由（　　）实现的。

　　A．Word 本身　　　　　　　　　　　B．Windows 中文版或其外挂中文平台

　　C．Super CCDOS　　　　　　　　　　D．DOS

6．下面操作中，（　　）能实现光标定位。

　　A．滚动条　　　　　B．鼠标　　　　　C．键盘　　　　　　D．菜单命令

7．在 Word 中称表格的每一个内容填空单元为（　　）。

　　A．栏　　　　　　　B．容器　　　　　C．单元格　　　　　D．空格

8．Word 文档存盘时的默认文件扩展名为（　　）。

　　A．txt　　　　　　　B．wps　　　　　　C．dot　　　　　　D．docx

二、填空题

1．页面设置的主要项目包括_____、_____、_____、_____等。

2．在"插入"状态下，只需将插入点移动到需要插入空行的地方，按_____。在文档开始前插入空行，只需将光标定位到文首，按_____。

3．设置图片格式最常用的方法有两种：利用_____选项卡，右击在快捷菜单中选择_____命令。

4．在 Word 中将文档分为三层：_____、_____和_____。

三、简述题

1．简述利用 Word 2016 中文版编辑文档文件的一般步骤。

2．简述 Word 2016 中文版窗口由哪些基本元素组成。

3．创建新文档有几种方法？如何操作？

4．打开文档意味着什么？打开文档有几种常用的方法？

5．保存文档时，"保存"和"另存为"命令有何区别？

6．什么是剪贴板？如何利用剪贴板实现移动和复制操作？

7．什么是"应答式"的查找与替换？如何操作？

8．Word 2016 提供了几种视图？各有什么作用？

9．文档的格式化包括哪些内容？

10．表格的建立有几种方法？如何在表格中加入斜线？

11．浮动图片和嵌入图片有什么区别？

12．图片的环绕方式有哪几种？它们的设置效果如何？

13．什么是对象的链接与嵌入，二者有何区别？

第 4 章

Excel 2016 电子表格处理软件

Excel 2016 是 Microsoft Office 2016 中最主要的应用程序之一。使用 Excel 2016 可以对表格式的数据进行组织、计算、分析和统计，以各种具有专业外观的图表来显示数据；可以对数据进行排序、筛选和分类汇总等数据库操作，以多种方式透视数据。

本章将详细介绍 Excel 2016 的基本操作和使用方法。通过本章的学习，应掌握：

（1）Excel 电子表格的基本概念和基本功能、运行环境、启动、保存和退出；

（2）Excel 2016 单元格、工作表、工作簿的概念和基本操作，工作簿和工作表的建立、保存和退出；数据录入、编辑，工作表和单元格的选定、插入、删除、复制、移动；工作表的重命名和工作表窗口的拆分和冻结；

（3）表格的格式化，包括设置单元格格式，设置列宽、行高、条件格式等；

（4）单元格绝对地址和相对地址的概念，工作表中公式的输入、复制，常用函数的使用；

（5）Excel 图表的创建、编辑、修改和修饰；

（6）数据清单的概念，数据清单的建立，数据清单内容的排序、筛选、分类汇总、数据合并，数据透视表的建立；

（7）工作表的页面设置、打印预览和打印，工作表中超链接的建立；

（8）保护和隐藏工作簿和工作表。

4.1　Excel 2016 基础

4.1.1　Excel 基本功能

（1）制作表格。Excel 可以快捷地建立数据表格，方便、灵活地输入和编辑工作表中的数据以及对工作表进行多种格式化设置。

（2）计算能力。Excel 提供简单易学的公式输入方式和丰富的函数，可以进行各种数据的复杂计算。

（3）制作图表。Excel 提供了便捷的图表向导，可以建立和编辑与工作表中数据对应的多种类型的统计图表，并可以对图表进行精美的编辑。

（4）管理和分析数据库。Excel 把数据表与数据库操作相结合，对以工作表形式存在的数据清单进行排序、筛选和分类汇总等操作。

（5）共享数据。Excel 可以实现多个用户共享同一个工作簿文件，建立超链接。

4.1.2　Excel 2016 的启动与退出

Excel 2016 中文版的启动与退出与 Word 2016 类似：在 Windows10 环境下，执行"开始→Excel 2016"命令。

4.1.3　Excel 2016 窗口的组成

Excel 2016 启动后的主窗口如图 4.1 所示。窗口保持了 Windows 窗口风格，Excel 2016 工作窗口由窗口上部标题栏、功能区和下部的工作表窗口组成。功能区包括所操纵工作簿标题、一组选项卡和相应命令，选项卡中集成了相应的操作命令，根据命令功能的不同每个选项卡内又划分了不同的命令组；工作表窗口包括名称栏、数据编辑区、状态栏、工作表窗口等元素。

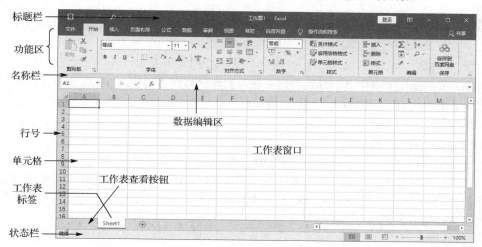

图 4.1　Excel 2016 主窗口

1.　标题栏

工作簿标题位于功能区顶部，主要包括快速访问工具栏、文件名和窗口控制按钮。其左侧包含保存、撤销、恢复命令。单击 图标的下拉箭头，在弹出的菜单中，可以自定义快速访问工具栏命令；中间显示当前编辑表格的文件名称，默认的文件名为"工作簿 1"；其右侧显示选项按钮和程序窗口控制按钮，包含功能区显示选项（自动隐藏功能区、显示选项卡、显示选项卡和命令）、最小化\最大化、还原和关闭按钮。拖动功能区可以改变 Excel 窗口的位置，双击功能区可放大 Excel 应用程序窗口到最大化或还原到最大化之前的大小。

2.　功能区和选项卡

功能区包含一组选项卡，各选项卡内均含有若干命令，主要包括文件、开始、插入、页面布局、公式、数据、审阅、视图等；根据操作对象的不同，还会增加相应的选项卡，用它们可以进行绝大多数 Excel 操作。使用时，先单击选项卡名称，然后在命令组中选择所需命令，Excel 将自动执行该命令。通过 Excel 帮助可了解选项卡大部分功能。

3.　工作表窗口

工作表窗口位于工作簿的下方，包含数据编辑区、名称栏、工作表窗口、状态栏等。

数据编辑区用来输入或编辑当前单元格的值或公式，该区的左侧为名称栏，它显示当前单元格（或区域）的地址或名称，在编辑公式时显示的是公式名称。数据编辑区和名称栏之间在编辑时有 3 个命令按钮 × ✓ fx，分别为"取消"按钮 ×、"输入"按钮 ✓ 和"插入函数"按钮 fx。单击"取消"按钮，即撤销编辑内容；单击"输入"按钮，即确认编辑内容；单击"插入函数"按钮，则编辑计算公式。

工作表窗口除包含单元格数据外，还包含当前工作簿所含工作表的工作表标签等相关信息，并可对其进行相应操作。

状态栏位于窗口的底部，用于显示当前窗口操作命令或工作状态的有关信息。例如，在为单元格输入数据时，状态栏显示"输入"信息，完成输入后，状态栏显示"就绪"信息，还可以进行普通页面、页面布局、分页浏览和设置缩放级别等操作。

4.1.4 Excel 2016 基本概念

1．工作簿

工作簿是在 Excel 2016 中文版环境中用来计算和存储数据的文件，其扩展名为".xlsx"。一个工作簿可以包含多张具有不同类型的工作表（最多可以有 255 个）。默认情况下，每个工作簿文件中有 1 个工作表，以 Sheet1 来命名，也可以根据需要改变新建工作表时默认的工作表数。工作表的名字显示在工作簿文件窗口底部的标签里。

工作表的名字可以修改，工作表的个数也可以增减。工作表就像一个表格，由含有数据的行和列组成。在工作表窗口中单击某个工作表标签，则该工作表就会成为当前工作表，可以对它进行编辑。若工作表较多，可以利用工作表窗口左下角的标签滚动按钮来滚动显示各工作表的名称。单击所显示的名称，可以使之成为当前工作表。

2．工作表

工作表又称为电子表格，是 Excel 完成一项工作的基本单位，可用于对数据进行组织和分析。每个工作表最多由 1 048 576 行和 16 384 列组成。行的编号由上到下从 1 到 1 048 576 编号；列的编号由左到右从字母 A 到 XFD 编号。

3．单元格、单元格地址及活动单元格

在工作表中行与列相交形成单元格，它是存储数据的基本单位。这些数据可以是字符串、数字、公式、图形、音频等。在工作表中，每一个单元格都有自己唯一的地址，这就是它的名称。单元格的地址由单元格所在列标和行号组成，且列标写在前，行号写在后。例如，C3 表示单元格在第 C 列的第三行。

单击任意一个单元格，这个单元格的四周就会由粗线条包围起来，它就成为活动单元格，表示用户当前正在操作该单元格。活动单元格的地址在编辑栏的名称框中显示，通过使用单元格地址，可以很清楚地表示当前正在编辑的单元格，用户也可以通过地址来引用单元格中的数据。

由于一个工作簿文件中可能有多个工作表，为了区分不同工作表中的单元格，可在单元格地址前面增加工作表名称。工作表与单元格之间用"！"分开。例如，Sheet2!A6 表示该单元格是 Sheet2 工作表中的 A6 单元格。

4．行号

每一行左侧的阿拉伯数字为行号，表示该行的行数。如第 1 行、第 2 行等。

5．列标

每一列上方大写的英文字母为列标，代表该列的列名。如 A 列、B 列等。

4.2　Excel 2016 的基本操作

4.2.1　建立与保存工作簿

1．建立新工作簿

可选择下列方法之一建立新工作簿：

（1）启动 Excel 应用程序时系统自动建立空白工作簿；

（2）单击 Excel 窗口"文件"选项卡下的"新建"命令，在"可用模版"下双击"空白工作簿"；

（3）打开 Excel 应用程序，按 Ctrl+N 键可快速新建空白工作簿。

2．保存工作簿

可选择下列方法之一保存工作簿：

（1）单击 Excel 窗口"文件"选项卡下的"保存"或"另存为"命令，在此可以重新命名工作簿及选择存放文件夹；

（2）单击功能区域"保存"按钮。

4.2.2　工作表的操作

在 Excel 中，新建一个空白工作簿后，会自动在该工作簿中添加 1 个工作表，命名为 Sheet1。

1．选定工作表

（1）选定一个工作表：单击工作表的标签，选定该工作表，该工作表称为当前活动工作表。

（2）选定相邻的多个工作表：单击第一个工作表的标签，按住 Shift 键的同时单击最后一个工作表的标签。

（3）选定不相邻的多个工作表：单击第一个工作表的标签，按住 Ctrl 键的同时单击其他工作表的标签。

（4）选定全部工作表：鼠标右键单击工作表标签，在快捷菜单中选择"选定全部工作表"命令。

2．插入新工作表

Excel 2016 允许一次插入一个或多个工作表。选定一个或多个工作表标签，单击鼠标右键，在弹出的菜单中选择"插入"命令，即可插入与所选定数量相同的新工作表。Excel 默认在选定的工作表左侧插入新的工作表。还可以单击工作表标签右边的"新工作表"按钮 Sheet1 ⊕，可在最右边插入一张空白工作表。

3．删除工作表

选定一个或多个要删除的工作表，选择"开始"选项卡中的"单元格"命令组，选择"删除"命令下的"删除工作表"子命令即可。或鼠标右键单击选定的工作表标签，在弹出的快捷菜单中选择"删除"命令。

4. 重命名工作表

双击工作表标签，输入新的名字即可，或者鼠标右键单击要重新命名的工作表标签，在弹出的快捷菜单中选择"重命名"命令，输入新的名字即可。

5. 移动或复制工作表

（1）利用鼠标在工作簿内移动或复制工作表

若在一个工作簿内移动工作表，可以调整工作表在工作簿中的先后顺序。复制工作表可以为已有的工作表建立一个备份。

在工作簿内移动工作表的操作是：选定要移动的一个或多个工作表标签，鼠标指针指向要移动的工作表标签，按住鼠标左键沿标签向左或向右拖动工作表标签的同时会出现黑色小箭头，当黑色小箭头指向要移动到的目标位置时，放开鼠标左键，就完成了移动工作表。

在工作簿内复制工作表的操作：与移动工作表类似，只是拖动工作表标签的同时按住 Ctrl 键，当鼠标指针移到要复制的目标位置时，先放开鼠标左键，后放开 Ctrl 键即可。

（2）利用对话框在不同的工作簿之间移动或复制工作表

利用"移动或复制工作表"对话框，可以实现一个工作簿内工作表的移动或复制，也可以实现不同工作簿之间工作表的移动或复制。在两个不同的工作簿之间移动或复制工作表，要求两个工作簿文件都必须在同一个 Excel 应用程序下打开。在移动或复制操作中，允许一次移动、复制多个工作表。具体操作如下：

步骤1：在一个应用程序窗口下，分别打开两个工作簿（源工作簿和目标工作簿）。

步骤2：使源工作簿成为当前工作簿。

步骤3：在当前工作簿选定要复制或移动的一个或多个工作表标签。

步骤4：单击鼠标右键，在弹出的快捷菜单中选择"移动或复制工作表"命令，弹出的"移动或复制工作表"对话框如图 4.2 所示。

图4.2　"移动或复制工作表"对话框

步骤5：在"工作簿"下拉列表框中选择要移动或复制的目标工作簿。

步骤6：在"下列选定工作表之前"下拉列表框中选择要插入的位置。

步骤7：如果移动工作表，清除"建立副本"选项前的对勾；如果复制工作表，选中"建立副本"选项，单击"确定"按钮，即可完成工作表移动或复制到目标工作簿。

6. 设置工作表标签的颜色

为工作表标签设置原色可以突出显示该工作表。右键单击要改变颜色的工作表标签，在弹出的快捷菜单中选择"工作表标签颜色"命令，选择所需颜色即可。

7. 拆分和冻结工作表窗口

一个工作表窗口可以拆分为"两个窗口"或"四个窗口"，如图 4.3 所示。分隔条将窗口拆分为四个窗格。窗口拆分后，可同时浏览一个较大工作表的不同部分。拆分窗口的具体操作如下。

鼠标单击要拆分的行或列的位置，单击"视图"选项卡内"窗口"命令组的"拆分"命令，一个窗口被拆分为两个窗格。

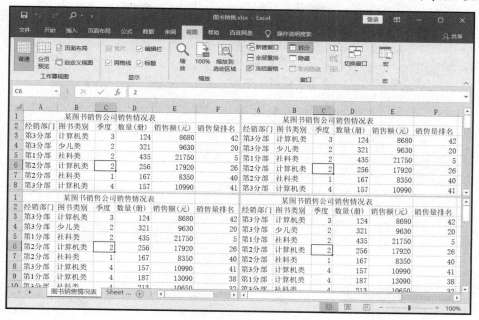

图 4.3　拆分窗口

8. 取消拆分

再次单击"视图"选项卡中的"拆分"命令即可。

9. 冻结窗口

工作表较大时，在向下或向右滚动浏览器时将无法始终在窗口中显示前几行或前几列，采用"冻结"行或列的方法可以始终显示表的前几行或前几列。

冻结第一行的方法：选定第二行，选择"视图"选项卡的"窗口"命令组，单击"冻结窗格"命令下的"冻结拆分窗格"。

冻结前两行的方法：选定第三行，选择"视图"选项卡的"窗口"命令组，单击"冻结窗格"命令下的"冻结拆分窗格"。

冻结第一列的方法：选定第二列，选择"视图"选项卡的"窗口"命令组，单击"冻结窗格"命令下的"冻结拆分窗格"。

利用"视图"选项卡"窗口"组"冻结窗格"命令还可以冻结工作表的首行或首列。如图 4.4所示为冻结首行后的工作表。

10. 取消冻结

利用"视图"选项卡"窗口"组"冻结窗格"命令中的"取消冻结窗格"子命令即可取消冻结。

11. 显示或隐藏工作表

右键单击要隐藏的工作表标签，在弹出的快捷菜单中选择"隐藏"命令即可实现隐藏工作表；或者在"开始"菜单"单元格"组中单击"格式"命令中的"可见性"下的"隐藏或取消隐藏"子命令中的"隐藏工作表"命令即可隐藏所选工作表。

图 4.4　冻结首行

4.2.3　单元格的操作

工作表的大多数编辑主要是针对单元格操作的。

1.　选定单个单元格

方法一：鼠标指针移至需选定的单元格上，单击鼠标左键，该单元格即被选定为当前单元格。

方法二：在单元格名称栏输入单元格地址，单元格指针可直接定位到该单元格，如 C23。

2.　选定一个单元格区域

方法一：左键单击要选定单元格区域左上角的单元格，按住左键沿对角线拖动鼠标到区域的右下角单元格，然后放开左键即选定单元格区域。单元格区域用该区域左上角和右下角单元格的地址表示，中间用"："分隔，如 A1:C5。

方法二：左键单击要选定单元格区域左上角的单元格，按住 Shift 键的同时单击右下角单元格即选定单元格区域。

3.　选定不相邻单元格区域

先选择第一个单元格区域，按住 Ctrl 键的同时选择其他单元格区域。

单击工作表行号可以选中整行；单击工作表列标可以选中整列；单击工作表左上角行号和列标交叉处的单元格（即全选按钮）可以选中整个工作表；单击工作表行号或列标，再按 Ctrl 键，单击其他行号或列标，可以选中不相邻的行或列。

4.　插入行、列与单元格

单击"开始"选项卡下的"单元格"命令组的"插入"命令，选择其下的"行""列""单元格"可进行行、列与单元格的插入，选择的行数或列数即是插入的行数或列数。

5.　删除行、列与单元格

选定要删除的行、列或单元格，单击"开始"选项卡下的"单元格"命令组的"删除"命令，即可完成行、列或单元格的删除，此时，单元格的内容和单元格将一起从工作表中消失，其位置由周围的单元格补充。而选定要删除的行、列或单元格时按 Delete 键，将仅删除单元格的内容，空白单元格、行或列仍保留在工作表中。

6．隐藏行与列

在"开始"菜单"单元格"组中单击"格式"命令中的"可见性"下的"隐藏或取消隐藏"子命令中的"隐藏行"或者"隐藏列"命令即可隐藏所选工作表某行或某列。

4.2.4　数据的编辑

1．基本数据的输入

（1）数值型数据的输入。

数值型数据只能包含正号（+）、负号（−）、小数点、0～9 的数字、百分号（%）、千分位号（,）等符号，数字直接输入即可，但必须是一个数值的正确表示。

① 数值型数据在单元格中默认靠右对齐。如果要输入负数，在数字前加一个负号，或者将数字放在圆括号内。

② 如果要输入分数（如 1/2），应先输入"0"及一个空格，然后输入"1/2"，否则 Excel 会把该数据作为日期处理，认为输入的是"1 月 2 日"。

③ Excel 数值型数据的输入与显示未必相同，如果输入数据位数超过 11 位，Excel 自动以科学记数法表示，例如输入"123456789012"，则显示 1.23457E+11。如果显示"123456789012"，需要在前面加上西文的单引号"'"。如果单元格数字格式设置为带两位小数，此时输入三位小数，则末位将进行四舍五入。当输入数据宽度超过单元格的宽度时，单元格内显示一串"#"，表示列宽不够，此时只要将列宽加大即可正确显示。

（2）文本型数据的输入。

① 文本中可以包括汉字、字母、数字、空格及键盘上可以输入的任何符号。这些符号直接输入即可。

② 当文本过长，可以按 Alt+Enter 键在单元格内强行换行。输入完毕后，单元格高度自动增加，以容纳多行文本数据。

③ 将数字作为文本输入。例如身份证号码、电话号码、商品条形码等文本数字串，输入时应先输入英文输入法下的单引号，然后再输入文本数据。例如输入"'123"，则单元格中显示"123"。

（3）日期、时间型数据的输入。

① 日期中年、月、日的分隔符可以用半角的"−"、"/"或汉字分隔。

② 时间中的时、分、秒的分隔符可以用半角的"："或汉字分隔。

默认文本型数据在单元格内自动左对齐。

（4）单元格数据编辑、修改。

① 通过编辑栏修改：选中要编辑或修改的单元格，将鼠标指针移动到编辑栏框内，单击鼠标左键激活编辑框，在编辑框中输入和修改数据，然后按 Enter 键确认即可。

② 直接在单元格中修改：双击要编辑的单元格，即可直接修改。

（5）单元格数据的清除。

当用户不再需要单元格内数据时，可以把单元格中数据清除。操作步骤：先选择要清除数据的一个或多个单元格，再单击"开始"选项卡下的"编辑"命令组，单击 右侧的下三角，在子菜单的 5 种方式中选择一种清除方式即可：

- "清除全部"表示全部清除，包括批注、格式、内容和超链接等；
- "清除格式"表示仅清除单元格设置的格式，内容不变；
- "清除内容"表示只清除单元格内容；
- "清除批注"表示只清除批注信息。
- "清除超链接"表示只清除超链接。

（6）单元格数据移动和复制。

Excel 中单元格数据移动和复制与 Word 中内容的移动和复制类似。

常用单元格移动、复制的方法有 3 种。

① 使用"剪贴板"复制和移动单元格。首先选定待"复制/移动"的内容，如果是复制操作，则按 Ctrl+C 键或单击工具栏的"复制"按钮；如果是移动操作，则按 Ctrl+X 键或单击工具栏的"剪切"按钮；然后选定"复制/移动"到目标区域的第一个单元格，按 Ctrl+V 键或单击工具栏的"粘贴"按钮，即可实现"复制/移动"操作。

② 使用鼠标左键拖拽"复制/移动"单元格内容。选定待"复制/移动"的内容区域，将鼠标指向选定区域的外边界，按下鼠标左键拖拽到目标区域，当目标区域为空白区域时，释放鼠标左键前按下 Ctrl 键实现数据复制，直接释放鼠标左键实现数据移动。当目标区域有数据时，复制操作将直接用源数据覆盖目标区域中的数据；移动操作将弹出对话框，询问"此处已有数据。是否替换它？"，如果用户想覆盖目标区域中数据，可单击对话框中的"确定"按钮，否则单击"取消"按钮。

③ 使用鼠标右键拖拽"复制/移动"的单元格内容。选定待"复制/移动"的内容区域，将鼠标指向选定区域的外边界，按下鼠标右键拖拽到目标区域，释放鼠标右键，在弹出的快捷菜单中选择要执行的操作，如图 4.5 所示。

（7）选择性粘贴数据。

有时需要有选择地复制单元格中的内容，例如只复制公式的运算结果而不复制公式本身，或只复制单元格的格式而不复制单元格内容等，则可选择"选择性粘贴"选项。

具体步骤：首先选定数据源并将内容复制到剪贴板，其次选定目标区域起始单元格，然后单击"开始"选项卡下"粘贴"按钮下拉菜单中的"选择性粘贴"命令，打开"选择性粘贴"对话框，如图 4.6 所示。最后在对话框中选择"粘贴"选项，单击"确定"按钮。

（8）给单元格内容添加批注。

批注是为单元格内容加注释。一个单元格添加了批注后，会在单元格的右上角出现一个三角标志，当鼠标指针指向这个标志时，显示批注信息。

图 4.5　快捷菜单

图 4.6　"选择性粘贴"对话框

① 添加批注，选定要添加批注的单元格，选择"审阅"选项卡下的"批注"命令组中的"新建批注"按钮，即可打开输入批注内容的文本框，完成输入后，单击批注文本框外部的工作表区域

即可退出批注编辑。

② 编辑/删除批注。选定有批注的单元格，选择"审阅"选项卡下的"批注"命令组中的"删除"按钮，即可删除批注内容。单击有批注的单元格，可直接修改批注。

2．单元格的填充

对于表格中有规律或相同的数据，可以利用自动填充功能快速输入。

（1）利用填充柄填充数据序列。

在工作表中选定一个单元格或单元格区域，则在所选区域的右下角有一黑色块，当鼠标移动到黑色块时会出现"+"形状的填充柄，拖动填充柄，可以实现快速自动填充。利用填充柄既可以填充相同的数据，也可以填充有规律的数据。

【例 4.1】　如图 4.7 所示，在图书销售工作簿的"图书销售情况表"工作表中，需设置"规格"列 D3:D6 单元格区域的内容都是"16 开"，D7:D10 单元格区域的内容都是"32 开"，D11:D14 单元格区域的内容都是"8 开"。

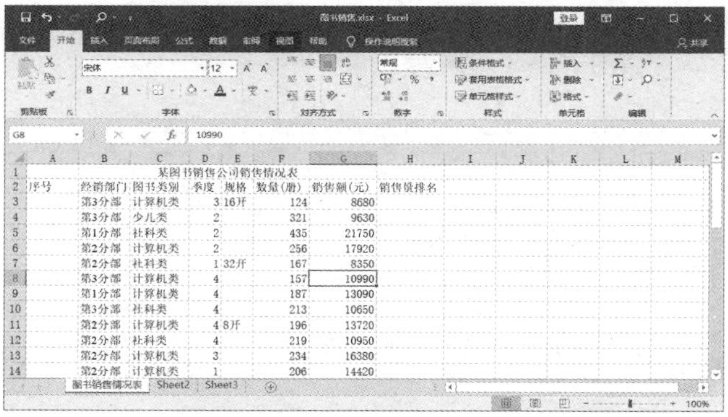

图 4.7　利用填充柄填充数据

具体步骤：在 D3 单元格输入"16 开"，选定 D3 单元格为当前单元格，移动光标至 D3 单元格填充柄处，当出现"+"形状时按住鼠标左键拖动光标至 D6 单元格，即可完成填充。其他以此类推。

（2）利用对话框填充数据序列。

例如，如图 4.7 所示，需设置"序号"列 A3:A14 单元格区域内容是 1～12。

具体步骤：在 A3 单元格输入"1"，选定 A3:A14 单元格区域，打开"开始"选项卡下"编辑"组的 填充 按钮的子菜单，如图 4.8 所示，单击子菜单中的"序列（S）…"子命令，打开"序列"对话框，如图 4.9 所示。

在图 4.9 中，选择序列产生在"列"，类型选择"等差序列"，步长值设置为 1，单击"确定"按钮即可。

图 4.8　填充子菜单

图 4.9　"序列"对话框

注意：有规律数据的自动填充是根据初始值来计算填充项的，常用的有以下 5 种情况：

①数值型数据的填充：直接拖拽填充柄，数值不变；按住 Ctrl 键拖拽填充柄，生成步长为 1 的等差序列。

②文本型数据的填充：不含数字串的文本，无论是否按住 Ctrl 键拖拽填充柄，数据都保持不变。对含有数字串的文本，如 B12V03H，直接拖拽填充柄，最后一个数字串"03"成等差序列；按住 Ctrl 键拖拽填充柄，数据不变。

③日期型数据的填充：直接拖拽填充柄，按日期中的"日"生成等差序列；按住 Ctrl 键拖拽填充柄，数据不变。

④时间型数据的填充：直接拖拽填充柄，按时间中的"小时"生成等差序列；按住 Ctrl 键拖拽填充柄，数据不变。

⑤"自定义序列"数据的填充：利用"自定义序列"对话框填充数据序列，可自己定义要填充的序列。首先选择"文件"选项卡下的"选项"命令，打开"Excel 选项"对话框，如图 4.10 所示，然后单击左侧的"高级"选项，在"常规"栏目下单击"编辑自定义列表（O）…"打开"自定义序列"对话框，选择左侧"新序列"选项卡，在右侧"输入序列"下输入用户自定义的数据序列，单击"添加"和"确定"按钮即可，或利用右下方的折叠按钮，选中工作表中已定义的数据序列，按"导入"按钮即可。

图 4.10　"Excel 选项"对话框

【例 4.2】在"课程表"工作表中利用"序列"对话框按等差数列填入时间序列，步长值为"0:50"，终止值为"10:30"。利用"自定义序列"定义"数学、语文、物理、英语"，再利用"序列"对话框填入 C3:C6 单元格区域。

步骤 1：在 B3 单元格填入"8:00"并选中 B3:B6 单元格区域，单击"开始"选项卡中"编辑"组的"填充"命令，选择"系列"操作，打开"序列"对话框，如图 4.11 所示。

步骤 2：选择序列产生在"列"，类型为"等差序列"，步长值为"0:50"，终止值为"10:30"，单击"确定"按钮即完成填充，如图 4.12 所示。

图 4.11　"序列"对话框

	课程表						
2	节次	时间	星期一	星期二	星期三	星期四	星期五
3	1	8:00					
4	2	8:50					
5	3	9:40					
6	4	10:30					

图 4.12　自动填充时间信息

步骤 3：选择"文件"选项卡下"选项"命令，打开 Excel "选项"对话框，如图 4.10 所示，选择"高级"选项，在"常规"栏目下单击"编辑自定义列表"打开对话框，选取对话框中的"自定义序列"选项卡，在"输入序列"下输入"数学、语文、物理、英语"，单击"添加"按钮，如图 4.13 所示。

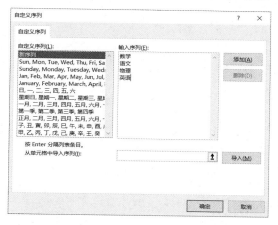

图 4.13　"自定义序列"选项卡

步骤 4：在 C3 单元格内输入"数学"，选定 C3:C6 单元格区域，可利用填充柄完成自动填充，或利用"序列"对话框，类型选择"自动填充"完成填充，如图 4.14 所示。

	课程表						
2	节次	时间	星期一	星期二	星期三	星期四	星期五
3	1	8:00	数学				
4	2	8:50	语文				
5	3	9:40	物理				
6	4	10:30	英语				

图 4.14　自动填充自定义序列

4.3　Excel 2016 工作表格式化

工作表建立后，对表格进行格式化操作，可以使表格更加美观。

4.3.1　设置单元格格式

选择"开始"选项卡的"数字"命令组，单击其右下角的小按钮" ⌐ "，在弹出的"设置单元格格式"对话框中有数字、对齐、字体、边框、填充、保护共 6 个选项，如图 4.15 所示。利用这些选项可以设置单元格格式。

1．设置数字格式

利用"设置单元格格式"对话框中的"数字"选项卡，可以改变数字（包括日期）在单元格汇总的显示形式，但不改变在编辑区的显示形式。数字格式的分类主要有：常规、数值、货币、会计专用等，如图 4.15 所示。默认情况下数字格式是"常规"格式。如果一个单元格中显示一串"#######"标记，这表示单元格宽度不够，无法显示数据长度，这时加宽列宽即可。

图 4.15　"设置单元格格式"对话框

2．设置对齐和字体格式

在图 4.15 中，分别选择"对齐""字体"选项卡，可以设置单元格中内容的水平对齐、垂直对齐、文本控制和文字方向。文本控制可以完成相邻单元格的合并，合并后只有选定区域左上角的内容放到合并后的单元格中。如果要取消合并单元格，则选定已合并的单元格，清除"对齐"选项卡下"合并单元格"复选框对勾即可。利用图 4.15 中"字体"选项卡，可以设置单元格内容的字体、颜色、下画线和特殊效果等。

3．设置单元格边框

在图 4.15 中，利用"边框"选项卡下的"预置"选项组，可以设置单元格或单元格区域的"外边框"和"边框"；利用"边框"选项组，可以设置单元格或单元格区域的"上边框""下边框""左边框""右边框"和"斜线"等；还可以设置边框的线条样式和颜色。如果要取消设置的边框，选择"预置"选项组中的"无"即可。

4．设置单元格颜色

在图 4.15 中，利用"填充"选项卡，可以设置突出显示某些单元格或单元格区域的背景色图案。

选择"开始"选项卡的"对齐方式"命令组、"数字"命令组内的命令可以快速完成某些单元格格式化操作。

【例 4.3】　图书销售工作簿的数据如图 4.16 所示。设置如下单元格格式：合并 A1:H1 单元格区域，且内容水平居中，合并 A15:E15 单元格区域且内容靠右；E7:E10 单元格区域设置图案颜色为"白色、背景 1、深色 35%"，样式为"25%灰色"；G3:G14 单元格区域设置为货币格式，保留小数点后两位小数；A1:H15 单元格区域设置样式为黑色单实线的内部和外部边框。

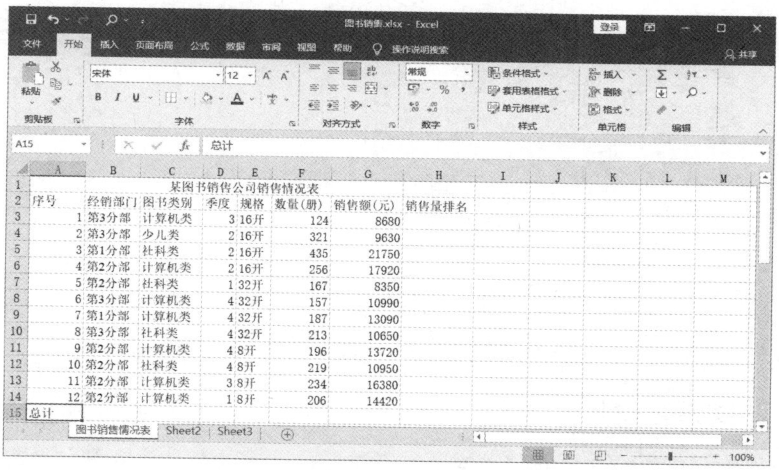

图 4.16　待设置格式的图书销售数据表

步骤 1：选定 A1:H1 单元格区域，选择"开始"选项卡内的"数字"命令组，单击其右下角的小按钮"↘"，打开"设置单元格格式"对话框，选择"对齐"选项卡，"水平对齐"方式选择"居中"，"文本控制"选择"合并单元格"，单击"确定"按钮；选择 A15:E15 单元格区域，重复以上操作，"水平对齐"方式选择"靠右"，文本控制选择"合并单元格"，单击"确定"按钮。

步骤 2：选定 E7:E10 单元格区域，打开"设置单元格格式"对话框，选择"填充"选项卡，选择"图案颜色"为"白色、背景 1、深色 35%"，如图 4.17 所示。"图案样式"为"25%灰色"，如图 4.18 所示。单击"确定"按钮。

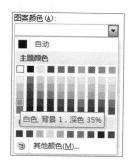

图 4.17　"图案颜色"对话框

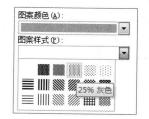

图 4.18　"图案样式"对话框

注意：当鼠标指向"图案颜色"中的"主题颜色"下的颜色块时，将显示"颜色、背景、深色百分比"的具体数值。当鼠标指向"图案样式"下的样式块时，将显示"百分比"的具体数值。

步骤 3：选定 G3:G14 单元格区域，打开"设置单元格格式"对话框，选择"数字"选项卡下的"货币"选项，设置"小数位数"为 2，"货币符号"为"¥"，单击"确定"按钮。

步骤 4：选定 A1:H15 单元格区域，打开"设置单元格格式"对话框，选择"边框"选项卡，预置"外边框"和"内部"，"线条"样式为"细单实线"，"颜色"为"自动"，单击"确定"按钮。

设置格式后的工作簿如图 4.19 所示。

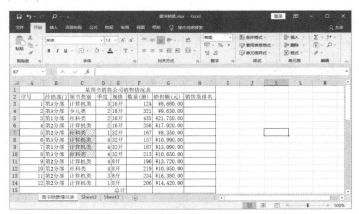

图 4.19　设置格式后的工作簿

5. 设置单元格数据有效性

在 Excel 中为了避免在输入数据时出现过多错误，可以通过在单元格中设置数据有效性来进行相关的控制，保障数据正确性、提高工作效率。

数据有效性用于定义在单元格中输入数据类型、数据范围、数据格式等。可以通过配置数据有效性以防止输入无效数据，或者在录入无效数据时自动发出警告。设置数据有效性的步骤：

步骤 1：选择需要设置有效性的单元格或区域；

步骤 2：单击"数据"→"数据工具"→"数据验证"→"数据验证…"命令，在弹出的"数据验证"对话框中指定各种数据有效性控制条件即可。

步骤 3：如取消有效性，则单击"数据"→"数据工具"→"数据验证"→ "数据验证…"命令，在弹出的"数据验证"对话框左下角的"全部清除"按钮即可。

在用 Excel 表录入数据时，有时需要限制某个字段的值，比如，只允许其在某个范围内，这时如果仅仅依据制定详细的说明，依靠人的自觉性来录入，还是不够的，需要通过技术手段来进行限制，一旦输入不符合某范围的值则会报错。

【例 4.4】　图书销售工作簿的数据如图 4.16 所示。设置如下单元格数据："季度"列 D3:D14 单元格内容，限制为 1，2，3，4；"经销部门"列 B3:B14 单元格内容，设置成下拉选项，让其只能选择，选项内容为：第 1 分部，第 2 分部，第 3 分部。

图 4.20　限制数据范围

图 4.21　设置下拉选项

步骤 1：选定 D3:D14 单元格区域；打开"数据验证"对话框，选择"设置"选项卡，允许中选择"整数"，设置数据"介于"，最小值 1，最大值 4，单击"确定"按钮，如图 4.20 所示。

步骤 2：选定 B3:B14 单元格区域；打开"数据验证"对话框，选择"设置"选项卡，允许中选择"序列"，设置来源的值：第 1 分部，第 2 分部，第 3 分部，单击"确定"按钮，如图 4.21 所示。设置后的效果如图 4.22 所示。

图 4.22　输入数据时，有效性设置的效果

4.3.2　设置列宽和行高

默认情况下，工作表的每个单元格具有相同的列宽和行高，但由于输入单元格的内容形式多样，用户可以自行设置列宽和行高。

1．设置列宽

（1）使用鼠标粗略设置列宽。将鼠标指针指向要改变列宽的列标之间的分隔线上，鼠标指针变成水平双向箭头形状，按住鼠标左键并拖动鼠标到合适的宽度，放开鼠标即可。

（2）使用"列宽"命令精确设置列宽。选定需要调整列宽的区域，选择"开始"选项卡内的"单元格"命令组的"格式"命令，选择"列宽"对话框可精确设置列宽。

2．设置行高

（1）使用鼠标粗略设置行高。将鼠标指针指向要改变行高的行号之间的分割线上，鼠标指针变成垂直双向箭头形状，按住鼠标左键并拖动鼠标到合适的高度，放开鼠标即可。

（2）使用"行高"命令精确设置行高。选定需要调整行高的区域，选择"开始"选项卡内的"单元格"命令组的"格式"命令，选择"行高"对话框可精确设置行高。

4.3.3　设置条件格式

条件格式可以对含有数值或其他内容的单元格或者含有公式的单元格应用某种条件来决定数值的显示格式。条件格式的设置是利用"开始"选项卡内的"样式"命令组完成。

【例 4.5】　对于例 4.4 的工作表设置条件格式，将 F3:F14 单元格区域数值大于 200 的字体设置为"红色文本"。

选定 F3:F14 单元格区域，选择"开始"选项卡下的"样式"命令组，单击"条件格式"命令，如图 4.23 所示，选择其下的"突出显示单元格规则"下的"大于"对话框，如图 4.24 所示。

图 4.23　"条件格式"命令

图 4.24　"大于"对话框

4.3.4　使用样式

样式是单元格字体、字号、对齐、边框和图案等一个或多个设置特性的组合，将这样的组合加以命名和保存，供用户使用。

样式包括内置样式和自定义样式。内置样式是 Excel 内部定义的样式，用户可以直接使用，包括常规、货币和百分数等；自定义样式是用户根据需要自定义的组合设置，需定义样式名。样式设置是利用"开始"选项卡内的"样式"命令组完成。

【例 4.6】　对例 4.4 的数据表，利用"样式"对话框自定义"表标题"样式，包括："数字"为通用格式，"对齐"为水平居中和垂直居中，"字体"为华文彩云 11，"边框"为左右上下边框，"图案颜色"为标准色、浅绿色，设置合并后的 A1:H1 单元格区域"表标题"样式，利用"货币"样式设置 G1:G14 单元格区域的数值。

步骤 1：选定 A1:H1 单元格区域，选择"开始"选项卡下的"样式"组，单击"单元格样式"命令，选择"新建单元格样式"，如图 4.25 所示，弹出"样式"对话框，如图 4.26 所示。

步骤 2：在"样式"对话框的，单击"格式…"按钮，弹出"设置单元格格式"对话框。

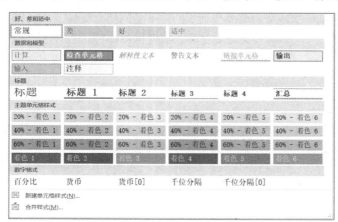

图 4.25　样式列表

图 4.26　"样式"对话框

步骤 3：在"设置单元格格式"对话框中完成"数字、对齐、字体、边框、图案"的设置，单击"确定"按钮。

步骤 4：选定 G1:G14 单元格区域，选择"开始"选项卡下的"样式"命令组，单击"单元格样式"命令，在"数字格式"下选择"货币"名，单击"确定"按钮。

选择"开始"选项卡下的"样式"命令组，单击"单元格样式"命令，可以使用内置样式或已定义样式，单击"格式"按钮，可以利用弹出的"设置单元格格式"对话框修改样式，如果要删除已定义的样式，选择样式名后，单击"删除"按钮即可。

4.3.5　自动套用格式

自动套用格式是把 Excel 提供的显示格式自动套用到用户指定的单元格区域，自动套用格式利用"开始"选项卡内的"样式"命令组完成。具体操作步骤：选定需要自动套用格式的单元格区域，选择"开始"选项卡下的"样式"命令组，选择"套用表格格式"命令。在弹出的"样式"中选择所需样式，单击"确定"按钮即可。

4.4　公式和函数

4.4.1　自动计算

利用"公式"选项卡下的"自动求和"命令 $\sum\limits_{自动求和}$ 或者在状态栏上单击鼠标右键，无须公式即可自动计算一组数据的累加和、平均值、统计个数、求最大值和最小值等。

【例 4.7】　对例 4.4 的图书销售数据表，计算 F3:F14 单元格区域的数量总和。具体步骤：选定 F3:F14 单元格区域，单击"公式"选项卡下的自动求和命令，在弹出的下拉菜单中选择"求和"命令，计算结果将显示在 F15 单元格中。

4.4.2　利用公式计算

Excel 可以使用公式对工作表中的数据进行各种计算，如算术运算、关系运算、字符串运算等。

1．公式的输入规则

在单元格中输入公式总是以等号"="开头，后面跟"表达式"。输入完成后按回车键即可。

例如：计算每种物品交易额的公式：交易额＝单价×数量

如果计算第一个物品的交易额为 H3=F3×G3；即计算 H3 单元格的值，需要使用 F3 和 G3 两个单元格中的数据做乘法运算。默认情况下，公式的计算结果显示在单元格中，公式本身显示在编辑栏中。

2．公式中的运算符

Excel 允许使用以下运算符：

（1）算术运算符：加（+）、减（－）、乘（*）、除（/）、乘方（^）等。

（2）关系运算符：等于（=）、大于（>）、小于（<）、大于等于（>=）、小于等于（<=）、不等于（<>）等。

（3）文本运算符"&"：可以使用"&"将一个或多个文本连接为一个文本。例如：在单元格中输入"="后面紧跟"Hol"&"lo"将得到 Hollo。

注意：公式中的文本必须用英文输入法状态下的双引号引起来。

（4）引用运算符：Excel 使用冒号（:）、逗号（,）运算符来描述引用的单元格区域。例如：A3:B7 表示引用以 A3 单元格和 B7 单元格为对角线的一组单元格区域；A3:A7,C3:C7 表示引用 A3 至 A7 和 C3 至 C7 两组单元格区域。

（5）公式实例：

=200×32	常量运算
=A5×100−C3	使用单元格运算
=SQRT(A1+B4)	使用函数（开平方函数）

3．公式复制

方法一：选定待复制的含有公式的单元格，复制该单元格，鼠标移动到目标单元格，单击鼠标右键，在弹出的快捷菜单中选择"粘贴公式"命令，即可完成公式复制。

方法二：选定待复制的含有公式的单元格，拖动单元格的自动填充柄到目标地址，即可完成相邻单元格公式的复制。

4．公式中单元格的引用

Excel 公式中单元格的引用分为绝对引用、相对引用和混合引用：

（1）在单元格引用中，如果列标和行号前加一个"$"符号，如$A$2，表示单元格的引用是绝对引用，不管公式复制或移动到何处，都是引用 A2 单元格的值。

（2）在单元格引用中，如果列标和行号前没有"$"符号，如 A2，表示单元格的引用是相对引用，随着公式的复制或移动，单元格的引用会自动改变。

（3）单元格的混合引用含有相对引用和绝对引用。如$A2，表示引用的列固定不变，行是相对变化的。

（4）跨工作簿单元格地址引用。

单元格地址的一般形式为：［工作簿文件名.xlsx］工作表名！单元格地址

用"工作表名！单元格标识"表示引用同一个工作簿中不同工作表的单元格，如 Sheet2!A3。

引用其他位置工作簿中的单元格，要在引用前加工作簿名，工作簿文件名必须用中括号括起来，如 C:\[Student.xlsx]Sheet1!B4。

5．公式的填充

输入到单元格中的公式，可以像普通数据一样，通过拖动单元格右下角的填充柄进行公式的复制填充，此时自动填充的实际上不是数据本身，而是复制的公式。

4.4.3 利用函数计算

Excel 提供了大量的函数，帮助用户快速方便地完成各种复杂的计算。可以利用"公式"选项卡下的"插入函数"命令使用函数进行计算，也可以使用"公式"选项卡下的函数库"财务、逻辑、文本、日期与时间、查找和引用、数学和三角函数"等完成相应功能的计算。在公式中引用函数，必须注意函数的语法规则。

1．函数的语法规则

函数名（参数列表）

参数可以多个，每个参数间用逗号（,）分隔，如果函数不带参数，如 TODAY()、NOW()等，函数名后面的圆括号不能省略。

2．引用函数示例

=TODAY()　　　　　显示当前日期
=MIN(B3,C5,E2)　　显示 B3、C5、E2 三个单元格中的最小值

【例 4.8】 如图 4.27 所示 Fund.xlsx 工作簿的 Sheet1 中：

（1）"部门编号"与"部门名称"的对应关系为

```
                    ┌─ E010      部门名称=开发部
                    │
                    │  E011      部门名称=培训部
        部门编号 ───┤
                    │  E012      部门名称=工程部
                    │
                    └─ E013      部门名称=销售部
```

如图 4.27 所示，单击 A2 单元格，输入"=IF(B2="开发部","E010",IF(B2="培训部","E011",IF(B2="工程部","E012","E013"))))"。单击 A2 单元格填充柄，按住鼠标左键拖动鼠标到最后一个

需要填充的单元格，松开鼠标即可完成"部门编号"列的填充。

注意：IF 函数的格式：IF（条件表达式，参数 2，参数 3）。当条件表达式成立时，函数值为参数 2 的值，否则函数值为参数 3 的值。

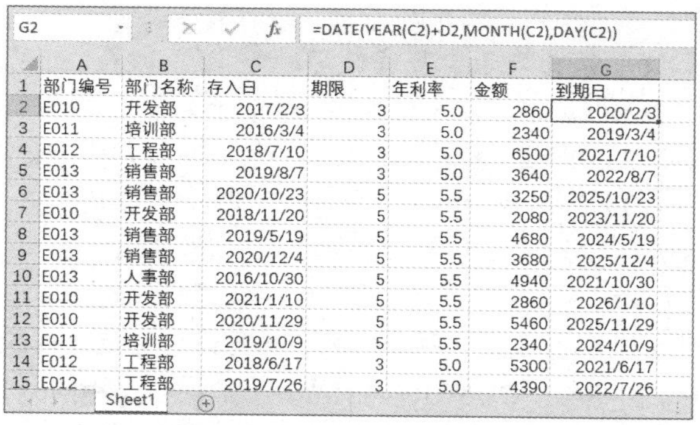

图 4.27　IF 函数示例

（2）"到期日" = "存入日" + "期限"，如图 4.27 所示，单击 G2 单元格，选择"公式"选项卡下"函数库"命令组中的"日期与时间"命令下的"DATE"函数。打开"DATE"函数对话框，在"Year""Month""Day"文本框中分别输入如图 4.28 所示的内容，单击"确定"按钮，即可完成 G2 单元格计算。单击 G2 单元格填充柄，按住鼠标左键拖动鼠标到最后一个需要填充的单元格，松开鼠标即可完成"到期日"列的填充。

图 4.28　DATE 函数参数窗口

3. Excel 函数

（1）常用函数

① SUM（参数 1,参数 2,…）：求和函数，求各参数的累加和。

② AVERAGE(参数 1,参数 2,…)：算术平均值函数，求各参数的算术平均值。

③ MAX(参数 1,参数 2,…)：最大值函数，求各参数中的最大值。

④ MIN(参数 1,参数 2,…)：最小值函数，求各参数中的最小值。

（2）统计个数函数

① COUNT(参数 1,参数 2,…)：求各参数中数值型数据的个数。

② COUNTA(参数 1,参数 2,…)：求"非空"单元格的个数。

③ COUNTBLANK(参数 1,参数 2,…)：求"空"单元格的个数。

（3）四舍五入函数 ROUND（数值型参数, n）

返回对"数值型参数"进行四舍五入到第 n 位的近似值：

当 $n>0$ 时，对数据的小数部分从左到右的第 n 位四舍五入；

当 $n=0$ 时，对数据的小数部分最高位四舍五入取数据的整数部分；

当 $n<0$ 时，对数据的整数部分从右到左的第 n 位四舍五入。

（4）条件计数 COUNTIF（条件数据区，"条件"）

统计"条件数据区"中满足给定"条件"的单元格的个数。

COUNTIF 函数只能对给定的数据区域中满足一个条件的单元格统计个数，若对一个以上的条件统计单元格的个数，需用数据库函数 DCOUNT 或 DCOUNTA 实现。

（5）条件求和函数 SUMIF（条件数据区，"条件",[求和数据区]）。

在"条件数据区"查找满足"条件"的单元格，计算满足条件的单元格对应于"求和数据区"中数据的累加和。如果"求和数据区"省略，统计"条件数据区"满足条件的单元格中数据的累加和。

SUMIF 函数中的前两个参数与 COUNTIF 中的两个参数的含义相同。如果省略 SUMIF 中的第 3 个参数，SUMIF 是求满足条件的单元格内数据的累加和。COUNTIF 是求满足条件的单元格的个数。

（6）排位函数 RANK（排位的数值 Number, 数值列表所在的位置 Ref, 排序方式 Order）

RANK 函数返回一个数值在指定数值列表中的排位，如果多个值具有相同的排位，使用函数 RANK.AVG 将返回平均排位，使用函数 RANK.EQ 则返回实际排位。

参数说明如下：

Number：必需的参数，要确定其排位的数值。

Ref：必需的参数，要查找的数值列表所在的位置。

Order：可选的参数，指定数值列表的排序方式。如果 Order 为 0 或忽略，对数值的排位就会基于 Ref 是按照降序排序的列表；如果 Order 不为 0，对数值的排位就会基于 Ref 是按照升序排序的列表。

【例 4.9】 "员工情况表"工作表如图 4.29 所示，利用函数计算开发部职工人数，填入 C15 单元格（利用 COUNTIF 函数）；计算开发部职工平均工资，填入 C16 单元格（利用 SUMIF 函数和已求出的开发部的总工资额）；根据基本工资列,按降序计算销售额排名至 E2～E13 单元格（利用 RANK 函数）。

步骤 1：选定 C15 单元格，选择"公式"选项卡下"插入函数"命令，在"插入函数"对话框中选择 "COUNTIF"函数。打开"COUNTIF 函数参数"对话框，各项参数设置如图 4.30 所示。单击"确定"按钮，此时 C15 单元格中得到的值为"3"。

	A	B	C	D	E
1	部门	组别	性别	基本工资	工资排名
2	工程部	E1	男	4000	
3	开发部	D1	女	3500	
4	培训部	T1	女	4500	
5	销售部	S1	男	3500	
6	培训部	T2	男	3500	
7	工程部	E1	男	2500	
8	工程部	E2	男	3500	
9	开发部	D2	男	4500	
10	销售部	S2	女	5500	
11	开发部	D3	男	3500	
12	工程部	E3	男	5000	
13	工程部	E2	女	5000	
14					
15	开发部职工人数				
16	开发部职工平均工资				

图 4.29 "员工情况表"工作表

图 4.30 "COUNTIF 函数参数"对话框

步骤 2：选定 C16 单元格，选择"公式"选项卡下"插入函数"命令，在"插入函数"对话框中选择"SUMIF"函数。打开"SUMIF 函数参数"对话框，各项参数设置如图 4.31 所示。单击"确定"按钮，此时 C16 单元格中得到的值为"11 500"，继续在编辑栏中编辑公式，如图 4.32 所示。公式编辑及最终结果见图 4.32。

图 4.31　"SUMIF 函数参数"对话框

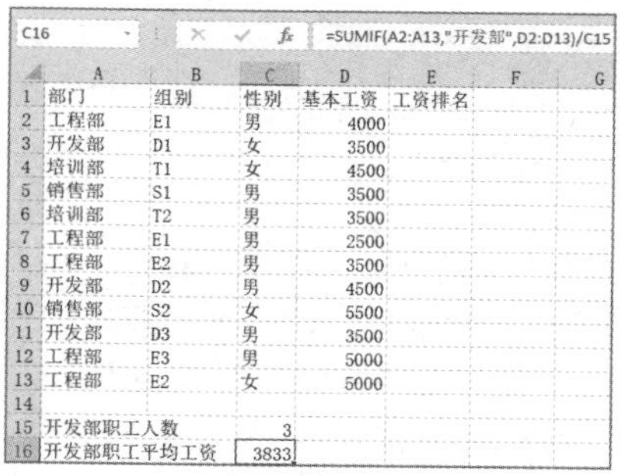

图 4.32　公式编辑及最终结果

步骤 3：选定 E2 单元格，选择"公式"选项卡下"插入函数"命令，在"插入函数"对话框中选择"RANK"函数。打开"RANK 函数参数"对话框，各项参数设置如图 4.33 所示。单击"确定"按钮，此时 E2 单元格中得到的值为"6"，将光标放置到 E2 单元格的右下角，当光标变为"黑色十字"形后，拖动鼠标至 E13 单元格，得到最终排名结果，如图 4.34 所示。

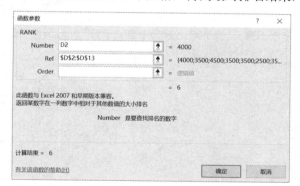

图 4.33　"RANK 函数参数"对话框

图 4.34　排名结果

（7）与函数 AND（条件 1,条件 2,条件 3,…）

有多个条件并立时要用 AND 函数。

（8）或函数 OR（条件 1,条件 2,条件 3,…）

多个条件只要一个条件符合就成立用 OR 函数。

【例 4.10】"员工情况表"工作表如图 4.35 所示，利用函数计算奖金的发放情况。奖励一，开发部的女员工奖励 500 元，置 F2～F13 单元格（利用 IF 和 AND 函数）；奖励二，学历为博士或者职称为高工的员工奖励 500 元，置 G2～G13 单元格（利用 IF 和 OR 函数）；奖励三，工程部的女员工或者博士学历的员工奖励 500 元，置 H2～H13 单元格（利用 IF，AND 和 OR 函数）。

步骤 1：选定 F2 单元格，选择"公式"选项卡下的"插入函数"命令，在"插入函数"对话框中选择"IF"函数。打开"IF 函数参数"对话框，各项参数设置如图 4.36 所示。单击"确定"按钮，此时 F2 单元格中得到的值为"0"，将光标放置到 F2 单元格的右下角，当光标变为"黑色十字"形后，拖动鼠标至 F13 单元格，得到最终奖励结果，如图 4.38 所示。

图 4.35　"员工情况表"工作表　　　　图 4.36　"IF 函数参数（嵌套 AND）"对话框

　　步骤 2：选定 G2 单元格，选择"公式"选项卡下的"插入函数"命令，在"插入函数"对话框中选择"IF"函数。打开"IF 函数参数"对话框，各项参数设置如图 4.37 所示。单击"确定"按钮，此时 G2 单元格中得到的值为"0"，将光标放置到 G2 单元格的右下角，当光标变为"黑色十字"形后，拖动鼠标至 G13 单元格，得到最终奖励结果，如图 4.38 所示。

　　步骤 3：选定 H2 单元格，在数据编辑区中输入 IF 函数，=IF(OR(AND(A2="工程部",B2="女"),C2="博士"),500,0)，如图 4.38 上方所示。单击"确定"按钮，此时 H2 单元格中得到的值为"0"，将光标放置到 H2 单元格的右下角，当光标变为"黑色十字"形后，拖动鼠标至 H13 单元格，得到最终奖励结果，如图 4.38 所示。

图 4.37　"IF 函数参数（嵌套 OR）"对话框　　　图 4.38　IF 嵌套 AND 和 OR 函数及奖励结果

（9）绝对值函数 ABS（number）

功能：返回数值 number 的绝对值，number 为必需的参数。

例如：=ABS（B3）表示求 B3 单元格中数的绝对值。

（10）垂直查询函数 VLOOKUP（lookup_value, table_aray, col_index_num, [range_lookup]）

功能：搜索指定单元格区域中的第一列，然后返回该区域相同行上任何单元格中的值。

参数说明：

lookup_value：必需的参数，要查找的值，要在表格或区域的第 1 列中搜索到的值。

table_aray：必需的参数，查找区域，要查找的数据所在的单元格区域，table_array 第 1 列中的值就是 lookup_value 要搜索的值。

col_index_num：必需的参数，最终要返回数据所在的列号。col_index_num 为 1 时，返回 table_array 第 1 列中的值；col_index_num 为 2 时，返回 table_array 第 2 列中的值；以此类推。如果 col_index_num 的参数小于 1，则 VLOOKUP 返回错误值#VALUE!；如果大于 table_array 的列数，则 VLOOKUP 返回错误值#REF!。

range_lookup：可选的参数。一个逻辑值，取值为 TRUE 或 FALSE，指定希望 VLOOKUP 查找精确匹配还是近似匹配值；如果 range_lookup 的值为 TRUE 或被省略，则返回近似匹配值。如果

range_lookup 的值为 FALSE，则返回精确匹配值。如果 table_array 的第 1 列中有两个或更多值与 lookup_value 匹配，则使用第一个找到的值；如果找不到精确的匹配值，则返回错误值#N/A。

【例 4.11】如图 4.39（a）和图 4.39（b）所示的“成绩表”和“情况表”工作表，利用 vlookup 函数根据姓名列匹配班级列数据。

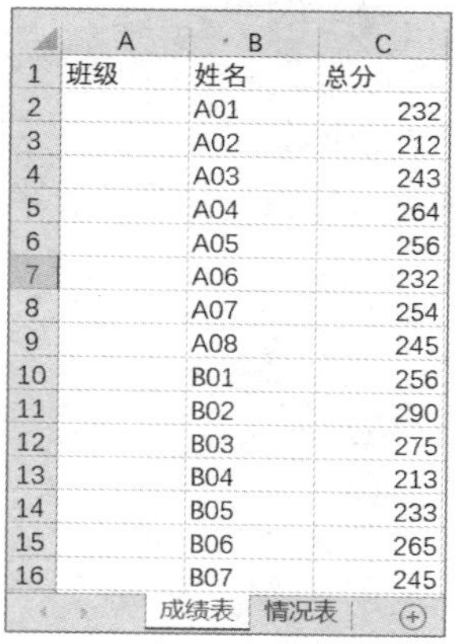

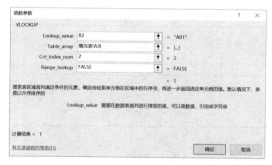

	A	B	C
1	班级	姓名	总分
2		A01	232
3		A02	212
4		A03	243
5		A04	264
6		A05	256
7		A06	232
8		A07	254
9		A08	245
10		B01	256
11		B02	290
12		B03	275
13		B04	213
14		B05	233
15		B06	265
16		B07	245

图 4.39（a）“成绩表”工作表

	A	B
1	姓名	班级
2	A01	1
3	A02	2
4	A03	1
5	A04	2
6	A05	2
7	A06	2
8	A07	2
9	A08	1
10	B01	1
11	B02	1
12	B03	2
13	B04	1
14	B05	2
15	B06	1
16	B07	2

图 4.39（b）“情况表”工作表

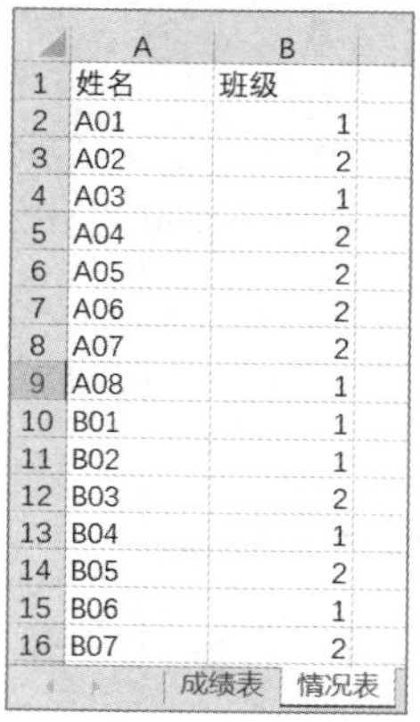

步骤 1：选定“成绩表”工作表中的 A2 单元格，选择“公式”选项卡下的“插入函数”命令，在“插入函数”对话框中选择 “vlookup”函数。

步骤 2：在打开的 vlookup 对话框中，设置要查找的值所在的 B2 单元格；指定查找范围，情况表中的 A 列和 B 列，情况表！A:B；指定返回值所在列（被查找范围的第几列，即“情况表”工作表班级所在的第 2 列）；精确匹配，各参数设置如图 4.40 所示。得到最终匹配结果，如图 4.41 所示。

图 4.40 “vlookup 函数参数”对话框

	A	B	C
1	班级	姓名	总分
2	1	A01	232
3	2	A02	212
4	1	A03	243
5	2	A04	264
6	2	A05	256
7	2	A06	232
8	2	A07	254
9	1	A08	245
10	1	B01	256
11	1	B02	290
12	2	B03	275
13	1	B04	213
14	2	B05	233
15	1	B06	265
16	2	B07	245

图 4.41 匹配结果

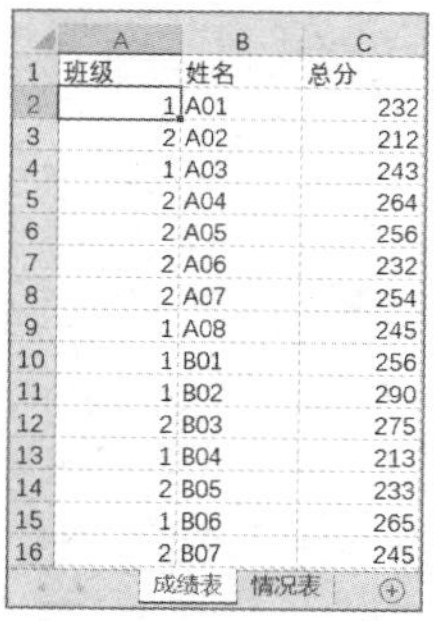

（11）函数 YEAR（serial_number）

功能：返回指定日期对应的年份。返回值为 1900 到 9999 之间的整数。

参数说明：serial_number 必须是一个日期值，其中包含年份。

例如：=YEAR（B2）当在 B2 单元格中输入日期“2021 年 5 月 30 日”或者“2021-05-30”时，该函数返回年份 2021。

（12）函数 TODAY（）

功能：返回今天的日期，该函数没有参数，返回的是当前计算机的系统日期。该函数也可以用于计算时间间隔，可以用来计算一个人的年龄。

例如：=YEAR（TODAY（））-2000，假设一个人出生于 2000 年，该公式使用 TODAY（）函

数作为 YEAR 函数的参数来获取当年的年份，然后减去 2000，最终返回对方的年龄。

（13）截取字符串函数 MID（text, start_num, nub_chars）

功能：从文本字符串中的指定位置开始返回特定个数的字符。

参数说明：

text：必需的参数，字符串类型，表示提取字符的文本字符串。

start_num：必需的参数，文本中要提取第一个字符的位置。文本中第一个字符的位置为 1。

nub_chars：必需的参数，文本中要提取并返回字符的个数。

例如：=MID（A2, 7, 4）表示从 A2 单元格中的文本字符串中的第 7 个字符开始提取 4 个字符。

4.5 图　　表

将工作表中的数据做成图表，可以更加直观地表达数据的变化规律，并且当工作表中的数据变化时，图表中的数据能自动更新。

4.5.1 图表的基本概念

图表以图形的形式来显示数据，使人更直观地理解大量数据以及不同数据系列之间的关系。

1. 图表的类型

Excel 提供了标准图表类型，每一种图表类型又分为子类型，可以根据需要选择不同的图表类型来表示数据。常用的图表类型有：柱形图、条形图、折线图、饼图、面积图、XY 散点图、圆环图等。

2. 图表的构成

一个图表主要由以下部分构成，如图 4.42 所示。

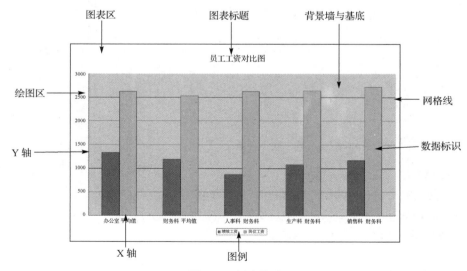

图 4.42　图表构成

（1）图表标题。描述图表名称，默认在图表的顶端，可有可无。

（2）坐标轴与坐标轴标题。坐标轴标题是 X 轴和 Y 轴的名称，可有可无。

（3）图例。包含图表中相应数据系列的名称和数据系列在图中的颜色。

（4）绘图区。以坐标轴为界的区域。

（5）数据系列。一个数据系列对应工作表中选定区域的一行或一列数据。

（6）网格线。从坐标轴刻度线延伸出来并贯穿整个绘图区的线条系列，可有可无。

（7）背景墙与基底。三维图表中会出现背景墙与基底，是包围在许多三维图表周围的区域，用于显示图表中的维度和边界。

4.5.2　创建图表

1. 嵌入式图表与独立图表

"嵌入式图表"与"独立图表"的创建操作基本相同，主要区别在于存放的位置不同。

（1）嵌入式图表。是指图表作为一个对象与其相关的工作表数据存放在同一工作表中。

（2）独立图表。它是以工作表的形式插入到工作簿中，与其相关的工作表数据不在同一工作表中。

创建图表主要利用"插入"选项卡"图表"命令组完成。当生成图表后，单击图表，功能区会出现"图表工具"选项卡，"图表工具"选项卡下的"设计、格式"选项卡可以完成图表的图形颜色、图表位置、图表标题、图例位置等的设计和布局等设计，如图 4.43 所示。

图 4.43　"图表工具"选项卡

2. 创建图表的方法

创建图表常用以下两种方法：方法一，选定好作图的数据区域，直接按 F11 键快速创建图表工作表；方法二，利用图表向导创建图表。

下面介绍利用图表向导创建图表。

【例 4.12】 staff.xlsx 工作簿中 Sheet1 工作表数据如图 4.44 所示。建立图表工作表。

● 分类轴："型号"；数值轴：A001，A002，B001 三种型号产品的销量和平均值。

● 数据系列产生在"行"。

● 图表类型：簇状柱形图。

● 图表标题：产品销售对比图，图例在底部。

● 图表位置：作为新工作表插入，工作表名称"产品销售对比图"。

● 设置图表区字号大小为 10 号。

● 设置图表标题：字体为楷体_GB2312、字号 20、红色。

操作步骤如下：

步骤 1：选定 staff.xlsx 工作簿中 Sheet1 工作表创建图表的数据区域，如图 4.44 所示。选择"插入"选项卡下的"图表"命令组，单击"柱形图"命令，选择"簇状柱形图"，如图 4.45 所示。

步骤 2：功能区出现"图表工具"选项卡，选择"设计"选项卡下的"图表样式"命令组可以改变图表的图形颜色。选择"设计"选项卡下的"图表布局"命令组，可以改变图表布局。

选择"图表布局"命令组中的"快速布局"，可以修改图表布局；选择"添加图表元素"中的"图表标题"命令和"图例"命令，可以输入图表标题为"产品销售对比图"，图例位置在底部。

	A	B	C	D	E
1	某企业产品销售情况表				
2	型号	一月	二月	三月	平均值
3	A001	256	342	654	417.33
4	A002	298	434	398	376.67
5	B001	467	454	487	469.33
6	总计	1021	1230	1539	1263.33

图 4.44 选择数据区域

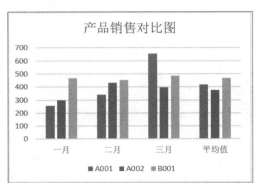

图 4.45 簇状柱形图

步骤 3：默认情况下，图表放在工作表上。如果要将图表放在单独的工作表中，则单击嵌入图表中的任意位置以将其激活。在"设计"选项卡上的"位置"组中，单击"移动图表"按钮。打开"移动图表"对话框，如图 4.46 所示。在"选择放置图表的位置"下，单击"新工作表"按钮，在"新工作表"框中键入新的名称如"产品销售对比图"。

若要将图表显示为工作表中的嵌入图表，单击"对象位于"按钮，然后在"对象位于"框中单击工作表。调整图表大小，将其插入在要求的单元格区域。

图 4.46 "移动图表"对话框

步骤 4：单击"图表标题"，选择"开始"选项卡下的"字体"命令组，设置图表标题：楷体_GB2312、字号 20、红色。分别单击 Y 坐标轴、X 坐标轴、图例，选择"开始"选项卡下的"字体"命令组，设置图表区字号大小为 10 号。

4.5.3 编辑和修改图表

图表创建完成后，如果对工作表进行修改，图表的信息也将随之变化。如果工作表不变，也可以对图表的"图表类型、图表源数据、图表位置"等进行修改。

当选中了一个图表后，功能区会出现"图表工具"选项卡，其下的"设计、格式"选项卡内的命令可以编辑和修改图表。

1．修改图表类型

单击图表绘图区，选择"设计"选项卡下"类型"组中的"更改图表类型"命令，可以修改图表类型。

2．修改图表源数据

（1）向图表中添加数据源。单击图表绘图区，选择"设计"选项卡下"数据"组中的"选择数据"命令，打开"选择数据源"对话框，如图 4.47 所示。重新选择数据源，可以修改图表中的数据。也可以将工作表中的待添加到图表的数据区域（带字段名）复制到剪贴板，然后右键单击图表，选择快捷菜单中的"粘贴"命令即可向图表中添加数据。

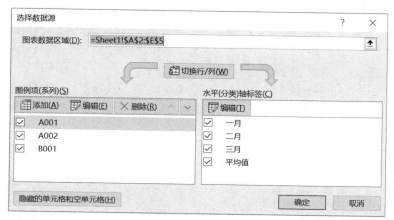

图 4.47 "选择数据源"对话框

（2）删除图表中的数据。如果要同时删除工作表和图表中的数据，只要删除工作表中的数据，图表将会自动更新。如果只要删除图表中的数据，在图表上单击要删除的图表系列，按 Delete 键即可完成删除。

3．修饰图表

为了使图表更易于理解，可以添加图表标题、坐标轴标题。

（1）添加图表标题步骤。

步骤 1：单击要添加标题的图表中的任意位置，在"图表设计"的"图表布局"→"添加图表元素"→"图表标题"按钮。

步骤 2：在打开的下拉列表中选择标题的位置。

步骤 3：输入标题文字并设置标题文字的格式。

步骤 4：在"图表设计"的"图表布局"→"添加图表元素"→"图表标题"→"其他标题选项"，可以对图表标题进行更详细的设置。

（2）添加坐标轴标题步骤。

步骤 1：单击要添加标题的图表中的任意位置，在"图表设计"的"图表布局"→"添加图表元素"→"坐标轴标题"按钮。

步骤 2：在打开的下拉列表中选择纵坐标轴标题还是横坐标轴标题。

步骤 3：输入标题文字并设置标题文字的格式。

4. 添加数据标签

要快速识别图表中的数据系列，可向图表的数据点添加数据标签。默认情况下，数据标签链接到工作表中的数据值，在工作表中对这些值进行更改时，图表中的数据值会自动更新。

步骤1：在图表中选择要添加数据标签的数据系列，其中单击图表空白区域可向所有数据系列添加数据标签。

步骤2：在"图表设计"选项卡的"图表布局"组，选择"添加图表元素"中的"数据标签"按钮，指定标签的位置。如果在"数据标签"按钮下拉列表中选择"其他数据标签选项"命令，可以对数据标签进行更详细的设置。

5. 设置图例和坐标轴

创建图表时，会自动显示图例。在图表创建完毕后可以隐藏图例或更改图例的位置和格式。

（1）设置图例。

步骤1：单击要进行图例设置的图表。

步骤2：在"图表设计"选项卡的"图表布局"组，选择"添加图表元素"中的"图例"按钮，指定标签的位置。如果在"图例"按钮下拉列表中选择"其他图例选项"命令，可以对图例进行更详细的设置。

（2）设置坐标轴。

在创建图表时，一般会为图表显示主要的横纵坐标轴。当创建三维图表时则会显示竖坐标轴。可以根据需要对坐标轴的格式进行设置、调整坐标轴刻度间隔、更改坐标轴上的标签等。

步骤1：单击要进行坐标轴设置的图表。

步骤2：在"图表设计"→"图表布局"→"添加图表元素"→"坐标轴"按钮，选择主横、纵坐标轴，然后进行设置。

图表中网格线的设置类似于坐标轴的设置，不再细说。

4.6 数据的管理和分析

Excel不但具备强大的表格编辑和图表功能，还具备关系数据库的某些管理功能，如数据排序、筛选、分类汇总、数据透视等。Excel数据管理功能主要集中在"数据"选项卡。

4.6.1 数据清单

数据清单又称为数据列表，是一个规则的二维表，其特点如下：

（1）数据清单的一行为一条记录，一列为一个字段。第一行为表头，称为标题行，标题行的每个单元格为一个字段名。

（2）数据清单中同一列中的数据具有相同的数据类型。

（3）同一数据清单内不允许有空行、空列。

（4）同一张工作表中可以容纳多个数据清单，但两个数据清单之间至少有一行、一列间隔。

4.6.2 数据排序

1. 单字段排序

单字段排序是指按一个字段值的升序或降序对数据清单排序，标题行不参与排序。操作方法：

单击排序列内任意一个单元格（有内容的），单击"数据"选项卡下"排序和筛选"命令组中的"升序"或"降序"命令，即可完成数据清单内的所有字段按排序字段升序或降序排列。

2．多字段排序

多字段排序指先按第一个字段值排序，在第一个字段值相同的情况下，再按第二个字段值排序，以此类推。第一个字段叫"主要关键字"，其余字段叫"次要关键字"。具体操作如下：

（1）单击数据清单内有数据的任意一个单元格，选择 "数据"选项卡下"排序和筛选"命令组中的"排序"命令，打开如图 4.48 所示"排序"对话框。

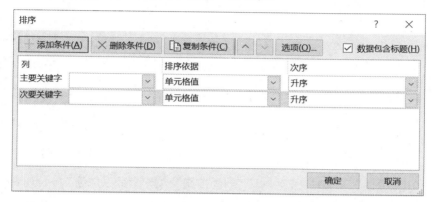

图 4.48　"排序"对话框

（2）在"主要关键字"后面的下拉列表框中选择第一排序字段、排序类型等。单击"添加条件"按钮，增加次要关键字。

（3）在"次要关键字"后面的下拉列表框中选择第二排序字段、排序类型等。再单击"添加条件"按钮，再增加次要关键字。以此类推。

（4）单击"确定"按钮，完成多字段排序。

3．排序数据区域的选择

Excel 2016 允许对全部数据区域和部分数据区域进行排序。如果选定的区域包含所有的列，则对所有数据区域进行排序；如果所选的数据区域没有包含所有的列，则仅对已选定的数据区域排序，未选定的数据区域不变（有可能引起数据错误）。在图 4.48 所示的"排序"对话框中单击"选项"按钮，可以利用"排序选项"对话框选择是否区分大小写、排序方向、排序方法。

4.6.3　数据筛选

筛选是指从数据清单中选出满足条件的记录，筛选出的数据可以显示在原数据区域（不满足条件的记录将隐藏）或新的数据区域中。

Excel 筛选有两种方式：自动筛选和高级筛选。

利用"数据"选项卡下"排序和筛选"命令组中的"筛选"命令，进行"自动筛选"；利用"排序和筛选"命令组中的"高级"命令，进行"高级筛选"。

"自动筛选"操作简单，但筛选条件受限；"高级筛选"相对而言操作较为复杂，但可以实现任何条件的筛选。

1．自动筛选

【例 4.13】 对"成绩.xlsx"工作簿的"成绩单"工作表数据清单内容进行自动筛选，如图 4.49 所示。条件为"自动控制"系，并且"面试成绩"大于等于 60 且小于 80 分的记录。

步骤 1：单击数据清单中任意一个有数据的单元格，选择"数据"选项卡下"排序和筛选"命令组中的"筛选"命令，此时工作表数据清单的列标题全部变成下拉列表框，如图 4.50 所示。

图 4.49　数据清单　　　　　　　　　图 4.50　面试成绩数字筛选级联菜单

步骤 2：打开"系别"下拉列表框，选择"自动控制"，打开"面试成绩"下拉列表框，选择"数字筛选"级联菜单中的"大于…"命令，如图 4.51 所示。打开"自定义自动筛选方式"对话框。

步骤 3：在"自定义自动筛选方式"对话框中输入如图 4.51 所示内容。单击"确定"按钮。结果如图 4.52 所示。

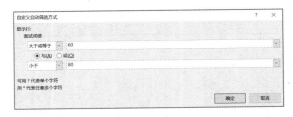

图 4.51　"自定义自动筛选方式"对话框　　　　　图 4.52　自定义筛选结果

2．高级筛选

高级筛选必须有一个条件区域，条件区域距离数据清单至少有一行或一列的间隔。筛选结果可以显示在原数据区域，也可以显示在新的数据区域。

【例 4.14】 如图 4.49 所示"成绩.xlsx"工作簿的 Sheet1 中，完成以下高级筛选操作：

● 筛选条件：系别为"计算机"或者"自动控制"，且面试成绩大于 60 分和笔试成绩大于 15 分；

● 条件区域：起始单元格定位在 H5；

● 结果复制到：起始单元格定位在 H10。

具体操作步骤如下：

步骤 1：输入筛选字段名到条件区域。

复制所需筛选内容的字段名，粘贴在起始单元格 H5 开始的区域。为了确保数据清单和条件区域的字段名完全相同，建议从源数据清单复制字段名粘贴到条件区域。

步骤 2：在条件区域输入筛选条件。

筛选条件输入的基本原则：条件名中用的字段名必须写在同一行且连续排列，在字段名下面的单元格中输入条件值，写在同一行的条件是"并且"关系（"与"关系），写在不同行的条件是"或者"关系，如图 4.53 所示。

步骤 3：单击源数据区域中有数据的任一单元格，选择"数据"选项卡下"排序和筛选"组中的"高级"命令，打开"高级筛选"对话框，如图 4.54 所示。

系别	面试成绩	笔试成绩
计算机	>60	>15
自动控制	>60	>15

图 4.53 筛选条件

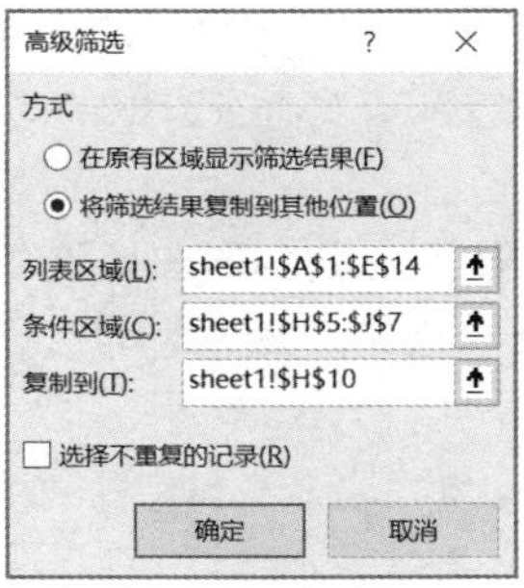

高级筛选　　　　　　？　×

方式
- ○ 在原有区域显示筛选结果(F)
- ⦿ 将筛选结果复制到其他位置(O)

列表区域(L)：　sheet1!$A$1:$E$14　⬆
条件区域(C)：　sheet1!$H$5:$J$7　⬆
复制到(T)：　　sheet1!$H$10　⬆

☐ 选择不重复的记录(R)

确定　　　取消

图 4.54 "高级筛选"对话框

步骤 4：在"高级筛选"对话框中选择"将筛选结果复制到其他位置"单选项，单击"列表区域"后面文本框中的"黑箭头"，选择高级筛选源数据区域；单击"条件区域"后面文本框中的"黑箭头"，选择高级筛选条件区域；单击"复制到"后面文本框中的"黑箭头"，选择高级筛选结果区域的起始单元格。

步骤 5：单击"确定"按钮，完成高级筛选，结果如图 4.55 所示。

系别	姓名	面试成绩	笔试成绩	总成绩
计算机	A02	87	17	104
自动控制	A03	65	19	84
计算机	B03	73	18	91
计算机	B04	90	19	109
自动控制	B05	85	20	105

图 4.55 高级筛选结果

高级筛选条件示例。

输入条件：系别名称为"信息"，且面试成绩大于 80 或者笔试成绩大于 18 分，如图 4.56(a)所示。

输入条件：系别名称为"自动控制"或"经济"，如图 4.56(b)所示。

系别	面试成绩	笔试成绩
信息	>80	
信息		>18

系别	系别
自动控制	
	经济

(a)　　　　　　　　　　　　　(b)

图 4.56 高级筛选条件示例

4.6.4 分类汇总

Excel 分类汇总是对工作表中数据清单的内容进行分类，然后对同类记录应用分类汇总函数得到相应的统计或计算结果。分类汇总的结果可以按分组明细进行分级显示，以便于显示或隐藏每个分类汇总的结果信息。

1. 创建分类汇总

分类汇总是将数据清单中的记录按某个字段值分类（该字段称为分类字段），同类字段再进行汇总，因此执行"分类汇总"前，必须先按分类字段排序，使字段值相同的记录连续排列。

【例4.15】 在图4.29的员工情况表中，按"部门"分类汇总"基本工资"之和。

具体步骤如下：

步骤1：对分类字段"部门"进行排序（升序或降序）。

步骤2：单击数据区域中任一有数据的单元格，选择 "数据"选项卡下"分级显示"命令组中的"分类汇总"命令，打开"分类汇总"对话框。

步骤3：在"分类字段"下选择"部门"，汇总方式下选择"求和"，选定汇总项中单击"基本工资"复选框，如图4.57所示。

步骤4：单击"确定"按钮。

注意：

选中"替换当前分类汇总"项，则只显示最新的分类汇总结果。

选中"每组数据分页"项，则在每类数据后插入分页符。

选中"汇总结果显示在数据下方"项，则分类汇总结果显示在明细数据下方，否则显示在明细上方。

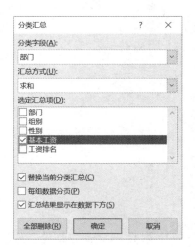

图 4.57 "分类汇总"对话框

2. 撤销分类汇总

单击分类汇总数据区域中任一有数据的单元格，选择"数据"选项卡下"分级显示"命令组中的"分类汇总"命令，打开"分类汇总"对话框。如图4.57所示，单击"全部删除"按钮，即撤销分类汇总。

4.6.5 数据透视表

分类汇总只能按一个字段分类，进行多次汇总。如果按多个字段进行分类并汇总，就需要用数据透视表。数据透视表是一种可以快速汇总大量数据的交互式方法，使用数据透视表可以深入分析数值数据。

在 Microsoft Excel 2016 中，Excel 早期版本的"数据透视表和数据透视图向导"已替换为"插入"选项卡下的"表格"组中的"数据透视表"命令和"图表"组中的"数据透视图"命令。

创建数据透视表

【例4.16】 如图4.29所示员工情况表，创建数据透视表，要求：部门是行字段、组别是列字段，对"基本工资"进行求和汇总。

步骤1：单击数据区域中任一有数据的单元格，选择"插入"选项卡下的"表格"组中的"数据透视表"命令，打开"创建数据透视表"对话框，如图4.58所示。

步骤2：单击"选择一个表或区域"，单击"表/区域"文本框后的黑色箭头，选择待做数据透视表的数据源区域，单击"选择放置数据透视表的位置"下的"现有工作表"，单击"位置"文本框后的红色箭头，选择放置结果的起始单元格。

图 4.58　"创建数据透视表"对话框

图 4.59　"数据透视表字段列表"对话框

步骤 3：单击"确定"按钮，打开如图 4.59 所示对话框，将鼠标指向"选择要添加到报表的字段"框中的"部门"字段名（图 4.59 右侧），按住鼠标左键，拖动鼠标到下方的"列"框中，放开鼠标。将鼠标指向"选择要添加到报表的字段"框中的"组别"字段名，按住鼠标左键，拖动鼠标到下方的"行"框中，放开鼠标。将鼠标指向"选择要添加到报表的字段"框中的"基本工资"字段名，按住鼠标左键，拖动鼠标到下方的"值"框中，放开鼠标，即可完成数据透视表操作。结果如图 4.60 所示。

步骤 4：图 4.60 所示的数据透视表结果的汇总方式是"求和"，如果汇总方式改为"求平均"，单击图 4.61 右下角"求和项：基本工资"后面的黑三角，单击下拉菜单中的"值字段设置…"命令，打开如图 4.62 所示的"值字段设置"对话框。

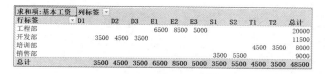

求和项：基本工资	列标签										
行标签	D1	D2	D3	E1	E2	E3	S1	S2	T1	T2	总计
工程部				6500	8500	5000					20000
开发部	3500	4500	3500								11500
培训部									4500	3500	8000
销售部							3500	5500			9000
总计	3500	4500	3500	6500	8500	5000	3500	5500	4500	3500	48500

图 4.60　数据透视表结果

步骤 5：选择"值汇总方式"选项卡，选择所需的值汇总方式即可。

图 4.61　值字段设置菜单

图 4.62　"值字段设置"对话框

4.7　工作表的打印和超链接

设置好的工作表，可以将其打印出来，也可以建立超链接。

4.7.1　页面布局

对工作表进行页面布局，可以控制打印出的工作表的版面。页面布局是利用"页面布局"选项卡内的命令组完成的，包括设置页面、页边距、页眉/页脚和工作表。

1．设置页面

选择"页面布局"选项卡下 "页面设置"组中的命令或单击"页面设置"组右下角的小按钮，打开"页面设置"对话框，进行页面设置，如图 4.63 所示。

2．设置页边距

选择"页面布局"选项卡下的"页面设置"中的"页边距"命令，或在图 4.63 中选择"页边距"选项卡，进行页边距设置。

3．设置页眉/页脚

页眉是打印页面顶部出现的文字，而页脚则是打印页面底部出现的文字。通常把工作簿的名称作为页眉，页码作为页脚。当然也可以自定义。页眉/页脚一般居中打印。

选择图 4.63 中的"页眉/页脚"选项卡，打开如图 4.64 所示的对话框，进行页眉/页脚设置。如果要自定义页眉/页脚，则单击图 4.64 中的"自定义页眉…"和"自定义页脚… "按钮，在打开的对话框中完成所需的设置即可。

如果要删除页眉或页脚，则选定要删除页眉或页脚的工作表，在"页眉/页脚"选项卡选择"无"下拉列表框，表明不使用页眉或页脚。

图 4.63　"页面设置"对话框　　　　　　图 4.64　"页眉/页脚设置"对话框

4．设置工作表

选择图 4.64 所示的"工作表"选项卡，可以设置打印区域。因为工作表是一个非常庞大的区域，而通常要打印的只是有限的区域。可以利用"工作表"选项卡下"打印区域"右侧的切换按钮选定打印区域；利用"打印标题"右侧的切换按钮选定行标题或列标题区域；利用"打印"设置是否有网格线、行号、列标和批注等；利用"打印顺序"设置先行后列还是先列后行。

4.7.2　打印预览和打印

在打印之前，最好先进行打印预览以观察打印效果，然后再打印。利用单击"页面设置"对话框下方的"打印预览"按钮，可以看到实际的打印效果。

若打印预览效果满足需要，单击"页面设置"对话框下方的"打印"按钮，即可进行打印。

4.7.3　工作表中的链接

工作表中的链接包括超链接和数据链接两种情况，超链接可以从一个工作簿或文件快速跳转到其他工作簿或文件，超链接可以建立在单元格的文本或图形上；数据链接是使得数据发生关联，当一个数据发生更改时，与之相关联的数据也会更改。

1. 建立超链接

选定要建立超链接的单元格或单元格区域，右击鼠标，在弹出的快捷菜单中选择"链接"中的"插入链接…"命令，打开"超链接"对话框，设置链接到的目标地址、屏幕提示（当鼠标指向建立的超链接时，显示相应的提示信息）等。要取消已经建立的超链接，选定超链接区域，右击鼠标，在弹出的快捷菜单中选择"取消超链接…"命令即可取消超链接。

2. 建立数据链接

复制欲关联的数据，打开欲关联的工作表，在工作表中指定单元格右键单击，在"粘贴选项"中选择"粘贴链接"即可。

4.8　保 护 数 据

保护工作簿和工作表

任何人都可以自由访问并修改未经保护的工作簿和工作表。

1. 保护工作簿

图 4.65　"常规选项"对话框

工作簿的保护包含两个方面：一是保护工作簿，防止他人非法访问；二是禁止他人对工作簿或工作簿中工作表的非法操作。

打开工作簿，选择"文件"选项卡下的"另存为"命令，打开"另存为"对话框，在"另存为"对话框中单击"工具"按钮，选择"常规选项…"，打开"常规选项"对话框，如图 4.65 所示。输入"打开权限密码"并确认，限制打开工作簿权限；输入"修改权限密码"并确认，则限制修改工作簿权限。

2. 保护工作表

除了保护整个工作簿，也可以保护工作簿中指定的工作表。具体步骤：选择要保护的工作表使之成为当前工作表，选择"审阅"选项卡下的"保护"命令组，选择"保护工作表"命令，出现"保护工作表"对话框。选中"保护工作表及锁定的单元格内容"复选框，在"允许此工作表的所有用户进行"下提供的选项中选择允许用户操作的项，输入密码，单击"确定"按钮。

习 题 4

一、单项选择题

1. Excel 2016 工作簿文件的扩展名是（　　）。
   A．.txt　　　　　　　B．.exe　　　　　　　C．.xls　　　　　　　D．.xlsx

2. 在 Excel 2016 的单元格中换行，需按的组合快捷键是（　　）。
   A．Tab+Enter　　　B．Shift+Enter　　　C．Ctrl+Enter　　　D．Alt+Enter

3. 单元格 A1 为数值 1，在 B1 中输入公式：=IF(A1>0,"Yes", "No")，结果单元格 B1 的内容是（　　）。
   A．Yes　　　　　　　B．No　　　　　　　　C．不确定　　　　　　D．空白

4. 单元格右上角有一个红色三角形，该单元格是（　　）。
   A．被选中　　　　　　B．被插入备注　　　C．被保护　　　　　　D．被关联

5. 从 Excel 工作表产生 Excel 图表时，下列说法正确的是（　　）。
   A．无法从工作表中产生图表
   B．图表只能嵌入在当前工作表中，不能作为新工作表保存
   C．图表不能嵌入在当前工作表中，只能作为新工作表保存
   D．图表既可以嵌入在当前工作表中，又能作为新工作表保存

6. Excel 中的数据库属于（　　）。
   A．层次模型　　　　　B．网状模型　　　　C．关系模型　　　　　D．结构化模型

7. 对某个工作表进行分类汇总前，必须先进行（　　）。
   A．查询　　　　　　　B．筛选　　　　　　C．检索　　　　　　　D．排序

8. 一个工作表中各列数据的第一行均为标题，若在排序时选取标题行一起参与排序，则排序后标题行在工作表数据清单中将（　　）。
   A．总出现在第一行　　　　　　　　　B．总出现在最后一行
   C．依排序顺序而定其位置　　　　　　D．总不显示

9. 在工作表单元格中输入公式：=A3×100−B4，则该单元格的值（　　）。
   A．为单元格 A3 的值乘以 100 再减去单元格 B4 的值，该单元格的值不再变化
   B．为单元格 A3 的值乘以 100 再减去单元格 B4 的值，该单元格的值随着 A3 和 B4 的变化而变化
   C．为单元格 A3 的值乘以 100 再减去单元格 B4 的值，其中 A3 和 B4 分别代表某个变量的值
   D．为空，因为该公式非法

二、填空题

1. Excel 2016 默认一个工作表中包含＿＿＿＿工作表，一个工作簿内最多可以有＿＿＿＿工作表。
2. Excel 中高级筛选可以用来建立复杂的筛选条件，首先必须建立＿＿＿＿区域。
3. Excel 中，对数据建立分类汇总之前，必须先对分类字段进行＿＿＿＿操作。
4. Excel 提供的图表类型有＿＿＿＿和＿＿＿＿。

三、简述题

1. 什么是工作簿？什么是工作表？它们之间的关系是什么？
2. Excel 存储数据的基本单位是什么？它们是如何表示的？
3. Excel 如何自动填充数据？
4. 独立图表和嵌入式图表有何区别？

5．分类汇总前必须先进行什么操作？
6．分类汇总和数据透视表有什么不同？
7．Excel 公式中单元格的引用分为哪些？
8．在单元格中输入公式的规则是什么？
9．工作表中的链接分为哪几种？它们的区别是什么？
10．表格的建立有几种方法？如何在表格中加入斜线？
11．工作表打印之前需要先设置什么？
12．高级筛选和自动筛选的区别是什么？
13．如何保护工作簿和工作表？

四、实训题

到华信教育资源网（http://www.hxedu.com.cn）下载本章练习所需要的文件。

打开“LxExcel”文件夹下的 Fund.xlsx 文件，如图 4.66 所示。按如下要求进行操作。

	A	B	C	D	E	F	G
1	部门编号	部门名称	存入日	期限	年利率	金额	到期日
2		开发部	2017/2/3	3	5.0	2860	
3		培训部	2016/3/4	3	5.0	2340	
4		工程部	2018/7/10	3	5.0	6500	
5		销售部	2019/8/7	3	5.0	3640	
6		销售部	2020/10/23	5	5.5	3250	
7		开发部	2018/11/20	5	5.5	2080	
8		销售部	2019/5/19	5	5.5	4680	
9		销售部	2020/12/4	5	5.5	3680	
10		人事部	2016/10/30	5	5.5	4940	
11		开发部	2021/1/10	5	5.5	2860	
12		开发部	2020/11/29	5	5.5	5460	
13		培训部	2019/10/9	5	5.5	2340	
14		工程部	2018/6/17	3	5.0	5300	
15		工程部	2019/7/26	3	5.0	4390	

Sheet1

图 4.66　Fund.xlsx 工作簿

1. 基本编辑

（1）编辑 Sheet1 工作表。

在第一列前插入一列，输入标题“部门编号”。

根据“部门名称”列数据公式填充“部门编号”列。开发部、培训部、工程部、销售部的编号依次为 E010、E011、E012、E013。

根据“存入日”和“期限”，用公式填充“到期日”列数据。

（2）在 Sheet1 之后建立 Sheet1 的副本，并将副本重命名为“分类汇总”。

（3）删除“分类汇总”工作表中的“部门编号”和“到期日”列。

（4）复制“分类汇总”工作表数据到新工作表，将新工作表命名为“高级筛选”。

（5）将以上修改结果以 ExcelA.xlsx 为名保存到“LxExcel”文件夹下。

2. 数据处理

（1）根据“分类汇总”工作表中的数据，按“部门名称”分类汇总“金额”平均值。

（2）根据“高级筛选”工作表中的数据，完成以下高级筛选操作：

筛选条件：期限为“3”且金额大于 3500；或期限为“5”且金额大于 4000 或小于 2000。

条件区域：起始单元格定位在 K5。

复制到：起始单元格定位在 K15。

最后保存文件。

第 5 章

PowerPoint 2016 演示文稿制作

PowerPoint 2016（以下简称 PowerPoint）是微软公司 Microsoft Office 2016 办公套装软件中的一个重要组件，是一款演示文稿编创与展示的工具。演示文稿由用户根据软件提供的功能自行设计、制作和放映，图文并茂且具有动态性、交互性和可视性，广泛应用在演讲、报告、产品演示和课件制作等情形下，借助演示文稿，可以更有效地进行表达与交流。

一般情况下演示文稿是由一系列的幻灯片组成的，本章主要介绍如何利用 PowerPoint 设计、制作和放映演示文稿，通过本章的学习，应能掌握以下内容：

（1）演示文稿的创建、幻灯片版式设置、幻灯片编辑、幻灯片放映等基本操作；

（2）演示文稿视图模式的使用，幻灯片页面、主题、背景及母版的应用与设计；

（3）幻灯片中的图形和图片、SmartArt 图形、表格和图表、声音和视频及艺术字等对象的编辑及工具的使用；

（4）幻灯片中的动画效果、切换效果和交互效果等设计；

（5）演示文稿的放映设置与控制，输出与打印。

5.1 PowerPoint 2016 基础

5.1.1 PowerPoint 基本功能

PowerPoint 作为演示文稿制作软件，提供了方便、快速建立演示文稿的功能，包括幻灯片的建立、插入、删除等基本功能，以及幻灯片版式的选用，幻灯片中信息的编辑及最基本放映方式等。

对于已建立的演示文稿，为了方便用户从不同角度阅读幻灯片，PowerPoint 提供了多种幻灯片浏览模式，包括普通视图、浏览视图、备注页视图模式、阅读模式和母版视图等。

为了更好地展示演示文稿的内容，利用 PowerPoint 可以对幻灯片的页面、主题、背景及母版进行外观设计。对于演示文稿中的每张幻灯片，可利用 PowerPoint 提供的丰富功能，根据用户的需求设置具有多媒体效果的幻灯片。

PowerPoint 提供了具有动态性和交互性的演示文稿放映方式，通过设置幻灯片中对象的动画效果、幻灯片切换方式和放映控制方式，可以更加充分地展现演示文稿的内容并达到预期的目的。

PowerPoint 可以对演示文稿进行打包输出和格式转换，以便在未安装 PowerPoint 的计算机上放映演示文稿。

5.1.2 PowerPoint 的启动和退出

演示文稿是以.pptx 为扩展名的文件，文件由若干张幻灯片组成，按序号由小到大排列。

　　PowerPoint 的启动和退出与 Word 类似。在启动 PowerPoint 后，将在 PowerPoint 窗口中自动新建一个名为"演示文稿1"的空白演示文稿，如图 5.1 所示。

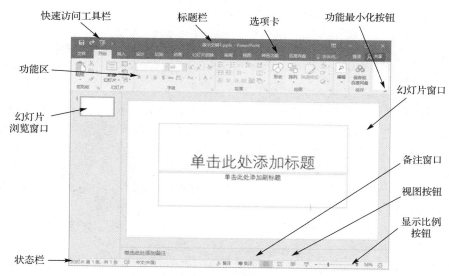

图 5.1　PowerPoint 工作窗口

5.1.3　PowerPoint 窗口的组成

　　PowerPoint 的功能是通过其窗口实现的，启动 PowerPoint 即可打开 PowerPoint 应用程序工作窗口，如图 5.1 所示。它由标题栏、快速访问工具栏、选项卡、功能区、幻灯片浏览窗口、幻灯片窗口、备注窗口、状态栏、视图按钮、显示比例调节区等部分组成。

　　（1）标题栏。标题栏位于窗口的顶端，其中央区域用于显示当前演示文稿对应的文件名；右端有"最小化""最大化/还原"和"关闭"3 个按钮；最左端是控制菜单图标，其中包括"还原""移动""大小""最小化""最大化"和"关闭"命令，与相应按钮功能一样，根据操作状态有些命令可用，有些则不可用；控制菜单图标右侧是快速访问工具栏。拖动标题栏可以移动窗口，双击标题栏可最大化或还原窗口。

　　（2）快速访问工具栏。在默认状态下位于标题栏左端，把常用的几个命令按钮放在此处，便于快捷操作。默认设置下有"保存""重复保存""从头开始"3 个按钮。在"从头开始"按钮的右侧还设有"自定义快速访问工具栏"下拉菜单，可根据需要修改快速访问工具栏的设置。

　　（3）选项卡。标题栏下面是选项卡，默认情况下有"文件""开始""插入"等 11 个不同的选项卡，每个选项卡下包含不同类别的命令按钮组。单击选项卡，将在功能区显示与该选项卡类别对应的多组操作命令。如单击"文件"选项卡，就出现"打开""保存""另存为""打印""导出""关闭"等命令，此外还有"保存到百度网盘""选项"等命令按钮供选择操作。

　　默认情况下有些选项卡不会出现，只有在特定操作状态下才会自动出现，并提供相应的命令，这种选项卡称为"上下文选项卡"。如在进入幻灯片编辑状态后，就会自动出现"绘图工具-格式"选项卡。

　　（4）功能区。功能区用来显示与对应选项卡功能类型一致的命令按钮，一般命令按钮以功能类属原则分组显示。如"开始"选项卡下就有"剪贴板""幻灯片""字体""段落""绘图"和"编辑"等分组，每个分组内的命令按钮功能类属接近。

功能区可以根据需要用"功能区最小化"按钮最小化（如需要增加幻灯片窗口的显示面积）或用"展开功能区"按钮展开，也可用组合快捷键 Ctrl+F1 来实现。此外，功能区也可以自定义，在功能区任意空白处单击右键，在弹出的菜单中选择"自定义功能区"选项，然后根据需要进行修改。

（5）演示文稿编辑区。功能区下方的演示文稿编辑区分为 3 个部分：左侧的幻灯片浏览窗口、右侧上方的幻灯片窗口和右侧下方的备注窗口。拖动窗口之间的分界线可以调整各窗口的大小，以便满足编辑需要。幻灯片窗口显示当前幻灯片，用户可以在此编辑幻灯片的内容。备注窗口中可以添加与幻灯片有关的注释、说明等信息。

① 幻灯片浏览窗口。单击"幻灯片"选项卡，可以切换到显示各张幻灯片缩略图的状态，如图 5.1 所示，其中红色框线标出的是当前正在编辑的幻灯片（即幻灯片窗口中显示的那张幻灯片，也称当前幻灯片）。单击某张幻灯片的缩略图，将在幻灯片窗口中显示该幻灯片，即可以切换当前幻灯片。还可以在这里调整幻灯片顺序、添加或删除幻灯片。

② 幻灯片窗口。显示幻灯片的内容，包括文本、图片、表格等各种对象。可以直接在该窗口中输入和编辑幻灯片内容。

③ 备注窗口。对幻灯片的解释、说明等备注信息可以在此窗口中直接输入、编辑，以供制作、展示和演讲时备忘、参考。

（6）视图按钮。视图是当前演示文稿的不同显示方式。PowerPoint 提供了普通视图、大纲视图、幻灯片浏览、备注页、阅读视图、幻灯片放映和母版视图 7 种视图。普通视图下可以同时显示幻灯片浏览窗口、幻灯片窗口和备注窗口，而幻灯片放映视图下可以放映当前演示文稿。

各种视图间的切换可以使用"视图"选项卡中的相应命令，也可以用窗口底部右侧的视图按钮，这里提供了"普通视图""幻灯片浏览""阅读视图"和"幻灯片放映"4 个按钮，单击某个按钮就可快捷地切换到相应视图状态。

（7）显示比例调节区。显示比例调节区位于视图按钮的右侧，单击"放大""缩小"按钮可以调整幻灯片窗口区域的幻灯片显示比例，也可以通过拖动滑块实现。

（8）状态栏。状态栏位于窗口底部左侧，在普通视图下主要显示当前幻灯片的序号、当前演示文稿的幻灯片总数、当前幻灯片选用的主题、拼写错误等信息。

5.1.4 演示文稿的打开与关闭

演示文稿的打开与关闭与 Word 文档类似，具体参见相关内容。

5.2 演示文稿的基本操作

5.2.1 创建演示文稿

创建演示文稿主要有创建空白演示文稿、根据主题创建、根据模板创建等方式。

1. 创建空白演示文稿

使用空白演示文稿方式，可以创建一个没有任何设计方案和示例文本的空白演示文稿，根据自己需要选择幻灯片版式，然后开始演示文稿的制作。

创建空白演示文稿有两种方法：

（1）在启动 PowerPoint 时自动创建一个空白演示文稿；

（2）在 PowerPoint 已经启动的情况下，单击"文件"选项卡"新建"命令，在右侧可用的模板和主题中单击选择"空白演示文稿"命令。

2．用主题创建演示文稿

主题是事先设计好的一组演示文稿的样式框架，主题规定了演示文稿的外观样式，包括母版、配色、文字格式等设置。使用主题方式，不必费心设计演示文稿的母版和格式，直接在系统提供的各种主题中选择一个最适合自己的主题，创建一个该主题的演示文稿，且使整个演示文稿外观一致。

单击"文件"选项卡"新建"命令，在右侧搜索框中输入"主题"，在随后出现的主题列表中选择一个主题，并在弹出框中单击"创建"按钮即可，如图 5.2 所示。也可以直接双击主题列表中的某主题。

图 5.2　创建主题演示文稿

3．用模板创建演示文稿

模板是预先设计好的演示文稿样本，PowerPoint 系统提供了丰富多彩的模板。因为模板已经提供多项设置好的演示文稿外观效果，所以用户只需将内容进行修改和完善即可创建美观的演示文稿。使用模板方式，可以在系统提供的各式各样的模板中根据自己的需要选用其中一种内容最接近自己需求的模板，对模板中的提示内容幻灯片，用户根据自己的需要补充完善即可快速创建专业水平的演示文稿。这样可以不必自己设计演示文稿的样式，省时省力，提高工作效率。

单击"文件"选项卡"新建"命令，在右侧搜索框中输入"样本模板"，在随后出现的样本模板列表中选择一个所需模板，并在弹出框中单击"创建"按钮即可。也可以直接双击模板列表中的某模板。

例如，使用"项目状态报告"模板创建的演示文稿含有同一主题的 11 张幻灯片，分别给出"项目状态报告"标题和"项目概述""当前状态""问题和解决方法""日程表"等其他幻灯片的提示内容。用户只需根据实际情况按提示修改填充内容即可。

预设的模板毕竟有限，如果"样本模板"中没有符合要求的模板，也可以在 Office.com 网站下载。

5.2.2　幻灯片版式应用

PowerPoint 为幻灯片提供了多个幻灯片版式供用户根据内容需要选择，幻灯片版式确定了幻灯片内容的布局。单击"开始"选项卡"幻灯片"组的"版式"命令，打开 Office 主题列表，可为当前幻灯片选择版式，如图 5.3 所示，有"标题幻灯片""标题和内容""节标题""内容与标题""图片与标题""标题和竖排文字"和"竖排标题与文本"等。对于新建的空白演示文稿，默认的版式是"标题幻灯片"。

确定了幻灯片的版式后，即可在相应的栏目和对象框内添加或插入文本、图片、表格、图形、图表、媒体剪辑等内容，如图 5.4 所示为"两栏内容"幻灯片版式。

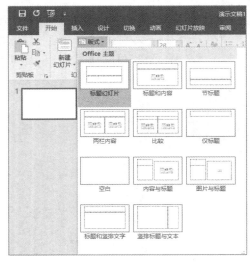

图 5.3　Office 主题列表

图 5.4　"两栏内容"版式

5.2.3　插入和删除幻灯片

通常，演示文稿由多张幻灯片组成，创建空白演示文稿时，自动生成一张空白幻灯片，当一张幻灯片编辑完成后，还需要继续制作下一张幻灯片，此时需要增加新幻灯片。在已经存在的演示文稿中有时需要增加若干幻灯片以加强某个观点的表达，而对某些不再需要的幻灯片则希望删除它。因此，必须掌握增加或删除幻灯片的方法。要增加或删除幻灯片，必须先选择幻灯片，使之成为当前操作的对象。

1．选择幻灯片

若要插入新幻灯片，首先需要确定当前幻灯片是哪一张，它是插入新幻灯片的基准位置，默认情况下新幻灯片将插在当前幻灯片后面。若要删除幻灯片或编辑幻灯片，则要先选择目标幻灯片，使其成为当前幻灯片，然后再执行删除或编辑操作。在幻灯片浏览窗口中可以显示多张幻灯片，所以在该窗口中选择幻灯片十分方便，既可以选择一张，也可以选择多张幻灯片作为操作对象。

（1）选择单张幻灯片。在"幻灯片浏览"窗口单击所选幻灯片缩略图即可。若目标幻灯片缩略图未出现，可以拖动幻灯片浏览窗口的滚动条的滑块，寻找、定位目标幻灯片缩略图后单击它即可。

（2）选择多张连续幻灯片。在"幻灯片浏览"窗口单击所选第一张幻灯片缩略图，然后按住 Shift 键并单击所选最后一张幻灯片缩略图，则这两张幻灯片之间（含这两张幻灯片）所有的幻灯片均被选中。

（3）选择多张不连续幻灯片。按住 Ctrl 键，在"幻灯片浏览"窗口中逐个单击要选择的各幻灯片缩略图即可。

2．插入幻灯片

常用的插入幻灯片方式有两种：插入新幻灯片和插入当前幻灯片的副本。

（1）插入新幻灯片。将由用户重新定义插入幻灯片的格式（如版式等）。在幻灯片浏览窗口中选择目标幻灯片缩略图，单击"开始"选项卡"幻灯片"组的"新建幻灯片"，从出现的幻灯片版式列表中选择一种版式（例如"标题和内容"），则在当前幻灯片后出现新插入的指定版式幻灯片。另外，也可以在幻灯片浏览窗口中右击某幻灯片缩略图，在弹出的菜单中选择"新建幻灯片"命令，在该幻灯片缩略图后面出现新幻灯片。也可以在"幻灯片浏览"视图模式下，移动光标到需插入幻灯片的位置，当出现红色竖线时，右击，在弹出的快捷菜单中选择"新建幻灯片"命令，在当前位置插入一张新幻灯片。

（2）插入当前幻灯片的副本。直接复制当前幻灯片（包括幻灯片版式和内容等）作为插入的新幻灯片，即保留现有的格式和内容，用户只需在其基础上进行修改即可。在幻灯片浏览窗口中选择目标幻灯片缩略图，单击"开始"选项卡"幻灯片"组的"新建幻灯片"命令，从弹出的列表中单击"复制选定幻灯片"命令，则在当前幻灯片之后插入与当前幻灯片完全相同的幻灯片。也可以右击目标幻灯片缩略图，在出现的菜单中选择"复制幻灯片"命令，在目标幻灯片后面插入新幻灯片，其格式和内容与目标幻灯片相同。

3．删除幻灯片

在幻灯片浏览窗口中选择目标幻灯片缩略图，然后按 Delete 键。也可以右击目标幻灯片缩略图，在出现的快捷菜单中选择"删除幻灯片"命令。若删除多张幻灯片，先选择这些幻灯片，然后按上述方法操作即可。

5.2.4　幻灯片中文本信息的编辑

演示文稿由若干幻灯片组成，幻灯片根据需要可以出现文本、图片、表格等表现形式。文本是最基本的表现形式，也是演示文稿的基础。

（1）文本的输入。当建立空白演示文稿时，系统自动生成一张标题幻灯片，其中包括两个虚线框，框中有提示文字，这个虚线框称为占位符，如图 5.1 所示。占位符是预先安排的对象插入区域，对象可以是文本、图片、表格等，单击不同占位符即可插入相应的对象。标题幻灯片的两个占位符都是文本占位符。单击占位符任意位置，提示文字消失，其内出现闪动的光标（也即文本插入点），在插入点处直接输入所需文本即可。默认情况下会自动换行，在分段时才需要按 Enter 键。

文本占位符是预先安排好的文本插入区域，若希望在其他区域添加文本，可以在所需位置插入文本框并在其中输入文本。操作方法如下：

单击"插入"选项卡"文本"组的"文本框"命令，选择"横排文本框"或"竖排文本框"命令，此时，鼠标指针呈十字针状。然后将指针移到目标位置，按左键拖画出合适大小的文本框。与占位符不同，文本框中没有出现提示文字，只有闪动的插入点，在文本框中输入所需文本即可。

默认情况下，未向其中输入文本的文本占位符（包括其中的提示文字）都是虚拟占位符，在"幻灯片浏览""阅读视图""幻灯片放映"视图下和打印时，这些虚拟占位符均不予显示或打印，只有在"普通视图"和"幻灯片母版"中才予以显示。可以对文本占位符进行字体、段落和形状格式等设置。

（2）文本的选择。要对某文本进行编辑，必须先选择该文本，即编辑文本的前提是选择文本。根据需要可以选取整个文本框或文本占位符、整段文本或部分文本。

① 选择整个文本框。单击文本框中任一位置，出现虚线框，再单击虚线框，变成实线框，这

表明文本框已被整体选中。单击选中文本框外的任意位置，即可取消选中状态。

② 选择整个文本占位符。一种方法和"选择整个文本框"一样，另一种方法是直接单击文本占位符的虚线框即可。取消选中与"选择整个文本框"操作一样。

③ 选择整段文本。单击该段文本中任一位置，然后三击左键，即可选中该段文本，选中的文本反相显示。

④ 选择部分文本。按住左键从文本的第一个字符开始拖动鼠标到文本的最后一个字符，放开鼠标，这部分文本反相显示，表示其已被选中。也可在所要选择文本开始字符前先单击左键，然后按住 Shift 键，再单击最后一字符之后位置，放开 Shift 键，即选择完毕。上述方法中也可从最后字符开始操作。

（3）文本的替换。选择要替换的文本，使其反相显示后直接输入新文本。也可以在选择要替换的文本后按 Delete 键，将其删除，然后再输入所需文本。

（4）文本的插入与删除。

① 插入文本。单击插入位置，然后输入要插入的文本，新文本将插到当前插入点位置。

② 删除文本。选择要删除的文本，使其反相显示，然后按 Delete 键即可。也可以选择文本后右击，在弹出的快捷菜单中单击"剪切"命令。此外，还可以采用"清除"命令。选择要删除的文本，单击快速访问工具栏中的"清除"命令，即可删除该文本。

（5）文本的移动与复制。首先选择要移动（复制）的文本，然后将鼠标指针移到该文本上并按住 Ctrl 键把它拖到目标位置，就可以实现移动（复制）操作。当然，也可以采用剪切（复制）和粘贴的方法实现。

（6）文本的字体设置。首先选择要设置字体的文本，然后在"开始"选项卡"字体"组中做相应设置操作。需要说明的是，如果在"字号"下拉列表中没有所选字号（如 25），可以直接单击"字号"编辑框，删除原来字号，再输入所选字号数字，然后按 Enter 键即可。

（7）文本的段落设置。PowerPoint 中文本的段落格式设置与 Word 中类似。需补充说明的是，在文本框或文本占位符中输入含有多行文字，特别是文本中既有中文字符又有西文字符时，文本的段落对齐方式以设置为"两端对齐"为佳。

5.2.5　演示文稿的保存

演示文稿可以以原文件名保存在原位置，也可以保存在其他位置和重命名保存。既可以保存为 PowerPoint 2016 格式（默认扩展名为 .pptx），也可以保存为 PowerPoint 2010 格式（默认扩展名为 .pptx)，以便在低版本的 PowerPoint 中使用。方法和 Word 2016 类似。

5.2.6　演示文稿的打印输出

演示文稿除放映外，还可以打印到纸张或胶片等材料上，便于演讲时参考、现场分发给观众、传递交流、存档或用其他设备做二次投影。

打开演示文稿，单击"文件"选项卡"打印"命令。大部分设置和 Word 与 Excel 类似，主要的不同是"打印版式"的不同设置。

设置打印版式（整页幻灯片、备注页或大纲）或打印讲义的方式（1 张幻灯片、6 张幻灯片、9 张幻灯片等），单击右侧的下拉按钮，在出现的版式列表或讲义打印方式中选择一种。例如，选择"6 张幻灯片"的讲义打印方式，则右侧预览区显示每页打印上下排列的 6 张幻灯片，如图 5.5 所示。

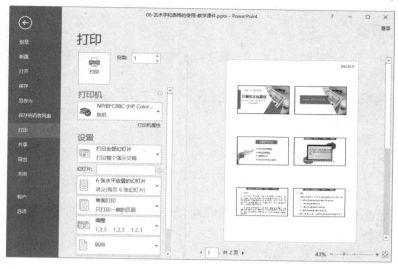

图 5.5　打印版式设置

5.3　演示文稿视图的使用

PowerPoint 提供了多种显示演示文稿的方式，使用户可以从不同角度有效管理、查看、处理和展示演示文稿。这些演示文稿的不同显示方式称为视图。PowerPoint 中有 7 种可供选用的视图：普通视图、大纲视图、幻灯片浏览视图、阅读视图、备注页视图、幻灯片放映视图和母版视图。采用不同的视图会为某些操作带来方便，例如，在幻灯片浏览视图下，由于能够显示更多张幻灯片缩略图，因而给幻灯片的移动操作带来了方便；而普通视图下则更适合编辑幻灯片内容。

切换视图的常用方法有两种：使用功能区命令和使用视图按钮。

（1）使用功能区命令。单击"视图"选项卡，在"演示文稿视图"组中有"普通视图""大纲视图""幻灯片浏览""备注页"和"阅读视图"命令按钮供选择。单击某个按钮，即可切换到相应视图，如 5.6 所示。

（2）使用视图按钮。在 PowerPoint 窗口底部右侧有 4 个视图按钮，分别是"普通视图""幻灯片浏览""阅读视图"和"幻灯片放映"，单击所需视图按钮就可以切换到相应的视图。

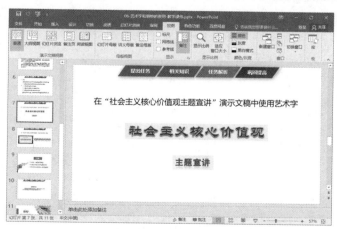

图 5.6　"视图"选项卡

5.3.1 视图概览

（1）普通视图。单击"视图"选项卡"演示文稿视图"组的"普通视图"命令，可切换到普通视图，如图 5.6 所示。

普通视图是创建演示文稿的默认视图。在普通视图下，窗口由 3 个窗口组成：左侧的幻灯片浏览窗口、右侧上方的幻灯片窗口和右侧下方的备注窗口，可以同时显示演示文稿的幻灯片缩略图、幻灯片和备注内容，如图 5.1 所示。

（2）大纲视图。单击"视图"选项卡"演示文稿视图"组的"大纲视图"命令，可切换到大纲视图，在大纲视图下，幻灯片浏览窗口可以显示幻灯片缩略图或文本内容，红框线代表当前被选中的幻灯片。

一般地，普通视图和大纲视图下幻灯片窗口面积较大，但显示的 3 个窗口大小是可以调节的，方法是拖动两部分之间的分界线即可。若将幻灯片窗口尽量调大，此时幻灯片上的细节一览无余，最适合编辑幻灯片，如插入对象、修改文本等。

（3）幻灯片浏览视图。单击 PowerPoint 窗口底部右侧的"幻灯片浏览视图"按钮，即可进入幻灯片浏览视图，如图 5.7 所示。在幻灯片浏览视图中，一屏可显示多张幻灯片缩略图，可以直观地观察演示文稿的整体外观，便于进行幻灯片顺序的调整和复制、移动、插入和删除等操作，还可以设置幻灯片的切换效果并预览。

（4）备注页视图。单击"视图"选项卡"演示文稿视图"组的"备注页"命令，进入备注页视图。在此视图下显示一张幻灯片及其下方的备注页，用户可以输入或编辑备注页的内容。

（5）阅读视图。单击"视图"选项卡"演示文稿视图"组的"阅读视图"命令，切换到阅读视图。在阅读视图下，只保留放映阅读区、标题栏和状态栏，其他编辑功能被屏蔽，目的是进行幻灯片制作完成后的简单放映效果浏览。通常是从当前幻灯片开始放映，单击或按光标键/翻页键可以切换幻灯片，直到放映完最后一张幻灯片后自动退出阅读视图，返回至原来视图。放映过程中随时可以按 Esc 键退出阅读视图，返回至原来视图，也可以单击状态栏右侧的其他视图按钮，退出阅读视图并切换到相应视图。

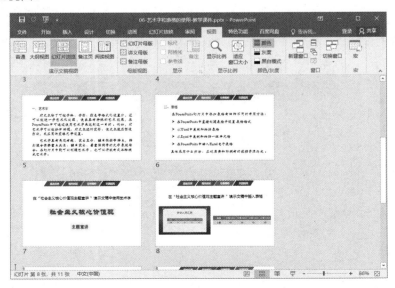

图 5.7　幻灯片浏览视图

（6）幻灯片放映视图。创建演示文稿，其最终目的是向观众放映和演示。创建者通常会采用各种动画方案、放映方式和幻灯片切换方式等手段，以提高放映效果。在幻灯片放映视图下不能对幻灯片进行编辑，若不满意幻灯片效果，必须切换到普通视图等其他视图下进行编辑修改。

只有切换到幻灯片放映视图，才能全屏放映演示文稿。单击"幻灯片放映"选项卡"开始放映幻灯片"组的"从头开始"命令，就可以从演示文稿的第一张幻灯片开始放映，也可以选择"从当前幻灯片开始"命令，从当前幻灯片开始放映。另外，单击窗口底部右侧的"幻灯片放映"视图按钮，也可以从当前幻灯片开始放映。

在幻灯片放映视图下，单击或按光标键/翻页键可以顺序切换幻灯片，直到放映完毕，自动返回原状态。在放映过程中，右击会弹出放映控制菜单，利用它可以改变放映顺序、即兴标注等。

5.3.2　普通视图的运用

在普通视图下，幻灯片窗口面积最大，用于显示单张幻灯片，因此适合对幻灯片上的对象（文本、图片、表格等）进行编辑操作，主要操作有选择、移动、复制、插入、删除、缩放（对图片等对象）以及设置文本格式和对齐方式等。

（1）选择操作。要操作某个对象，首先要选中它。方法是将鼠标指针移动到对象上，当指针呈十字箭头时，单击该对象即可。选中后，该对象周围出现控点。若要选择文本对象中的某些文字，单击文本对象，其周围出现控点后再在目标文字上拖动，使之反相显示，即已选中。

（2）移动和复制操作。首先选择要移动/复制的对象，然后鼠标指针移到该对象上并（按住 Ctrl 键）把它拖到目标位置，就可以实现移动（复制）操作。当然，也可以采用剪切/复制和粘贴的方法实现。

（3）删除操作。选择要删除的对象，然后按 Delete 键。也可以采用剪切方法，即选择要删除的对象后，单击"开始"选项卡"剪贴板"组的"剪切"命令。

（4）改变对象的大小。当对象（如图片）的大小不合适时，可以先选择该对象，当其周围出现控点时，将鼠标指针移到边框的控点上并拖动，拖动左右或上下边框的控点可以在水平或垂直方向缩放。若拖动四角之一的控点，会在水平和垂直两个方向同时进行缩放。

（5）编辑文本对象。新建一张幻灯片并选择一种版式后，该幻灯片上出现占位符。用户单击文本占位符并输入文本信息即可。

若要在幻灯片非占位符位置另外增加文本对象，单击"插入"选项卡"文本"组的"文本框"命令，在下拉列表中选择"横排文本框"或"竖排文本框"，鼠标指针呈倒十字针状，指针移到目标位置，按左键拖画出大小合适的文本框，然后在其中输入文本。这个文本框可以移动、复制、缩放和设置格式，也可以删除。

（6）调整文本格式。

① 字体、字号、字体样式和字体颜色。选择文本后单击"开始"选项卡"字体"组的"字体"编辑框右侧的下拉按钮，在出现的下拉列表中选择所需的字体（如黑体）。单击"字号"编辑框右侧的下拉按钮，在出现的下拉列表中选择所需的字号（如 28 磅）。单击"字体样式"按钮（如"加粗""倾斜"等），可以设置相应的字体样式。关于字体颜色的设置，可以单击"字体颜色"右侧的下拉按钮，在下拉列表中选择所需颜色（如标准"红色"）。如对颜色列表中的颜色不满意，也可以自定义颜色。单击下拉列表中的"其他颜色"命令，出现"颜色"对话框，如图 5.8 所示，在"自定义"选项卡中选择"RGB"颜色模式，然后分别设置或输入红色、绿色、蓝色数值（如 255，0，0），自定义所需的字体颜色。对话框右侧可以预览对应于颜色设置数值的颜色，若不满意，修改颜色数值直到满意，单击"确定"按钮完成自定义颜色设置。

若需要其他更多文本格式命令，可以选择文本后，单击"开始"选项卡"字体"组的对话框启动器按钮，弹出"字体"对话框，根据需要设置各种文本格式，如图 5.9 所示。

图 5.8 "颜色"对话框

图 5.9 "字体"对话框

需要指出的是，使用"字体"对话框可以更精细、全面地设置字体格式。例如，下画线的设置，"字体"对话框中可以设置下画线的线型、颜色等，而在功能区只能设置单一线型的下画线，也无法设置下画线的颜色等。

② 文本对齐。文本有多种对齐方式，如左对齐、右对齐、居中、两端对齐和分散对齐等。若要改变文本的对齐方式，可以先选择文本，然后单击"开始"选项卡"段落"组的相应命令，同样也可以单击"段落"组的对话框启动器按钮，在弹出的"段落"对话框中更精细、全面地设置段落格式。普通视图下还可以插入图片、艺术字等对象，这些将在后面章节中讨论。

5.3.3 幻灯片浏览视图的运用

幻灯片浏览视图可以同时显示多张幻灯片的缩略图，因此便于进行重排幻灯片的顺序，移动、复制、插入和删除幻灯片等操作。

（1）幻灯片的选择。在幻灯片浏览视图下，是在一个相对更大的窗口空间中直接以缩略图方式显示全部幻灯片，而且缩略图的大小可以调节。因此，可以同时看到比幻灯片浏览窗口中更多的幻灯片缩略图，如果幻灯片数量不是很多，甚至可以显示全部幻灯片缩略图，一目了然，尽收眼底，可以快速找到目标幻灯片。选择幻灯片的方法如下：

单击"视图"选项卡"演示文稿视图"组的"幻灯片浏览"命令，或单击窗口底部右侧的"幻灯片浏览"视图按钮，进入幻灯片浏览视图，如图 5.10 所示。

如果幻灯片显示不全，可以利用滚动条或 PgUp 或 PgDn 键滚动屏幕，寻找目标幻灯片缩略图。单击目标幻灯片缩略图，该幻灯片缩略图的四周出现红框，表示选中该幻灯片，如图 5.10 所示，8 号幻灯片被选中。若想选择连续的多张幻灯片，可以先单击其中第一张幻灯片缩略图，然后按住 Shift 键再单击其中的最后一张幻灯片缩略图，则这些连续的多张幻灯片均出现红框，表示它们均被选中。若想选择不连续的多个幻灯片，可以按住 Ctrl 键并逐个单击要选择的幻灯片缩略图。

（2）幻灯片缩略图的缩放。在幻灯片浏览视图下，幻灯片通常以一定的比例予以显示，所以称为幻灯片缩略图。根据需要可以调节显示比例，如希望一屏显示更多幻灯片缩略图，则可以缩小显示比例。要确定幻灯片缩略图显示比例，可在幻灯片浏览视图下做如下操作：单击"视图"选项卡

"显示比例"组的"显示比例"命令，弹出"显示比例"对话框，如图 5.11 所示。在"显示比例"对话框中选择合适的显示比例（如 33%或 50%等）。也可以自己定义显示比例，方法是在"百分比"栏中直接输入比例值或单击上下箭头选取合适的比例。

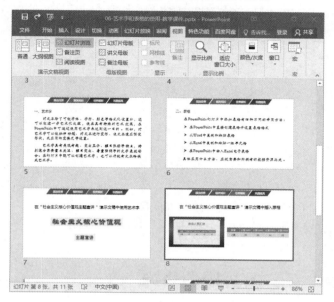

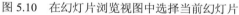

图 5.10　在幻灯片浏览视图中选择当前幻灯片　　　图 5.11　"显示比例"对话框

（3）重排幻灯片的顺序。在制作演示文稿过程中，有时需要调整其中某些幻灯片的顺序，这就需要向前或向后移动幻灯片。移动幻灯片的方法如下：

在幻灯片浏览视图下选择需要移动位置的幻灯片缩略图（一张或多张幻灯片缩略图），用鼠标拖动所选幻灯片缩略图到目标位置，松开鼠标，所选幻灯片缩略图即移到该位置。

移动幻灯片的另一种方法是采用剪切/粘贴方式：选择需要移动位置的幻灯片缩略图（假设此幻灯片位于第 11 张幻灯片后面），单击"开始"选项卡"剪贴板"组的"剪切"命令；单击目标位置（如第 10 张和第 11 张幻灯片缩略图之间），该位置出现竖线光标；单击"开始"选项卡"剪贴板"组的"粘贴"命令，则所选幻灯片移到第 10 张幻灯片后面，成为第 11 张幻灯片，而原第 11 张幻灯片则成为第 12 张。

（4）幻灯片的插入。在幻灯片浏览视图下能插入一张新幻灯片，也能插入属于另一演示文稿的一张或多张幻灯片。

① 插入一张新幻灯片。在幻灯片浏览视图下单击目标位置，该位置出现竖线光标。单击"开始"选项卡"幻灯片"组的"新建幻灯片"命令，在出现的幻灯片版式列表中选择一种版式后，该位置出现所选版式的一张新幻灯片。

② 插入来自其他演示文稿文件的幻灯片。如果需要插入其他演示文稿的幻灯片，可以采用重用幻灯片功能。

● 在"幻灯片浏览"视图下单击当前演示文稿的目标插入位置，该位置出现竖线光标。
● 单击"开始"选项卡"幻灯片"组的"新建幻灯片"命令，在出现的列表中选择"重用幻灯片"命令，右侧出现"重用幻灯片"窗口。
● 单击"重用幻灯片"窗口的"浏览"按钮，并选择"浏览文件"命令。在出现的"浏览"对话框中选择要插入的幻灯片所属的演示文稿文件并单击"打开"按钮，此时"重用幻灯片"

窗口中出现该演示文稿的全部幻灯片，如图 5.12 所示。

● 单击"重用幻灯片"窗口中要插入的幻灯片，则该幻灯片被插入到当前演示文稿的插入位置。

若该插入位置需要插入多张幻灯片，在"重用幻灯片"窗口依次单击这些幻灯片即可。若某幻灯片要插入到另一位置，则先在当前演示文稿中确定插入位置，然后在"重用幻灯片"窗口中单击目标幻灯片，则该幻灯片即被插入到指定的新位置。

当然也可以采用复制/粘贴的方式插入其他演示文稿的幻灯片。打开原演示文稿文件并从中选择待插入的一张或多张幻灯片，单击"开始"选项卡"剪贴板"组的"复制"命令，然后打开目标演示文稿文件并确定插入位置，单击"开始"选项卡"剪贴板"组的"粘贴"命令，则在原演示文稿中选择的幻灯片便插入到了目标演示文稿中的指定位置了。

图 5.12　"重用幻灯片"窗口

（5）删除幻灯片。在制作演示文稿的过程中，有时可能要删除某些不再需要的幻灯片。在幻灯片浏览视图下，可以显示更多张幻灯片，所以删除多张幻灯片尤为方便。删除幻灯片的方法是：首先选择要删除的一张或多张幻灯片，然后按 Delete 键。

5.4　幻灯片外观的修饰

采用应用主题样式和设置幻灯片背景等方法可以使所有幻灯片具有一致的外观。

5.4.1　演示文稿主题的选用

主题是一组设置好的颜色、字体和图形外观效果的集合，可以作为一套独立的选择方案应用于演示文稿中。使用主题可以简化具有专业设计水准的演示文稿的创建过程，并使演示文稿具有统一的风格。

（1）使用内置主题。在 PowerPoint 中，可以通过变换不同的主题来使幻灯片的版式和背景发生显著变化。往往只需通过一个简单的单击操作，即可选择一个适合的主题，来完成对整个演示文稿外观风格的重新设置。

PowerPoint 提供了 40 多种内置主题。用户若对演示文稿当前的颜色、字体和图形外观效果不满意，可以从中选择合适的主题并应用到该演示文稿，以统一演示文稿的外观。

打开演示文稿，单击"设计"选项卡"主题"组右下角的"其他"按钮，可以显示出全部内置主题供选择，如图 5.13 所示。用鼠标指向某主题并在其上停留 1～2 s 后，会自动显示该主题的名称。单击该主题，则系统会按所选主题的颜色、字体和图形外观效果修饰整个演示文稿。

图 5.13　主题列表

（2）使用外部主题。如果可选的内置主题不能满足用户的需求，可选择外部主题，单击"设计"选项卡"主题"组右下角的"其他"按钮，弹出主题列表，选择"浏览主题"命令，打开"选择主题或主题文档"对话框，可使用外部主题。

若只想用该主题修饰部分幻灯片，可以先选择这些幻灯片，然后右击该主题，在出现的快捷菜单中选择"应用于选定幻灯片"命令，则所选幻灯片按该主题效果自动更新，其他幻灯片不变。若选择"应用于所有幻灯片"命令，则整个演示文稿均采用所选主题。

5.4.2　幻灯片背景的设置

如果对已有或正在制作的幻灯片背景不满意，可以重新设置幻灯片的背景，主要是通过改变主题背景样式和设置背景格式（纯色、颜色渐变、纹理、图案或图片）等方法来进一步美化幻灯片的背景。

1．修改背景样式

PowerPoint 的每个主题提供了 12 种背景样式，用户可以选择一种样式快速改变演示文稿中幻灯片的背景，既可以改变所有幻灯片的背景，也可以只改变所选择幻灯片的背景。

打开演示文稿，单击"设计"选项卡"变体"组右下角的"其他"按钮，选择"背景样式"命令，则显示当前主题 12 种背景样式列表，如图 5.14 所示。从背景样式列表中选择一种满意的背景样式，则演示文稿中全体幻灯片均采用该背景样式。若只希望改变部分幻灯片的背景，则先选择这些幻灯片，然后右击选择"设置背景格式"命令，则选定的幻灯片采用该背景样式，而其他幻灯片不变。

2．重置背景格式

如果认为背景样式过于简单，也可以进一步自定义设置背景格式。主要有 4 种方式：改变背景颜色、图案填充、纹理填充和图片填充。

改变背景颜色。改变背景颜色有纯色填充和渐变填充两种方式。纯色填充是选择单一颜色填充背景，而渐变填充是将两种或更多种填充颜色逐渐混合在一起，以某种渐变方式从一种颜色逐渐过渡到另一种颜色。

单击"设计"选项卡"变体"组右下角的"其他"按钮，选择"背景样式"按钮下的"设置背景格式"命令，弹出"设置背景格式"对话框，如图 5.15 所示。

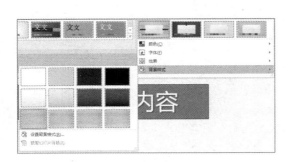

　　　图 5.14　背景样式列表　　　　　　　　图 5.15　"设置背景格式"对话框

　　选择"纯色填充"单选钮，单击"颜色"栏下拉按钮，在下拉列表颜色中选择背景填充颜色。拖动"透明度"滑块，可以改变颜色的透明度，直到满意。若不满意列表中的颜色，也可以单击"其他颜色"项，从出现的"颜色"对话框中选择或按 RGB 颜色模式自定义背景颜色。

　　若选择"渐变填充"单选钮，可以直接选择系统预设颜色填充背景，也可以自己定义渐变颜色。

　　选择预设颜色填充背景：单击"预设颜色"栏的下拉按钮，在出现的 30 种预设的渐变颜色列表中选择一种，例如"浅色渐变-个性色 1"，鼠标指向该颜色效果后自动出现"浅色渐变-个性色 1"提示字样，单击选择即可。

　　自定义渐变颜色填充背景：选择所需的渐变类型（如"射线"为渐变颜色从某处向其他方向发散的效果）。在"方向"列表中，选择所需的渐变发散方向（如"从左下角"）。在"渐变光圈"下，应出现与所需颜色个数相等的渐变光圈个数，否则应单击"添加渐变光圈"或"删除渐变光圈"按钮以增加或减少渐变光圈，直至要在渐变填充中使用的每种颜色都有一个渐变光圈（例如两种颜色需要两个渐变光圈）。单击某一个渐变光圈，在"颜色"栏的下拉颜色列表中，选择一种颜色与该渐变光圈对应。拖动渐变光圈位置可以调节该渐变颜色。如果需要，还可以调节颜色的"亮度"或"透明度"。对每一个渐变光圈用如上方法调节，直到满意。

　　所选背景颜色作用于当前幻灯片；若单击"全部应用"按钮，则改变所有幻灯片的背景。若选择"重置背景"按钮，则撤销本次设置，恢复至设置前的状态。

　　若选择"图片或纹理填充"单选钮，在"插入图片来自"栏单击"文件"按钮，在弹出的"插入图片"对话框中选择所需图片文件，单击"打开"按钮，回到"设置背景格式"对话框。所选图片作用于当前幻灯片；若单击"全部应用"按钮，则改变所有幻灯片的背景。单击"纹理"下拉按钮，在出现的各种纹理列表中选择所需纹理（如"羊皮纸"，鼠标指向其会自提示）。单击按钮或"全部应用"按钮，则设置作用于所选幻灯片或全部幻灯片。还可设置背景的透明度和偏移量，直到满意。

　　若选择"图案填充"单选钮，在出现的图案列表中选择所需图案（如"横向砖形"，鼠标指向其会自提示）。通过"前景色"和"背景色"栏可以自定义图案的前景色和背景色。单击按钮或"全部应用"按钮，则设置作用于所选幻灯片或全部幻灯片。

　　若已设置主题，则所设置的背景可能被主题背景图形覆盖，此时可以在"设置背景格式"对话框中选择"隐藏背景图形"复选框。

5.4.3　母版制作

1．母版的概念

　　PowerPoint 中的母版是进行幻灯片设计的重要辅助工具，母版中包含可出现在每一个幻灯片上的显示元素，例如文本占位符、图片、动作按钮等。使用母版可以方便地统一幻灯片的风格。如果修改了某个演示文稿的幻灯片母版样式，将会影响所有基于该母版的演示文稿，也就是说，母版上的更改将反映在每张幻灯片上。母版又分为 3 种：幻灯片母版、讲义母版和备注母版。

　　（1）幻灯片母版。幻灯片母版控制幻灯片的某些文本特征（如字体、字号和颜色）、背景色和某些特殊效果（如阴影和项目符号样式）。幻灯片母版包含文本占位符和页脚（如日期、时间和幻灯片编号）占位符。可用幻灯片母版添加图片、改变背景、调整占位符大小，以及改变字体、字号和颜色。

　　注意：文本占位符中的文字称为母版文本，只能设置字型、字号、字体和段落格式等，不要在文本占位符内键入文本。要让艺术图形或文本（如公司名称或徽标）出现在每张幻灯片上，将其置于幻灯片母版上即可。如果要在每张幻灯片上添加相同的文本，可在幻灯片母版上添加新的文本框。通过文本框添加的文本外观（字型、字号、字体）保持原样。

幻灯片母版上的对象将出现在每张幻灯片的相同位置上，并且以后新添加的幻灯片也显示这些对象。这样如果要修改多张幻灯片的外观，不必对每张幻灯片进行修改，只需在幻灯片母版上做一次修改即可。如果要使个别幻灯片的外观与母版不同，直接修改该幻灯片而不要修改母版。

（2）讲义母版。讲义母版实际是设置打印讲义时的打印样式，可以从中设置一页多少张幻灯片和打印页上的页眉和页脚，还可以通过母版在打印页上添加修饰性图形等。图形对象、图片、页眉和页脚在备注窗口和备注页视图中都不会出现，只有在打印讲义时，它们才会出现（将演示文稿保存为网页时它们也不会出现）。

（3）备注母版。与讲义母版一样，备注母版也是设置打印备注页时的打印样式的，可添加的对象也基本一样。同样，图形对象、图片、页眉和页脚在备注窗口不会出现，只有工作在备注母版上、备注页视图中或打印备注时，它们才会出现。

2．幻灯片母版的编辑

在这里重点介绍幻灯片母版的设置，其他两类母版的处理方法大同小异。

打开演示文稿，单击"视图"选项卡"母版视图"组的"幻灯片母版"命令，进入幻灯片母版视图，同时显示"幻灯片母版"选项卡，如图 5.16 所示。

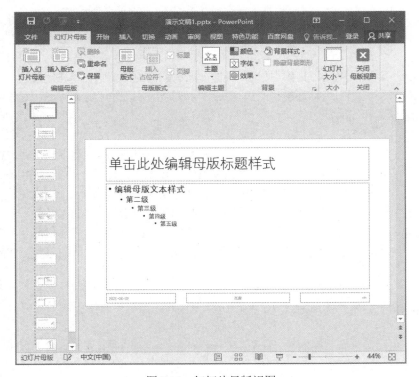

图 5.16　幻灯片母版视图

在幻灯片母版视图中，一般显示两个分区，左侧为导航窗口，用于控制母版和版式；右侧为版式内容设置区，包含一组占位符及相关母版元素，同时隐藏已经制作各页幻灯片的具体内容。母版上最多可以有 5 个占位符。每个占位符实际是一个特殊的文本框，具有文本框的各种属性，但母版编辑画面上各占位符中的文字（母版文本）原文并不显示在幻灯片上，仅控制文本的格式。

在图 5.16 中，从左侧导航区可以看出，顶部面积较大的一张幻灯片称为"母版"，起主控幻灯片版式的作用。其下一组面积较小的幻灯片则称为"版式"，用于设置差异化版式，包括标题幻灯片（也称"片头"）、标题和内容（或称"正文"）、节标题等（默认 11 种版式）。母版和一组版式间显示虚线连接线，显示了"母"与"子"的关系。

图 5.17　"母版版式"对话框

"母版"用于控制各张幻灯片的统一格式，"版式"用于个性化幻灯片的表现。

（1）删除、添加占位符。在母版编辑窗口中，选中（单击）某一占位符，按下 Delete 键，可删除该占位符。要将全部占位符删除，选择左侧窗口中的"幻灯片母版"，右键选择"母版版式"，弹出如图 5.17 所示的"母版版式"对话框，通过选中复选框可添加相应占位符。当母版上具有全部 5 个占位符时，对话框中所有复选框都是灰色的，即不能通过此对话框删除占位符。

（2）设置占位符格式。右键单击占位符，选择快捷菜单上的"设置形状格式"命令，弹出"设置形状格式"对话框，在该对话框中可以对填充、线条颜色、线型、大小、位置、文本框内文本的属性等进行设置。

（3）改变文本的属性。可对占位符中文本的字体、字型、字号、颜色等各种属性进行设置，与一般的文本格式设置一样，可使用"开始"选项卡的"字体"组的右下角的"字体"对话框；也可以直接使用"开始"选项卡的"字体"组中的"字体"和"字号"下拉按钮中的相应命令。所不同的是不必选中文本，只要将光标移到占位符中的一个文本行上即可对该行进行设置。

用"母版"视图统一同级标题的格式。设置幻灯片标题格式为"华文琥珀、红色、32 号"，更换内容框中一级标题和二级标题的项目符号。

① 单击"幻灯片母版"中幻灯片标题框（占位符），显示尺寸控制点。选中标题框"占位符"的段落（显示反白状态）。单击"开始"选项卡"字体"组"字体"框右侧下拉按钮，在弹出的字体列表中选择"华文琥珀"；单击"字体"组"主体颜色"按钮下拉按钮，弹出"调色板"，选择指定颜色，如"红色"；单击"字号"框右侧下拉按钮，在弹出的字号列表中选择"32"；

② 选中内容框"占位符"中的一级标题段落（显示反白状态）。单击"段落"组"项目符号"下拉按钮，在弹出的列表中选择"项目符号和编辑"命令，打开"项目符号和编号"对话框，单击"图片"按钮打开"图片项目符号"对话框，双击待更换的符号，返回上级对话框，单击"确定"按钮即可。

③ 完成各级标题段落格式的重新设置后，单击"演示文稿视图"组，单击"普通"按钮，返回"普通视图"和"开始"选项卡状态。凡应用了"标题和内容"类版式的幻灯片，将具有相同的一级标题格式。

用"母版"视图添加每页重复显示的内容。可以通过母版添加相关（徽标）图片，从而保证每张幻灯片相同位置显示该图片：

① 在"幻灯片母版"视图中，选择"幻灯片母版"页，单击"插入"选项卡"图像"组"图片"按钮，打开"插入图片"对话框，如图 5.18 所示。

② 找到待插入的图片文件，双击，即可将图片插入到幻灯片的中央位置，显示尺寸控制点，同时，显示"图片工具-格式"选项卡。

③ 移动鼠标至小图片内，按住鼠标左键拖拉图片到幻灯片的指定位置，如右上角。同时调整图片到适当的大小，如图 5.19 所示。

图 5.18　"插入图片"对话框

图 5.19　移动图片到适合位置

（4）页眉和页脚。与 Office 的其他软件一样，PowerPoint 有多种设置页眉页脚的方法。可以在母版上选中页脚占位符（包括日期区、页脚区、数字区）内的文本区，直接输入页脚内容；也可以通过单击"插入"选项卡的"文本"组中的"页眉和页脚"命令，打开"页眉和页脚"对话框进行设置。

单击"演示文稿视图"组，单击"普通"按钮，返回"普通"视图。

修改完成后保存演示文稿为"PowerPoint 模板"文件并关闭母版视图，再次打开该文件，在普通视图模式下可使用该模板。

5.4.4　制作模板

模板是预先设计好的演示文稿样本，PowerPoint 系统提供了丰富多彩的模板。因为模板已经提供多项设置好的演示文稿外观效果，所以用户只需将内容进行修改和完善即可创建美观的演示文稿。

PowerPoint 的模板包括 potx（普通模板）和 potm（启用宏的模板）。保存为旧版软件可以打开的模板，则应选择 pot 类型。

制作模板的步骤如下：

（1）打开 PowerPoint 软件，新建空演示文稿，选择任意一种版式，单击"视图"选项卡"母版视图"组的"幻灯片母版"命令，进入幻灯片母版视图，同时显示"幻灯片母版"选项卡，如图 5.16 所示。

（2）页面大小的选择。幻灯片模板的选择第一步是幻灯片页面大小的选择，打开幻灯片模板后，页面设置选择幻灯片大小，默认设置是屏幕大小，可以根据需求更改设置。

单击"大小"组的"自定义幻灯片大小"命令，打开"幻灯片大小"对话框，在"幻灯片大小"下拉列表框选择幻灯片大小；在"方向"栏选择幻灯片的方向，如图 5.20 所示。

（3）制作个性 PPT 模板时，最好加上属于自己的 Logo，即插入徽标，同母版制作。

（4）插入正文模板的图片。插入图片，将图片的大小调整到幻灯片的大小，在图片上右击，在弹出的快捷菜单中选择"叠放次序"→"置于底层"命令，使图片不能影响对母版排版的编辑。

（5）对 PPT 模板的文字进行修饰。在"开始"选项卡"字体"组，设置字体、字号、颜色；依次选定母版各级文本文字，设置字体、字号、颜色，并通过"开始"选项卡"段落"组→"项目符号项"→"图片"选择自己满意的图片作为这一级的项目符号项标志。

（6）在制作 PPT 模板的时候进行添加动画，通过"动画"给对象添加动画方式，再通过"动画"中的"计时"设置所有对象的出场顺序以及动画持续时间。

（7）单击"幻灯片母版"选项卡，在功能区单击"关闭幻灯片母版"按钮，返回"普通"视图。单击"文件"选项卡"导出"命令，在右侧选择"更改文件类型"，最后在"保存类型"中双击"模板（*.potx）"，如图 5.21 所示，单击"保存"按钮。

（8）单击"文件"选项卡"新建"命令，在右侧选择"个人"，即可显示被保存的模板，双击即可打开一个具有规范版式的空演示文稿，如图 5.22 所示。

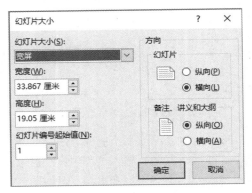

图 5.20　"幻灯片大小"对话框

图 5.21　"导出"对话框

图 5.22　"新建演示文稿"对话框

图 5.23　插入图片

5.5　幻灯片中的对象编辑

PowerPoint 演示文稿中不仅包含文本，还可以插入剪贴画、图片、表格与图表、声音与视频及艺术字等媒体对象，充分、合适地使用这些对象，可以使演示文稿达到意想不到的效果。

5.5.1　使用图片

图形是特殊的视觉语言，能加深对事物的理解和记忆，避免对单调文字和乏味的数据产生厌烦心理，在幻灯片中使用图形可以使演示效果变得更加生动。将图形和文字有机地结合在一起，可以获得极好的展示效果。可以插入的图片主要有两类：第一类是剪贴画，在 Office 中有大量剪贴画，并分门别类存放，方便用户使用；第二类是以文件形式存在的图片，用户可以在平时收集到的图片文件中选择精美图片以美化幻灯片。

插入剪贴画、图片有两种方式：第一种是采用功能区命令；另一种是单击幻灯片内容区占位符中剪贴画或图片的图标。

下面以"大学生职业生涯规划.pptx"演示文稿的制作为例，主要以功能区命令的方法介绍插入图片的方法。

1．图片的插入

单击"插入"选项卡"图像"组的"图片"命令，打开"插入图片"对话框，如图 5.23 所示。单击选中的图片，选择"插入"命令，则图片插入到幻灯片中，根据需要调整图片大小和位置。

2．插入联机图片

若用户想插入的图片来自网络，可以在联机状态下用如下方法插入这样的图片：

单击"插入"选项卡"图像"组的"联机图片"命令，弹出"插入图片"对话框，在对话框搜索框内输入图片信息，选中所需图片文件，然后单击"插入"按钮，则该图片插入到幻灯片中。

3．图片大小和位置的调整

默认情况下插入的图片大小和位置可能不合适，可以用鼠标来调节图片的大小和位置。

（1）调节图片大小的方法。选择图片，按左键并拖动左右（上下）边框的控点可以在水平（垂直）方向缩放。若拖动四角之一的控点，会在水平和垂直两个方向同时进行缩放。

（2）调节图片位置的方法。选择图片，鼠标指针移到图片上，按左键并拖动，可以将该图片定位到目标位置。

也可以精确定义图片的大小和位置。首先选择图片，在"图片工具-格式"选项卡"大小"组单击右下角的"大小和位置"按钮，出现"设置图片格式"对话框，如图 5.24 所示，在对话框左侧单击"大小"项，在"高度"和"宽度"栏输入图片的高和宽。单击"位置"项，输入图片左上角距幻灯片边缘的水平和垂直位置坐标，即可确定图片的精确位置。

4．旋转图片

如果需要，也可以旋转图片。旋转图片能使图片按要求向不同方向倾斜，可以手动粗略旋转，也可以精确旋转指定角度。

（1）手动旋转图片。单击要旋转的图片，图片四周出现控点，拖动上方顺时针弯曲箭头即可随意旋转图片。

（2）精确旋转图片。手动旋转图片操作简单易行，但不能将图片旋转角度精确到度（例如，将图片顺时针旋转 30°），可以利用设置图片格式功能实现精确旋转图片。选择图片，在"图片工具-格式"选项卡"排列"组单击"旋转"按钮，在下拉列表中选择"向右旋转 90°"（"向左旋转 90°"）可以顺时针（逆时针）旋转 90°，也可以选择"垂直翻转"（"水平翻转"）。

若要实现精确旋转图片，可以选择下拉列表中的"其他旋转选项"，弹出"设置图片格式"对话框，如图 5.24 所示。在"旋转"栏输入要旋转的角度，正度数表示顺时针旋转，负度数表示逆时针旋转。例如，要顺时针旋转 30°，则输入"30"即可；输入"-30"则逆时针旋转 30°。

5．用图片样式美化图片

图片样式是各种图片外观格式的集合，使用图片样式可以使图片快速美化，PowerPoint 内置有 28 种样式供选择。

选择幻灯片并单击要美化的图片，在"图片工具-格式"选项卡"图片样式"组中显示若干图片样式列表，单击样式列表右下角的"其他"按钮，会弹出包括 28 种图片样式的列表，从中选择一种，如"柔化边缘椭圆"（样式带自提示功能），图片效果随之发生变化，图片由矩形剪裁成椭圆形，且边缘做了柔化处理，如图 5.25 所示。

图 5.24　"设置图片格式"对话框

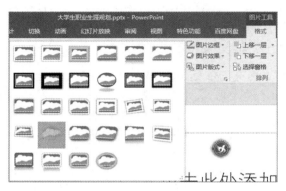

图 5.25　图片样式

6．为图片增加阴影、映像、棱台等特效

通过设置图片的阴影、映像、发光等特定视觉效果可以使图片更加美观真实，增强感染力。PowerPoint 提供了 12 种预设效果，若不满意，还可自定义图片效果。

请以"插入当前幻灯片副本"的方式，在"大学生职业生涯规划.pptx"演示文稿的第 2 张幻灯片之后插入一张新幻灯片，插入校徽图片，并适当调整其大小和位置。

（1）使用预设效果。选择要设置效果的图片，单击"图片工具-格式"选项卡"图片样式"组的"图片效果"命令，在出现的下拉列表中用鼠标指向"预设"项，此时显示出 12 种预设效果，从中选择一种（如"预设 9"，鼠标指向它会出现自提示字样，以下类似），可以看到图片按"预设 9"的效果发生了变化。

（2）自定义图片效果。若对预设效果不满意，还可自己对图片的阴影、映像、发光、柔化边缘、棱台、三维旋转等进行适当设置，以达到满意的图片效果。

以设置图片阴影、棱台和三维旋转效果为例，说明自定义图片效果的方法，其他效果设置类似。

图 5.26　图片效果

首先选择要设置效果的图片，单击"图片工具-格式"选项卡"图片样式"组的"图片效果"的下拉按钮，如图 5.26 所示，在展开的下拉列表中用鼠标指向"阴影"项，在出现的阴影列表的"透视"组中单击"左上对角透视"项。单击"图片效果"的下拉按钮，在展开的下拉列表中用鼠标指向"棱台"项，在出现的棱台列表中单击"圆"项。再次单击"图片效果"的下拉按钮，在展开的下拉列表中用鼠标

指向"三维旋转"项，在出现的三维旋转列表的"平行"组中单击"离轴 1 右"项。

通过以上一系列设置，图片效果会发生很大变化，更具立体和美观效果。

5.5.2　使用形状

学会使用形状，有助于制作专业水平的演示文稿。可用的形状包括线条、基本几何形状、箭头、公式形状、流程图形状、星、旗帜和标注等。这里以线条、矩形和椭圆为例，说明形状的绘制、移动、复制和格式化的基本方法，其他形状的用法与此类似，不再赘述。

插入形状有如下两个途径：

① 单击"插入"选项卡"插图"组的"形状"命令。

② 单击"开始"选项卡"绘图"组，单击"形状"列表右下角"其他"按钮。

在出现的各类形状的列表中选取所需形状即可，如图 5.27 所示。

（1）直线的绘制。将"大学生职业生涯规划.pptx"演示文稿的第 1 张幻灯片选为当前幻灯片，单击"插入"选项卡"插图"组的"形状"下拉按钮下的"直线"按钮，此时，鼠标指针呈十字形。将鼠标指针移到幻灯片中所画直线的起始点，按住鼠标左键拖动到直线终点，一条直线就会出现在幻灯片上，如图 5.28 所示。

若在画线的同时按住 Shift 键可以画特定方向的直线，例如水平线和垂直线。若选择"箭头"命令，则按以上步骤可以绘制带箭头的直线。

单击直线，直线两端出现控点。将鼠标指针移到直线的一个控点，鼠标指针变成双向箭头，拖动这个控点，就可以改变直线的长度和方向。

图 5.27　形状列表

图 5.28　绘制直线

将鼠标指针移到直线上，鼠标指针呈十字箭头形，拖动鼠标就可以移动直线；按 Ctrl 键的同时拖动鼠标可以复制该直线，也可以用复制和粘贴命令来实现。

（2）矩形和椭圆的绘制。在形状列表中单击"矩形"或"椭圆"命令，鼠标指针呈十字形。

将鼠标指针移到幻灯片上某点，按鼠标左键可拖画出一个矩形或椭圆，向不同方向拖动，绘制的矩形的长边或椭圆的长轴方向也不同。

将鼠标指针移到矩形或椭圆周围的控点上，鼠标指针变成双向箭头，拖动控点，就可以改变矩形或椭圆的大小和形状。拖动顺时针弯曲箭头，可以旋转矩形或椭圆。

若按住 Shift 键的同时拖动鼠标可以画出标准正方形或标准正圆。

（3）在形状中添加文本。有时希望在绘出的封闭形状中增加文字，以表达更清晰的含义，实现图文并茂的效果。选中形状（单击它，使之周围出现控点）后直接输入所需的文本即可。也可以右击形状，在弹出的快捷菜单中单击"编辑文字"命令，形状中出现光标，输入文字即可。

（4）形状的移动和复制。移动和复制形状的操作是类似的。

单击要移动或复制的形状，其周围出现控点，表示被选中。

将鼠标指针指向形状边框或其内部，鼠标指针变成双向箭头状，按下鼠标左键拖动鼠标到目标位置，则该形状将被移动到目标位置；若同时按住 Ctrl 键拖动，则该形状将被复制到目标位置。

复制形状还可以用复制和粘贴命令实现。

（5）形状的旋转。与图片一样，形状也可以按需要进行旋转，可以手动粗略旋转，也可以精确旋转指定的角度。单击要旋转的形状，形状四周出现控点，拖动上方顺时针弯曲箭头即可随意旋转形状。实现精确旋转形状的方法如下：

单击形状，单击"绘图工具-格式"选项卡"排列"组的"旋转"按钮，在下拉列表中选择"向右旋转 90°"（"向左旋转 90°"）可以顺时针（逆时针）旋转 90°。也可以选择"垂直翻转"或"水平翻转"。

若要以其他角度旋转形状，可以选择下拉列表中的"其他旋转选项"，弹出"设置形状格式"对话框，在"旋转"栏输入要旋转的角度。例如，输入"-30"，则逆时针旋转 30°；输入正值，表示顺时针旋转。

（6）更改形状。绘制形状后，若不喜欢当前形状，可以删除后重新绘制，也可以直接更改为喜欢的形状。方法是选择要更改的形状（如矩形），单击"绘图工具-格式"选项卡"插入形状"组的"编辑形状"命令，在展开的下拉列表中选择"更改形状"，然后在弹出的形状列表中单击要更改的目标形状（如直角三角形）。

（7）形状的组合。有时需要将几个形状作为整体进行移动、复制或改变大小。把多个形状组合成一个形状，称为形状的组合；将组合形状恢复为组合前状态，称为取消组合。

组合多个形状的方法如下：

① 选择要组合的各形状，即按住 Shift 键并依次单击要组合的每个形状，使每个要参与组合的形状周围都出现控点：

② 单击"绘图工具-格式"选项卡"排列"组的"组合"按钮，并在出现的下拉列表中选择"组合"命令。

此时，这些形状已经成为一个整体。如图 5.29 所示，上方是两个选中的独立形状，下方是这两个独立形状的组合。独立形状有各自的边框，而组合形状是一个整体，所以只有一个边框。组合形状可以作为一个整体进行移动、复制和改变大小等操作。

图 5.29　组合图形

如果想取消组合，则首先选中组合形状，然后单击"绘图工具-格式"选项卡"排列"组的"组合"按钮，并在出现的下拉列表中选择"取消组合"命令。此时，组合形状又恢复为组合前的几个独立形状。

此外，文本框、剪贴画、图片、SmartArt 图形、图表、艺术字、公式对象等也都可以根据需要互相组合。

（8）形状的格式化。套用系统提供的形状样式可以快速美化形状，若对这些形状的样式不完全满意，也可以对样式进行调整，以适合自己的需要。例如，线条的线型（实线或虚线、粗细）、颜色等，封闭形状内部填充颜色、纹理、图片等，还有形状的阴影、映像、发光、柔化边缘、棱台、三维旋转等方面的形状效果。

① 套用形状样式。首先选择要套用样式的形状，然后单击"绘图工具-格式"选项卡"形状样式"组形状样式列表右下角的"其他"命令，出现下拉列表，如图 5.30 所示，其中提供了 42 种样式供选择，选择其中一种样式，则形状按所选样式立即发生变化。

② 自定义形状线条的线型和颜色。选择形状，然后单击"绘图工具-格式"选项卡"形状样式"组"形状轮廓"的下拉按钮，在出现的下拉列表中，可以修改线条的颜色、粗细、实线或虚线等，也可以取消形状的轮廓线。例如，在下拉列表中选择"粗细"命令，则出现 0.25～6 磅之间多达 9 种粗细线条供选择，如图 5.31 所示。若利用其中"其他线条"命令，可调出"设置形状格式"对话框，从中可以任意确定线条的线型和颜色等。例如，线条的线型设置为 0.75 磅方点虚线，若是带箭头线条，还可以设置箭头的样式。

③ 设置封闭形状的填充色和填充效果。对封闭形状，可以在其内部填充指定的颜色，还可以利用渐变、纹理、图片来填充形状。选择要填充的封闭形状，单击"绘图工具-格式"选项卡"形状样式"组"形状填充"的下拉按钮，在出现的下拉列表中可以设置形状内部填充的颜色，也可以用渐变、纹理、图片来填充形状。例如，在下拉列表中选择"纹理"选项，则出现多种纹理供选择，选择其中"深色木质"，可以看到封闭形状中填充了"深色木质"纹理。

④ 设置形状的效果。选择要设置效果的形状，在"绘图工具-格式"选项卡"形状样式"组单击"形状效果"按钮，在出现的下拉列表中将鼠标指向"预设"项，从显示的 12 种预设效果中选择一种（如"预设 6"）即可。若对预设效果不满意，还可自己对形状的阴影、映像、发光、柔化边缘、棱台、三维旋转等进行适当设置，以达到满意的形状效果。具体方法类似图片效果的设置，不再赘述。

注意：上述的最终选项，如"深色木质"，都是带有自提示功能的，即鼠标指向某选项，停留 1～2 s 即出现该选项的有关提示文字，以便识别和选择。后面的许多有关操作也都有类似之处，不再一一赘述。

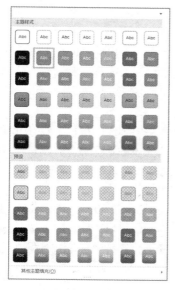

图 5.30　形状样式

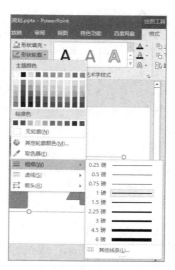

图 5.31　形状轮廓

5.5.3　使用艺术字

文本除了字体、字形、颜色等格式化设置项外，还可以对文本做进一步艺术化处理，使其具有特殊的艺术效果。例如，可以拉伸标题、对文本进行变形、使文本适应预设形状，或应用渐变填充等。艺术字具有美观有趣、突出显示、醒目张扬等特点，特别适合重要的、需要突出显示、特别强调等文字表现场合。在幻灯片中既可以创建艺术字，也可以将现有文本转换成艺术字。

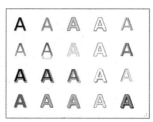

图 5.32　艺术字样式列表

1．创建艺术字

创建艺术字的步骤如下：

（1）选中要插入艺术字的幻灯片。

（2）单击"插入"选项卡"文本"组的"艺术字"命令，出现艺术字样式列表，如图 5.32 所示。

（3）在艺术字样式列表中选择一种艺术字样式（如"填充-黑色，文本 1，阴影"），幻灯片中即出现指定样式的艺术字编辑框，其中内容为"请在此放置您的文字"，在艺术字编辑框中删除这几个字并输入所要填写的文本（如"Thank You!"）。和普通文本一样，艺术字也可以做字体、字号等的修改设置，这里将字号设置为 80。

2．艺术字效果的修饰

创建艺术字后，如果不满意，还可以对艺术字内的填充（颜色、渐变、图片、纹理等）、轮廓线（颜色、粗细、线型等）和文本外观效果（阴影、发光、映像、棱台、三维旋转和转换等）进行修饰处理，使艺术字的效果得到创造性的发挥。

修饰艺术字，首先要选中艺术字。方法是单击艺术字，其周围出现 8 个白色控点和一个顺时针弯曲箭头。拖动顺时针弯曲箭头可以任意旋转艺术字。选择艺术字后，会出现"绘图工具-格式"选项卡，其中"艺术字样式"组含有的"文本填充""文本轮廓"和"文本效果"选项主要用于修饰艺术字和设置艺术字外观效果。

（1）改变艺术字填充颜色。选择艺术字，单击"绘图工具-格式"选项卡"艺术字样式"组的"文本填充"命令，在出现的下拉列表中选择一种颜色，则艺术字内部用该颜色填充。也可以选择用渐变、图片或纹理填充艺术字。选择列表中的"渐变"命令，在出现的渐变列表中选择一种变体渐变（如"从中心"）。选择列表中的"图片"命令，则出现"插入图片"对话框，选择某图片后，则用该图片填充艺术字。选择列表中的"纹理"命令，则出现各种纹理列表，从中选择一种（如"画布"）即可用该纹理填充艺术字。

（2）改变艺术字轮廓。为美化艺术字，可以改变艺术字轮廓线的颜色、粗细和线型。选择艺术字，单击"绘图工具-格式"选项卡"艺术字样式"组的"文本轮廓"命令，出现下拉列表，可以从中选择一种颜色作为艺术字轮廓线颜色。在下拉列表中选择"粗细"项，出现各种尺寸的线条列表，选择一种（如 1.5 磅），则艺术字轮廓采用该尺寸线条。

在下拉列表中选择"虚线"项，可以选择线型（如"长画线-点-点"），则艺术字轮廓采用该线型。

（3）改变艺术字的效果。如果对当前艺术字效果不满意，可以以阴影、发光、映像、棱台、三维旋转和转换等方式进行修饰，其中转换可以使艺术字变形为各种弯曲形式，增加艺术感。单击选中艺术字，单击"绘图工具-格式"选项卡"艺术字样式"组的"文本效果"命令，出现下拉列表，选择其中的各种效果（阴影、发光、映像、棱台、三维旋转和转换）进行设置。以"转换"为例，将鼠标指向"转换"项，出现转换方式列表，选择其中一种转换方式，如"弯曲"组中的"朝鲜鼓"（位于第 6 行第 2 列），艺术字立即转换成"朝鲜鼓"形式，拖动艺术字中的紫色控点可改变变形幅度，效果如图 5.33 所示。

（4）编辑艺术字文本。单击艺术字，直接编辑、修改文字即可。

（5）旋转艺术字。选择艺术字，拖动顺时针弯曲箭头，可以自由旋转艺术字。

（6）确定艺术字的位置。用拖动艺术字的方法可以将它大致定位在某位置。如果希望精确定位艺术字，首先选择艺术字，单击"绘图工具-格式"选项卡"大小"组的"大小和位置"按钮，弹出"设置形状格式"对话框，如图 5.34 所示，在对话框的左侧选择"位置"项，在右侧"水平"栏输入数据（如 4.5 cm）、"自"栏选择度量依据（如左上角），"垂直"栏输入数据（如 8.24 cm），"自"栏选择度量依据（如左上角），表示艺术字的左上角距幻灯片左边缘 4.5 cm，距幻灯片上边缘 8.24 cm。单击"确定"按钮，则艺术字精确定位到幻灯片中所设置的地方。

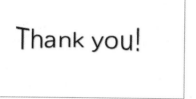

图 5.33　艺术字效果设置

图 5.34　"设置形状格式"对话框

3. 转换普通文本为艺术字

若想将幻灯片中已经存在的普通文本转换为艺术字，则首先选择这些文本，然后单击"插入"选项卡"文本"组的"艺术字"按钮，在弹出的艺术字样式列表中选择一种样式，并适当修饰即可。

5.5.4　使用图表

在幻灯片中还可以使用 Excel 提供的图表功能，在幻灯片中嵌入 Excel 图表和相应的表格。

（1）插入新幻灯片并选择"标题和内容"版式，单击内容区"插入图表"图标，弹出"插入图表"对话框，即可按照 Excel 的操作方式插入图表，如图 5.35 所示。

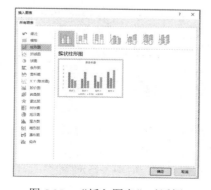

图 5.35　"插入图表"对话框

（2）确定预插入的图表后，会进入 Excel 应用程序，编辑 Excel 表格数据，相应的图表显示在幻灯片上。

5.5.5 使用音频和视频

PowerPoint 幻灯片可以插入一些简单的声音和视频。

（1）选中要插入声音的幻灯片，单击"插入"选项卡"媒体"组的"音频"下拉箭头，可以插入"PC 上的音频"，还可以录制音频。幻灯片中插入声音后，幻灯片中会出现声音图标，还会出现浮动声音控制栏，单击栏上的"播放"图标按钮，可以预览声音效果，如图 5.36 所示。外部的声音文件可以是 mp4 文件、WAV 文件、WMA 文件等。

（2）选中要插入视频的幻灯片，单击"插入"选项卡"媒体"组的"视频"下拉箭头，可以插入"PC 上的视频""联网视频"等。幻灯片中插入视频后，幻灯片中会出现"视频"播放区，还会出现浮动声音控制栏，单击栏上的"播放"图标按钮，可以预览播放效果，如图 5.37 所示。拖动"视频"播放区可以改变视频播放区在幻灯片中的位置和窗口大小。

图 5.36　插入音频

图 5.37　插入视频

5.6　使用表格

在幻灯片中除了文本、形状、图片外，还可以插入表格等对象，使演示文稿的表达方式更加丰富多彩。

表格的应用十分广泛，是显示和表达数据的较好方式。在演示文稿中常使用表格表达有关数据信息，简单、直观、高效，且一目了然。

5.6.1 创建表格

创建表格的方法有使用功能区命令创建和利用内容区占位符创建两种。和插入剪贴画与图片一样，在内容区占位符中也有"插入表格"图标，单击"插入表格"图标，出现"插入表格"对话框，输入表格的行数和列数后即可创建指定行列数的表格。

利用功能区命令创建表格的方法如下：

（1）打开演示文稿，并切换到要插入表格的幻灯片，以"大学生职业生涯规划.pptx"演示文稿制作为例。

（2）单击"插入"选项卡"表格"组中的"表格"按钮，在弹出的下拉列表中单击"插入表格"命令，出现"插入表格"对话框，输入要插入表格的行数和列数，如图 5.38 所示。单击"确定"按钮，幻灯片中出现一个指定行列数的表格，拖动表格的控点可以改变表格的大小，拖动表格边框可以移动定位表格。

（3）行列较少的小型表格也可以快速生成，方法是单击"插入"选项卡"表格"组"表格"按钮，在弹出的下拉列表顶部的示意表格中拖动鼠标，顶部显示当前表格的行列数（如 2×4 表格），与此同时幻灯片中也同步出现相应行列数的表格，直到显示满意行列数时（如 3×5 表格）单击之，则在当前幻灯片中快速插入相应行列数的表格，如图 5.39 所示。

创建表格后，光标默认定位在左上角第一个单元格中，此时就可以输入表格内容了。单击某单元格，出现插入点光标，即可在该单元格中输入内容。直到完成全部单元格内容的输入。

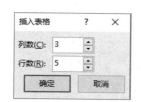

图 5.38　"插入表格"对话框

图 5.39　快速生成表格

5.6.2　编辑表格

表格制作完成后，若不满意，可以编辑修改。例如，修改单元格的内容，设置文本对齐方式，调整表格大小和行高、列宽，插入和删除行或列，合并与拆分单元格等。在修改表格对象前，应首先选择这些对象。这些操作命令可以在"表格工具-布局"选项卡中找到。

（1）选择表格对象。编辑表格前，必须先选择要编辑的表格对象，如整个表格、行或列、单元格、单元格范围等。选择整个表格、行或列的方法：光标放在表格的任一单元格中，在"表格工具-布局"选项卡"表"组中单击"选择"按钮，在出现的下拉列表中有"选择表格""选择列"和"选择行"命令，单击"选择表格"命令，即可选择该表格；单击"选择行"或"选择列"命令，则光标所在行或列被选中。

选择行或列的另一种方法是将鼠标移至目标行左侧或目标列上方出现向右或向下的黑箭头时单击，即可选中该行或列。

（2）设置单元格文本对齐方式。在单元格中输入文本，通常是左对齐的。若希望某些单元格中文本采用其他对齐方式，可以选择这些单元格，按要求在"表格工具-布局"选项卡的"对齐方式"组的 6 个对齐方式按钮中选择（例如"居中"），这 6 个按钮中上面 3 个按钮分别是文本水平方向的"左对齐""居中"和"右对齐"，下面 3 个按钮分别是文本垂直方向的"顶端对齐""垂直居中"和"底端对齐"。

（3）调整表格大小及行高、列宽。调整表格大小和行高、列宽均有两种方法：

① 拖动鼠标法。选择表格，表格四周出现 8 个小空心圆组成的控点，鼠标移至控点出现双向箭头时沿箭头方向拖动，即可改变表格大小。水平或垂直方向拖动可改变表格宽度或高度，在表格四角拖动控点，则等比例缩放表格的宽和高。

② 精确设定法。单击表格内任意单元格，在"表格工具-布局"选项卡"表格尺寸"组可以输入表格的宽度和高度数值，若勾选"锁定纵横比"复选框，则保证按比例缩放表格。在"表格工具-

布局"选项卡"单元格大小"组中输入高度和宽度的数值，可以精确设定当前选定区域所在行的行高和列的列宽。

　　单击"分布行"，则在所选行之间平均分布行高；单击"分布列"，则在所选列之间平均分布列宽。

　　（4）插入行和列。若表格行或列不够用时，可以在指定位置插入空行或空列。首先将光标置于某行的任意单元格中，然后单击"表格工具-布局"选项卡"行和列"组的"在上方插入"或"在下方插入"按钮，即可在当前行的上方或下方插入空白行。

　　用同样的方法，在"表格工具-布局"选项卡"行和列"组中单击"在左侧插入"或"在右侧插入"命令，可以在当前列的左侧或右侧插入一空白列。

　　（5）删除表格行、列和整个表格。若表格的某些行或列已经无用时，可以将其删除。将光标置于被删行或列的任意单元格中，单击"表格工具-布局"选项卡"行和列"组的"删除"按钮，在出现的下拉列表中选择"删除行"或"删除列"命令，则该行或列被删除。若选择"删除表格"，则光标所在的整个表格被删除。

　　（6）合并和拆分单元格。合并单元格是指将若干相邻单元格合并为一个单元格，合并后的单元格宽度或高度是被合并的几个单元格宽度或高度之和。而拆分单元格是指将一个单元格拆分为多个单元格。

　　合并单元格的方法：选择相邻要合并的所有单元格（如同一行相邻的 3 个单元格），单击"表格工具-布局"选项卡"合并"组的"合并单元格"按钮，则所选单元格合并为 1 个大单元格。

　　拆分单元格的方法：选择要拆分的单元格，单击"表格工具-布局"选项卡"合并"组的"拆分单元格"按钮，弹出"拆分单元格"对话框，在对话框中输入行数和列数，即可将单元格拆分为指定行列数的多个单元格。例如，行为 1，列为 2，则原单元格拆分为 1 行中的 2 个相邻小单元格，如图 5.40 所示。

图 5.40　合并与拆分单元格

5.6.3　表格格式的设置

　　为了美化表格，系统提供了大量预设的表格样式，用户不必费心设置表格字体、边框和底纹效果，只要选择喜欢的表格样式即可。若不满意表格样式中的边框和底纹效果，也可以动手设置自己喜欢的表格边框和底纹效果。

　　（1）套用表格样式。单击表格的任意单元格，单击"表格工具-设计"选项卡"表格样式"组，单击样式列表右下角的"其他"按钮，在下拉列表中会展开"文档的最佳匹配对象""淡""中""深"四类表格样式，当鼠标指向某样式时，幻灯片中表格随之出现该样式的预览。从中单击自己喜欢的表格或合适的样式即可，如图 5.41 所示。

图 5.41　套用表格样式

若对已经选用的表格样式不满意，可以清除该样式，并重新选用其他表格样式。具体方法为：单击表格任意单元格，在"表格工具-设计"选项卡"表格样式"组单击样式右下角的"其他"按钮，在下拉列表中单击"清除表格"命令，则表格变成无样式的表格，然后重新选用其他表格样式即可。

（2）设置表格框线。系统提供的表格样式已经设置了相应的表格框线和底纹，如不满意可以自己重新定义。

单击表格任意单元格，单击"表格工具-设计"选项卡"绘图边框"组，单击"笔颜色"按钮，在下拉列表中选择边框线的颜色（如"红色"）。单击"笔样式"按钮，在下拉列表中选择边框线的线型（如"实线"）。单击"笔画粗细"按钮，在下拉列表中选择线条宽度（如 3 磅）。选择边框线的颜色、线型和线条宽度后，再确定设置该边框线的对象。选择整个表格，单击"表格工具-设计"选项卡"表格样式"组的"边框"下拉按钮，在下拉列表中显示"所有框线""外侧框线"等各种设置对象，例如选择"外侧框线"，则表格的外侧框线设置为红色 3 磅实线。

用同样的方法，可以对表格内部、行或列等设置不同的边框线。

（3）设置表格底纹。表格的底纹也可以自定义，可以设置纯色底纹、渐变色底纹、图片底纹、纹理底纹等，还可以设置表格的背景。

选择要设置底纹的表格区域，单击"表格工具-设计"选项卡"表格样式"组的"底纹"下拉按钮，在下拉列表中显示各种底纹设置命令。

选择某种颜色，则区域中单元格均采用该颜色为底纹。

若选择"渐变"命令，在下拉列表中有浅色变体和深色变体两类，选择一种颜色变体（如深色变体类的"线性向右"），则区域中单元格均以该颜色变体为底纹。

若选择"图片"命令，弹出"插入图片"对话框，选择一个图片文件，并单击对话框的"插入"按钮，则以该图片作为区域中单元格的底纹。

若选择"纹理"命令，并在下拉列表中选择一种纹理，则区域中单元格以该纹理为底纹。

列表中的"表格背景"命令是针对整个表格底纹的。若选择"表格背景"命令，在下拉列表中选择颜色或"图片"命令，可以用指定颜色或图片作为整个表格的底纹背景。

（4）设置表格效果。选择表格，单击"表格工具-设计"选项卡"表格样式"组的"效果"下拉按钮，在下拉列表中提供了"单元格凹凸效果""阴影"和"映像"三类效果命令。其中，"单元格凹凸效果"主要是对表格单元格边框进行处理后的各种凹凸效果，"阴影"是为表格建立内部或外部各种方向的光晕，而"映像"是在表格四周创建倒影的特效。

选择某类效果命令，在展开的列表中选择一种效果即可。例如，选择"单元格凹凸效果"命令，从列表中选择"凸起"棱台效果。

5.7　演示文稿的放映设计

目前，在计算机屏幕上直接演示幻灯片已经取代了传统的 35 mm 幻灯片，若观众较多，可使用投影仪在大屏幕上放映幻灯片。计算机幻灯片放映的显著优点是可以设计动画效果、加入视频和音乐、设计美妙动人的切换方式和适合各种场合的放映方式等。

用户创建演示文稿，其目的是向有关观众放映和演示。要想获得满意的效果，除了精心策划、细致制作演示文稿外，更为重要的是设计出引人入胜的演示过程。为此，可以从如下几个方面入手：设置幻灯片中对象的动画效果和声音、变换幻灯片的切换效果、选择适当的放映方式等。

下面首先讨论放映演示文稿的方法，然后从动画设计、幻灯片切换效果、幻灯片放映方式、排练计时放映和交互式放映等方面讨论如何提高演示文稿的放映效果。

5.7.1 演示文稿的放映

制作演示文稿的最终目的就是为观众放映演示文稿，以表达相关观点和信息。放映当前演示文稿必须先进入幻灯片放映视图，用如下方法之一可以进入幻灯片放映视图：

（1）单击"幻灯片放映"选项卡"开始放映幻灯片"组的"从头开始"或"从当前幻灯片开始"按钮；

（2）单击窗口右下角视图按钮中的"幻灯片放映"按钮，则从当前幻灯片开始放映。

第一种方法"从头开始"命令是从演示文稿的第一张幻灯片开始放映，而"从当前幻灯片开始"和第二种方法是从当前幻灯片开始放映。

进入幻灯片放映视图后，在全屏幕放映方式下，单击鼠标左键或按下光标键或向下翻页键，可以切换到下一张幻灯片，直到放映完毕。在放映过程中，右击则会弹出放映控制菜单。利用放映控制菜单的命令可以改变放映顺序、做即兴标注等。

1．改变放映顺序

一般，幻灯片放映是按顺序依次放映。若需要改变放映顺序，可以右击，弹出放映控制菜单，如图 5.42 所示。单击"上一张"或"下一张"命令，即可放映当前幻灯片的上一张或下一张幻灯片。若要放映特定幻灯片，将鼠标指针指向放映控制菜单的"定位至幻灯片"，就会弹出所有幻灯片标题，单击目标幻灯片标题，即可从该幻灯片开始放映。

2．放映中即兴标注和擦除墨迹

放映过程中，可能要强调或勾画某些重点内容，也可能临时即兴勾画标注。为了从放映状态转换到标注状态，可以将鼠标指针指向放映控制菜单的"指针选项"，在出现的子菜单中单击"笔"或"荧光笔"命令，鼠标指针呈圆点状或条块状，按住鼠标左键

图 5.42　放映时即兴标注与放映控制菜单

即可在幻灯片上勾画书写，图 5.42 中"出发"二字就是用"荧光笔"工具书写的。

如果希望改变笔画的颜色，可以选择放映控制菜单"指针选项"子菜单的"墨迹颜色"命令，在弹出的颜色列表中选择所需颜色。

如果希望删除已标注的墨迹，可以单击放映控制菜单"指针选项"子菜单的"橡皮擦"命令，鼠标指针呈橡皮擦状，在需要删除的墨迹上单击即可清除该墨迹。若选择"擦除幻灯片上的所有墨迹"命令，则擦除全部标注墨迹。

要从标注状态恢复到放映状态，可以右击调出放映控制菜单，并选择"指针选项"子菜单的"箭头"命令，或按 Esc 键。

3．使用激光笔

为指明重要内容，可以使用激光笔功能。按住 Ctrl 键的同时，按鼠标左键，屏幕出现十分醒目的红色圆圈的激光笔，移动激光笔，可以明确指示重要内容的位置。改变激光笔颜色的方法：单击"幻灯片放映"选项卡"设置"组的"设置幻灯片放映"按钮，出现"设置放映方式"对话框，单击"激光笔颜色"下拉按钮，即可设置激光笔的颜色（红、绿和蓝之一）。

4．中断放映

有时希望在放映过程中退出放映，可以右击，调出放映控制菜单，从中选择"结束放映"命令，或按 Esc 键。

除通过右击调出放映控制菜单外，也可以通过屏幕左下角的控制按钮实现放映控制菜单的全部功能。其中，左箭头、右箭头按钮相当于放映控制菜单的"上一张"或"下一张"功能；笔状按钮相当于放映控制菜单的"指针选项"功能；幻灯片状按钮的功能包括放映控制菜单除"指针选项"外的所有功能。

5.7.2　幻灯片对象的动画设计

动画技术可以使幻灯片的内容以丰富多彩的活动方式展示出来，赋予它们进入、退出、大小或颜色变化甚至移动等视觉效果，是必须掌握的 PowerPoint 幻灯片制作技术。

实际上，在制作演示文稿过程中，常对幻灯片中的各种对象适当地设置动画效果和声音效果，并根据需要设计各对象所设动画出现的顺序。这样，既能突出重点，吸引观众的注意力，又使放映过程十分有趣。不使用动画，会使观众感觉枯燥无味；然而过多使用动画也会显得凌乱烦琐，分散观众的注意力，不利于传达信息。应尽量化繁为简，以突出表达信息为目的。另外，具有创意的动画也能抓住观众的眼球。因此，设置动画应遵从适当、简化和创意的原则。

1．动画效果的设置

动画有四类：进入、强调、退出和动作路径。

（1）"进入"动画。对象的进入动画是指对象进入播放画面时的动画效果。例如，对象从左下角飞入播放画面等。选择"动画"选项卡，"动画"组显示了部分动画效果列表。

设置"进入"动画的方法如下：

在幻灯片中选择需要设置动画效果的对象，在"动画"选项卡的"动画"组中单击动画样式列表右下角的"其他"按钮，出现各种动画效果的下拉列表，如图 5.43 所示。其中有"进入""强调""退出"和"动作路径"四类动画，每类又包含若干不同的动画效果。

在"进入"类中选择一种动画效果，例如"飞入"，则所选对象被赋予该动画效果。

对象被添加动画效果后，旁边将会自动出现数字编号，它表示该动画的出现顺序。

如果对所列动画效果仍不满意，还可以单击动画样式下拉列表下方的"更多进入效果"命令，打开"更改进入效果"对话框，其中按"基本型""细微型""温和型"和"华丽型"列出更多动画效果供选择，如图 5.44 所示。

（2）"强调"动画。"强调"动画主要对播放画面中的对象进行突出显示，起强调的作用。设置方法类似于设置"进入"动画。选择需要设置动画效果的对象，在"动画"选项卡的"动画"组中单击动画效果列表右下角的"其他"按钮，出现各种动画效果的下拉列表，如图 5.43 所示。

在"强调"类中选择一种动画效果，例如"陀螺旋"，则所选对象被赋予该动画效果。同样，还可以单击动画样式下拉列表的下方"更多强调效果"命令，打开"更改强调效果"对话框，选择更多类型的"强调"动画效果。

（3）"退出"动画。对象的"退出"动画是指播放画面中的对象离开播放画面的动画效果。例如，"飞出"动画使对象以飞出的方式离开播放画面。设置"退出"动画的方法如下：

选择需要设置动画效果的对象，在"动画"选项卡的"动画"组中单击动画样式列表右下角的"其他"按钮，出现各种动画效果的下拉列表，如图 5.43 所示。

图 5.43　动画效果列表　　　　　　图 5.44　"更改进入效果"对话框

在"退出"类中选择一种动画效果，例如"飞出"，则所选对象被赋予该动画效果。同样，还可以单击动画样式下拉列表下方的"更多退出效果"命令，打开"更改退出效果"对话框，选择更多类型的"退出"动画样式。

（4）"路径"动画。对象的"路径"动画是指播放画面中的对象按指定路径移动的动画效果。例如，"自定义路径"动画使对象沿着用户自己画出的任意路径移动。设置"自定义路径"动画的方法如下：

① 在幻灯片中选择需要设置动画效果的对象，在"动画"选项卡的"动画"组中单击动画效果列表右下角的"其他"按钮，出现各种动画效果的下拉列表，如图 5.43 所示。

② 在"动作路径"类中选择一种动画效果，例如"自定义路径"，则所选对象被赋予该动画效果，如图 5.45 所示，实现了校徽从左到右的效果。启动动画，图形将沿着这一路径从路径起始点（左侧点）移动到路径结束点（右侧点）。拖动路径的各控点可以改变路径，而拖动路径上方顺时针弯曲箭头可以改变路径的角度。

同样，还可以单击动画效果下拉列表下方的"其他动作路径"命令，打开"更改动作路径"对话框，选择更多类型的"路径"动画效果。

图 5.45　"自定义路径"动画

2．设置动画属性

设置动画时，如不设置动画属性，系统将采用默认的动画属性。例如，设置"陀螺旋"动画，则其效果选项"方向"默认为"顺时针"，开始动画方式为"单击时"等。若对默认的动画属性不满意，也可以进一步对动画效果选项、动画开始方式、动画音效等重新设置。

（1）设置动画效果选项。动画效果选项是指动画的方向和形式。选择设置动画的对象，单击"动画"选项卡"动画"组右侧的"效果选项"按钮，出现各种效果选项的下拉列表。例如，"陀螺旋"动画的效果选项为旋转方向、旋转数量等。通过预览各种动画选项设置效果来观察和比较，从中选择满意的效果选项。

（2）设置动画开始方式、持续时间和延迟时间。动画开始方式是指开始播放动画的方式，动画持续时间是指动画开始后整个播放时间，动画延迟时间是指播放操作开始后延迟播放的时间。选择设置动画的对象，单击"动画"选项卡"计时"组"开始"左侧的下拉按钮，在出现的下拉列表中选择动画开始方式。动画开始方式有三种："单击时""与上一动画同时"和"上一动画之后"。

"单击时"是指单击鼠标时开始播放动画；"与上一动画同时"是指播放前一动画的同时播放该动画，可以在同一时间组合多个效果；"上一动画之后"是指前一动画播放之后开始播放该动画。

另外，还可以在"动画"选项卡的"计时"组左侧"持续时间"栏调整动画持续时间，在"延迟"栏调整动画延迟时间。

（3）设置动画音效。设置动画时，默认动画无音效，需要音效时可以自行设置。以"陀螺旋"动画对象设置音效为例，说明设置音效的方法。选择设置动画音效的对象（该对象已设置"陀螺旋"动画），单击"动画"选项卡"动画"组右下角的"显示其他效果选项"按钮，弹出"陀螺旋"动画效果选项对话框，如图 5.46 所示。在对话框的"效果"选项卡中单击"声音"栏的下拉按钮，在出现的下拉列表中选择一种音效，如"打字机"。

可以看到，在对话框中，"效果"选项卡中可以设置动画方向（如图 5.44 所示）、形式和音效效果，在"计时"选项卡中可以设置动画开始方式、动画持续时间（在"期间"栏设置）和动画延迟时间等。因此，需要设置多种动画属性时，可以直接调出该动画效果选项对话框，分别设置各种动画效果。

3．调整动画播放顺序

给对象添加了动画效果后，对象旁边出现该动画播放顺序的序号（默认从 0 开始，以此类推）。一般，该序号与设置动画的顺序一致，即按设置动画的顺序播放动画。对多个对象设置动画效果后，如果对原有播放顺序不满意，可以调整对象动画播放顺序，方法如下：

单击"动画"选项卡"高级动画"组的"动画窗格"按钮，调出动画窗格，如图 5.47 所示。动画窗口显示所有动画对象，它左侧的数字表示该对象动画播放的顺序号，按钮与幻灯片中的动画对象旁边显示的序号一致。选择动画对象，并单击顶部的"▲"或"▼"，即可改变该动画对象的播放顺序。

图 5.46　"陀螺旋"动画效果选项对话框

图 5.47　动画窗格

4．预览动画效果

动画设置完成后，可以预览动画的播放效果。单击"动画"选项卡"预览"组的"预览"按钮或单击动画窗格上方的"播放"按钮，即可预览动画。

5.7.3　幻灯片切换效果设计

幻灯片的切换效果是指放映时幻灯片离开和进入播放画面所产生的视觉效果。系统提供多种切换样式，例如，可以使幻灯片从右上部覆盖，或者自左侧擦除等。幻灯片的切换效果不仅使幻灯片的过渡衔接更为自然，而且也能吸引观众的注意力。幻灯片的切换包括幻灯片切换效果（如"覆盖"）和切换属性（包括效果选项、换片方式、持续时间和声音效果等）。

1．幻灯片切换样式的设置

（1）打开演示文稿，选择要设置幻灯片切换效果的幻灯片（组）。在"切换"选项卡"切换到此幻灯片"组中单击切换效果列表右下角的"其他"按钮，弹出包括"细微型""华丽型"和"动态内容"等各类切换效果列表，如图5.48所示。

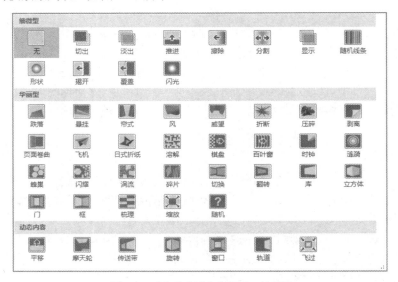

图5.48　"更改进入效果"对话框

（2）在切换效果列表中选择一种切换样式（如"百叶窗"）即可。

设置的切换效果对所选幻灯片（组）有效，如果希望全部幻灯片均采用该切换效果，可以单击"计时"组的"全部应用"按钮。

2．切换属性设置

幻灯片切换属性包括效果选项（如"自左侧"）、换片方式（如"单击鼠标时"）、持续时间（如2秒）和声音效果（如"打字机"）。

设置幻灯片切换效果时，如不设置，则切换属性均采用默认设置。例如，采用"覆盖"切换效果，切换属性默认为：效果选项为"自右侧"，换片方式为"单击鼠标时"，持续时间为"1秒"，而声音效果为"无声音"。

如果对默认切换属性不满意，可以自行设置。在"切换"选项卡"切换到此幻灯片"组中单击

"效果选项"按钮，在出现的下拉列表中选择一种切换效果（如"自底部"）。

在"切换"选项卡"计时"组右侧设置换片方式，例如，勾选"单击鼠标时"复选框，表示单击鼠标时才切换幻灯片。也可以勾选"设置自动换片时间"，表示经过该时间段后自动切换到下一张幻灯片。

在"切换"选项卡"计时"组左侧设置切换声音，单击"声音"栏下拉按钮，在弹出的下拉列表中选择一种切换声音（如"爆炸"）。在"持续时间"栏输入切换持续时间。单击"全部应用"按钮，则表示全体幻灯片均采用所设置的切换效果，否则只作用于当前所选幻灯片（组）。

3．预览切换效果

设置完切换效果后，会自动预览一遍设置了切换效果的第一张幻灯片。也可以单击"预览"组的"预览"按钮，随时预览切换效果。

5.7.4　幻灯片放映方式设计

完成演示文稿的制作后，剩下的工作是向观众放映演示文稿。不同场合选择适合的放映方式是十分重要的。

演示文稿的放映方式有三种：演讲者放映（全屏幕）、观众自行浏览（窗口）和在展台浏览（全屏幕）。

1．演讲者放映（全屏幕）

演讲者放映是全屏幕放映，这种放映方式适合会议或教学的场合，放映进程完全由演讲者控制。

2．观众自行浏览（窗口）

若允许观众交互式控制放映过程，则采用这种方式较适宜。它在窗口中展示演示文稿，允许观众利用窗口命令控制放映进程。例如，观众单击窗口右下方的左箭头和右箭头，可以分别切换到前一张幻灯片和后一张幻灯片（按 PageUp 和 PageDown 键也能切换到前一张和后一张幻灯片）。单击两箭头之间的"菜单"按钮，将弹出放映控制菜单，利用菜单的"定位至幻灯片"命令，可以方便、快速地切换到指定的幻灯片。按 Esc 键可以终止放映。

3．在展台浏览（全屏幕）

这种放映方式采用全屏幕放映，适合无人看管的场合，例如展示产品的橱窗和展览会上自动播放产品信息的展台等。演示文稿自动循环放映，观众只能观看不能控制。采用该方式的演示文稿应事先进行排练计时。

放映方式的设置方法如下：

（1）打开演示文稿，单击"幻灯片放映"选项卡"设置"组的"设置幻灯片放映"按钮，出现"设置放映方式"对话框，如图 5.49 所示。

（2）在"放映类型"栏中，可以选择"演讲者放映（全屏幕）""观众自行浏览（窗口）"和"在展台浏览（全屏幕）"三种方式之一。若选择"在展台浏览（全屏幕）"方式，则自动采用循环放映，按 Esc 键才终止放映。

（3）在"放映幻灯片"栏中，可以确定幻灯片

图 5.49　"设置放映方式"对话框

的放映范围（全体或部分幻灯片）。放映部分幻灯片时，可以指定放映幻灯片的开始序号和终止序号。

（4）在"换片方式"栏中，可以选择控制放映速度的两种换片方式之一。"演讲者放映（全屏幕）"和"观众自行浏览（窗口）"放映方式强调自行控制放映，所以常采用"手动"换片方式；而"在展台浏览（全屏幕）"方式通常无人控制，应事先对演示文稿进行排练计时，并选择"如果存在排练时间，则使用它"的换片方式。

5.8 在其他计算机上放映演示文稿

完成的演示文稿有可能会在其他计算机上演示，如果该计算机上没有安装 PowerPoint，就无法放映演示文稿。为此，可以利用演示文稿打包功能，将演示文稿打包到文件夹或 CD，甚至可以把 PowerPoint 播放器和演示文稿一起打包。这样，即使计算机上没有安装 PowerPoint，也能正常放映演示文稿。另一种方法是将演示文稿转换成放映格式，也可以在没有安装 PowerPoint 的计算机上正常放映。

5.8.1 演示文稿的打包

要将演示文稿在其他计算机上播放，可能会遇到该计算机上未安装 PowerPoint 应用软件的尴尬情况。为此，常采用演示文稿打包的方法，使演示文稿可以脱离 PowerPoint 应用软件直接放映。

1. 演示文稿的打包

演示文稿可以打包到 CD 光盘（必须要有刻录机和空白 CD 或 DVD 刻录光盘），也可以打包到磁盘的文件夹。要将制作好的演示文稿打包，并存放到磁盘的某文件夹下，可以按如下方法操作：

① 打开要打包的演示文稿。

② 单击"文件"选项卡"导出"命令，然后双击"将演示文稿打包成 CD"命令，出现"打包成 CD"对话框，如图 5.50 所示。

③ 对话框中提示了当前要打包的演示文稿（如"大学生职业生涯规划.pptx"），若希望将其他演示文稿也在一起打包，则单击"添加"按钮，出现"添加文件"对话框，从中选择要打包的文件（如"大学生职业生涯规划-案例.pptx"），并单击"添加"按钮。

④ 默认情况下，打包应包含与演示文稿有关的链接文件和嵌入的 TrueType 字体等，若想改变这些设置，可以单击"选项"按钮，在弹出的"选项"对话框中设置，如图 5.51 所示。

图 5.50 "打包成 CD"对话框

图 5.51 "选项"对话框

⑤ 在"打包成 CD"对话框中单击"复制到文件夹"按钮，出现"复制到文件夹"对话框，输入文件夹名称（如"大学生职业生涯规划课程作业汇报"）和文件夹的路径，并单击"确定"按钮，

则系统开始打包并存放到指定的文件夹。

若已经安装光盘刻录设备，也可以将演示文稿打包到 CD 或 DVD，方法同上，只是步骤⑤改为：

在光驱中放入空白光盘，在"打包成 CD"对话框中单击"复制到 CD"按钮，出现"正在将文件复制到 CD"对话框，提示复制的进度。完成后询问"是否要将同样的文件复制到另一张 CD 中？"，回答"是"，则继续复制另一光盘；回答"否"，则终止复制。

2．运行打包的演示文稿

完成了演示文稿的打包后，就可以在没有安装 PowerPoint 的机器上放映该演示文稿了。具体方法如下：

① 打开打包所在文件夹的 PresentationPackage 子文件夹。

② 在联网情况下，双击该文件夹的 PresentationPackage.html 网页文件，在打开的网页上单击"Download Viewer"按钮，下载 PowerPoint 播放器 PowerPointViewer.exe 并安装。

③ 启动 PowerPoint 播放器，出现"Microsoft PowerPoint Viewer"对话框，定位到打包文件夹，选择某个演示文稿文件，并单击"打开"，即可放映该演示文稿。

④ 放映完毕，还可以在对话框中选择播放其他演示文稿。

注意，在运行打包的演示文稿时，不能进行即兴标注。

若演示文稿打包到 CD，则将光盘放到光驱中就会自动播放。

5.8.2　将演示文稿转换为直接放映格式

将演示文稿转换成直接放映格式，可以在没有安装 PowerPoint 的计算机上放映它。

① 打开演示文稿，单击"文件"选项卡"导出"命令。

② 双击"更改文件类型"项的"PowerPoint 放映"命令，出现"另存为"对话框，其中自动选择保存类型为"PowerPoint 放映（*.ppsx）"，选择存放位置和文件名（如"大学生职业生涯规划.ppsx"）后单击"保存"按钮，将演示文稿另存为"PowerPoint 放映（*.ppsx）"的文件即可。

也可以用"另存为"方法转换放映格式：打开演示文稿，单击"文件"选项卡"另存为"命令，打开"另存为"对话框，保存类型选择"PowerPoint 放映（*.ppsx）"，然后单击"保存"按钮即可。

双击放映格式（*.ppsx）文件，即可放映该演示文稿。

习　题　5

一、选择题

1．在 PowerPoint 2016 窗口中，用于添加幻灯片内容的主要区域是（　　）。
　　A．窗口左侧的"幻灯片"选项卡　　　　　　　B．备注窗口
　　C．窗口中间的幻灯片窗口　　　　　　　　　　D．以上都不对
2．按（　　）键可进入幻灯片放映视图并始终从第一张幻灯片开始放映。
　　A．Esc　　　　　　B．F5　　　　　　C．F7　　　　　　D．F10
3．每次应用新的（　　）时，都会向演示文稿中添加新的幻灯片和标题母版。
　　A．配色方案　　　　B．版式　　　　C．设计模板　　　D．背景
4．将幻灯片文档中一部分文本内容复制到别处，先要进行的操作是（　　）。
　　A．粘贴　　　　　　B．复制　　　　C．选择　　　　　D．剪切
5．演示文稿中的每一张幻灯片都是基于某种（　　）创建的，它预定义了新建幻灯片的各种

占位符的布局情况。

　　　　A．幻灯片　　　　　B．模板　　　　　C．母版　　　　　D．版式

　　6.（　　）视图方式下，显示的是幻灯片的缩略图，适用于对幻灯片进行组织和排序，添加切换功能和设置放映时间。

　　　　A．幻灯片　　　　　B．大纲　　　　　C．幻灯片浏览　　D．备注页

　　7. 演示文稿中每一个演示的单页称为（　　），它是演示文稿的核心。

　　　　A．模板　　　　　　B．母版　　　　　C．版式　　　　　D．幻灯片

　　8. 在 PowerPoint 中，母版、板式、模板之间的关系是（　　）。

　　　　A．母版可包含多个模板，母版可包含多个板式
　　　　B．模板可包含多个母版，母版可包含多个板式
　　　　C．模板可包含多个母版，板式可包含多个母版
　　　　D．板式可包含多个母版，母版可包含多个模板

二、填空题

　　1. PowerPoint 2016 的窗口主要由标题栏、_____、选项卡、_____和状态栏几个部分组成。

　　2. PowerPoint 2016 制作的演示文稿的扩展名为_____，模版的扩展名为_____。

　　3. PowerPoint 2016 中创建演示文稿的方法有：_____、_____、_____、_____等。

　　4. PowerPoint 2016 的视图分为_____、_____、_____、备注页视图、阅读视图、幻灯片放映视图和母版视图 7 种。

三、问答题

　　1. 创建演示文稿有几种方法？如何操作？

　　2. 幻灯片的模板和母版有何区别？

　　3. 如何为幻灯片添加文件中的图片、声音和动画剪辑？

第 6 章

计算机网络及 Internet 技术

互联网是 20 世纪最伟大的发明之一。互联网是由成千上万个计算机网络组成的，覆盖范围从大学校园网、企业局域网到大型的在线服务提供商，几乎涵盖了社会的各个应用领域，如政务、科研、文化、军事、教育、经济、新闻和商业等。人们只要使用鼠标、键盘就可以从互联网上找到所需的任何信息，可以与世界另一端的人们通信交流，一起参加视频会议。

互联网已经深深地影响和改变了人们的工作、生活方式，并以飞快的速度在不断发展和更新。

通过本章的学习，应该掌握如下内容：

（1）计算机网络的基本概念、组成和分类；

（2）互联网的基础知识，主要包括网络硬件和软件，TCP / IP 协议的工作原理，C/S 体系结构，以及网络应用中常见的概念，如域名、IP 地址、DNS 服务和接入方式等；

（3）互联网网络服务的概念、原理和应用。能够熟练掌握浏览器 IE 的使用、电子邮件的收发、信息的搜索、FTP 下载，以及流媒体和手机电视的使用。

6.1 计算机网络的基本概念

计算机网络是通信技术和计算机技术高度发展、紧密结合的产物，是信息社会最重要的基础设施，并将构筑成人类社会的信息高速公路。

6.1.1 计算机网络定义

在计算机网络发展过程的不同阶段，人们对计算机网络提出了不同的定义。当前较为准确的定义为："以能够相互共享资源的方式互连起来的自治计算机系统的集合"，即将分布在不同地理位置上的具有独立工作能力的多个计算机系统，通过通信设备和通信线路互相连接起来，实现数据传输和资源共享的系统。如图 6.1 所示给出了一个具有四个结点和三条链路的网络。我们看到一台服务器、一台计算机（微机）、一台笔记本通过三条链路连接到一个交换机上，构成了一个简单的网络。

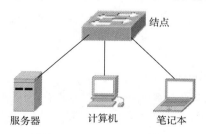

图 6.1　计算机网络示意图

从以上网络的定义可以看出：

（1）一个网络可以包含多个"结点"[①]，结点可以是计算机、集线器、交换机或路由器等，在后面单元我们会介绍集线器、交换机和路由器等设备。

（2）网络是通过通信设备和通信线路把有关的计算机有机地连接起来。所谓"有机地"连接是指连接时彼此必须遵循所规定的约定和规则。

（3）建立网络的主要目的是为了实现通信的交往、信息的交流、计算机分布资源的共享或协同工作。其中最基本的目的是资源共享，包括硬件资源、软件资源和数据资源。

6.1.2　数据通信

数据通信是通信技术和计算机技术相结合而产生的一种新的通信方式。数据通信是指在两个计算机或终端之间以二进制的形式进行信息交换、传输数据。

（1）信道。信道是信息传输的媒介或渠道，作用是把携带有信息的信号从它的输入端传递到输出端。根据传输媒介可分为有线信道和无线信道。

（2）数字信号和模拟信号。信号是数据的表现形式。信号可分为数字信号和模拟信号两类。数字信号是一种离散的脉冲序列，计算机产生的电信号用两种不同的电平表示 0 和 1。模拟信号是一种连续变化的信号，如电话线上传输的按照声音强弱幅度连续变化所产生的电信号。

（3）调制与解调。将发送端数字脉冲信号转换成模拟信号的过程称为调制。将接收端模拟信号还原为数字脉冲信号的过程称为解调。将调制和解调两种功能结合在一起的设备称为调制解调器（Modem）。

（4）带宽与传输速率。在模拟信道中，以带宽表示信道传输信息的能力。带宽是以信号的最高频率和最低频率之差表示，即频率的范围。频率（Frequency）是模拟信号波每秒的周期数，用 Hz、MHz 或 GHz 作为单位。信道的带宽越宽，其可用的频率就越多，传输的数据量就越大。

在数字信号中，用数据传输率（比特率）表示信道的传输能力，即每秒传输的二进制数（bps，比特/秒），单位为 bps、kbps、Mbps、Gbps、Tbps。它们之间的换算关系为 10^3。

（5）误码率。误码率是指二进制比特在数据传输系统中被传错的概率，是通信系统的可靠性指标。在计算机网络中，一般要求误码率低于 10^{-6}。

6.1.3　计算机网络的分类

从不同的角度出发，计算机网络有多种分类方法，常见的分类有以下几种。

1．按计算机网络的作用范围分类

根据计算机网络所覆盖的地理范围、信息的传输速率及其应用目的，计算机网络通常被分为个域网（PAN）、局域网（LAN）、城域网（MAN）和广域网（WAN）。

（1）个域网（Personal Area Network，PAN）。个域网就是在个人工作的地方把属于个人使用的电子设备用无线技术连接起来的网络，因此也常称为无线个域网（Wireless PAN，WPAN），其范围大约在 10 m 左右。

（2）局域网（Local Area Network，LAN）。也称局部网，是指将有限的地理区域内的各种通信设备互连在一起的通信网络。它具有很高的传输速率（通常为 100 Mbps、100 Mbps 甚至更高），其覆盖范围一般不超过几十千米，通常将一座大楼或一个校园内分散的计算机连接起来构成 LAN。

---

① 在网络领域，"结点"是"node"的标准译名，而"节点"是非标准的，本书采用"结点"。

（3）城域网（Metropolitan Area Network，MAN）。有时又称为城市网、区域网、都市网。城域网介于 LAN 和 WAN 之间，其覆盖范围通常为一个城市或地区，距离从几十千米到上百千米。城域网中可包含若干个彼此互连的局域网，可以采用不同的系统硬件、软件和通信传输介质构成，从而使不同类型的局域网能有效地共享信息资源。城域网通常采用光纤或微波作为网络的主干通道。

（4）广域网（Wide Area Network，WAN）。通常指实现计算机远距离连接的计算机网络，可以把众多的城域网、局域网连接起来，也可以把全球的城域网、局域网连接起来。广域网涉及的范围较大，一般从几百千米到几万千米，用于通信的传输装置和介质一般由电信部门提供，能实现大范围内的资源共享。

2．按计算机网络的用户性质分类

按计算机网络的用户性质的不同，可以将计算机网络分为下面两类：

（1）公用网（Public Network）。又称"公众网"，通常是指所有用户可以租用的网络，如公用电视网、公用电话网等。这类网络是由电信公司等大型单位出资建设的大规模网络，一般归国家或大型单位所有。

（2）专用网（Private Network）。通常是指单位用户自行构建的网络，如军队、学校、医院、研究机构、电力、铁路等网络，这类网络由单位用户出资建设，网络归属于其建设者，不向本单位以外的用户提供服务。

3．按传输介质分类

（1）有线网。有线网是指以双绞线、同轴电缆以及光纤作为传输介质的计算机网络。

（2）无线网。无线网是指以电磁波作为传输介质的计算机网络，它可以传送无线电波和卫星信号。

6.1.4　计算机网络的功能

计算机网络的主要功能是向用户提供资源的共享和数据的传输，计算机网络的主要功能包括：

（1）数据通信。数据通信是计算机网络最基本的功能之一，可以使分散在不同地理位置的计算机之间相互传送信息。该功能是计算机网络实现其他功能的基础。

（2）实现资源共享。计算机网络中的资源可分成 3 大类：硬件资源、软件资源和信息资源。相应地，资源共享也分为硬件共享、软件共享和数据共享。可以在全网范围内提供如打印机、大容量磁盘阵列等各种硬件设备的共享及各种数据，如各种类型的数据库、文件、程序等资源的共享。

（3）进行分布式处理。对于综合性的大型问题可采用合适的算法，将任务分散到网中不同的计算机上进行分布式处理。

（4）综合信息服务。计算机网络的发展使应用日益多元化，即在一套系统上提供集成的信息服务，如电子邮件、网上交易、视频点播、文件传输、办公自动化等。

正是由于计算机网络具有以上功能，才使计算机网络得到了迅猛的发展，不仅各单位组建了自己的局域网，而且又把这些局域网互相连接起来组成了更大范围的网络，如 Internet。

6.1.5　计算机网络的组成

一个典型的计算机网络主要由端设备、中间网络设备、网络介质、网络软件及协议五大部分组成。

1．端设备

连接到网络的设备称为端设备或主机。这些设备形成了用户与底层通信网络之间的界面。端设备包括传统桌面 PC，工作站、笔记本、服务器以及智能手机、平板电脑、PDA 和 IoT 设备，如电视、游戏机、家用电器、交通信号灯、监控系统、智能手表、智能眼镜、温度调节装置、汽车控制系统等。

主机设备是通过网络传输的消息的信源或目的地。为了区分不同主机，网络中的每台主机都用一个地址加以标识。当主机发起通信时，会使用目的地主机的地址来指定应该将消息发送到哪里。数据从一台终端出发，经网络传输到另一台终端设备。

2．中间网络设备

中间网络设备与终端设备互连，将每台主机连接到网络，并且可以将多个独立的网络连接成互联网络。这些设备提供连接并在后台运行，以确保数据在网络中传输。

中间网络设备包括以下几种：

- 网络接入设备（交换机和无线接入点）；
- 网络互联设备（路由器）；
- 安全设备（防火墙、入侵检测设备）。

中间网络设备确定数据的传输路径，但不生成或修改数据。

物理端口：网络设备上的接口或插口，介质通过它连接到终端设备或其他网络设备。

接口：网络设备上连接到独立网络的专用端口。由于路由器用于互连不同的网络，路由器上的端口称为网络接口。

3．网络介质

网络中的通信在介质中进行，介质为消息从源设备传送到目的设备提供了通道。现代网络主要使用以下三种介质来连接设备并提供传输数据的路径：

- 电缆内部的金属电线（双绞线或同轴电缆）；
- 玻璃或塑料纤维（光缆）；
- 无线传输。

每种介质都采用不同的信号编码来传输消息。在金属电线上，数据要编码成符合特定模式的电子脉冲；光纤传输依赖于红外线或可见光频率范围内的光脉冲；无线传输则使用电磁波来传输信息。

4．网络接口卡

网络接口卡简称网卡，又称网络适配器，主要负责主机和网络之间的信息传输控制，它的主要功能是线路传输控制、差错检测与恢复、代码转换以及数据帧的装配与拆装等。

5．网络软件及协议

计算机网络的设计除了前面介绍的硬件，还需要考虑网络软件，一般包括网络操作系统、网络协议和通信软件等。

（1）网络操作系统。它是网络软件的重要组成部分，是进行网络系统管理和通信控制的所有软件的集合，负责整个网络软、硬件资源的管理以及网络通信和任务的调度，并提供用户与网络之间的接口。常用的网络操作系统有 Linux、Windows、UNIX、NetWare 等。

（2）网络协议。计算机网络是由多个互联的结点组成的，结点之间需要不断地交换数据与控制信息。要做到有条不紊地交换数据，每个结点都必须遵守一些事先约定好的规则。这些规则规定了所交换数据的格式和时序。这些为网络数据交换而制定的规则、约定与标准称为网络协议（Network Protocol），简称协议。网络协议主要由以下三个要素组成：

- 语法：即用户数据与控制信息的结构和格式；

- 语义：即需要发出何种控制信息，完成何种动作以及做出何种响应；
- 时序：即对事件实现顺序的详细说明。

由此可见，网络协议是计算机网络不可缺少的组成部分。

目前，有 2 个计算机网络协议标准得到了公认和应用：

（1）OSI/RM：国际化标准组织 ISO 提出的开放系统互联参考模型（Open System Interconnection Basic Reference Mode，OSI/RM），该模型结构严谨，理论性强，学术价值高，各种网络都参考它，它是局域网和广域网上一套普遍适用的规范集合。

（2）TCP/IP：TCP/IP 参考模型是计算机网络的鼻祖 ARPANET 和其后继的 Internet 使用的参考模型，相对于 OSI/RM 来说更为简单，实用性强，现在已成为事实上的工业标准，现代计算机网络大多遵循这一标准。

TCP/IP 模型有时又称 DoD（Department of Defense）模型，是至今为止发展最成功的通信协议，它被用于构建目前最大的、开放的互联网络系统 Internet。TCP/IP 模型只有四层，自上而下依次是：应用层、传输层、网络层和网络接口层。如图 6.2 所示列出了 TCP/IP 参考模型。

① 在 TCP/IP 模型中，网络接口层是 TCP/IP 模型的最低层，负责接收从网络层交来的 IP 数据报并将 IP 数据报通过底层物理网络发送出去，或者从底层物理网络上接收物理帧，抽出 IP 数据报，交给网络层。网络接口层使采用不同技术和网络硬件的网络之间能够互连，它包括属于操作系统的设备驱动器和计算机网络接口卡，以处理具体的硬件物理接口。

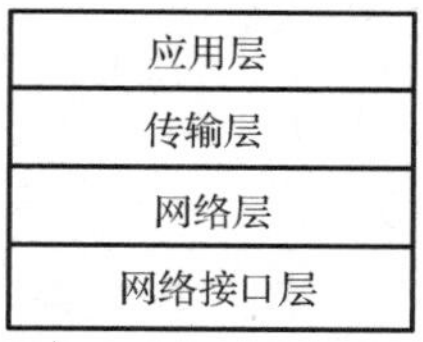

② 网络层负责独立地将分组从源主机送往目的主机，涉及为分组提供最佳路径的选择和交换功能，并使这一过程与它们所经过的路径和网络无关。TCP/IP 模型的网络层在功能上非常类似于 OSI 模型中的网络层，即检查网络拓扑结构，以决定传输报文的最佳路由。

| 应用层 |
| 传输层 |
| 网络层 |
| 网络接口层 |

图 6.2　TCP/IP 参考模型

③ 传输层的作用是在源结点和目的结点的两个对等实体间提供可靠的端到端的数据通信。为保证数据传输的可靠性，传输层协议也提供了确认、差错控制和流量控制等机制。传输层从应用层接收数据，并且在必要的时候把它分成较小的单元，传递给网络层，并确保到达对方的各段信息正确无误。

④ 应用层涉及为用户提供网络应用，并为这些应用提供网络支撑服务，把用户的数据发送到低层，为应用程序提供网络接口。由于 TCP/IP 将所有与应用相关的内容都归为一层，所以在应用层要处理高层协议、数据表达和对话控制等任务。

6.2　局域网组网技术

从网络的规模看，任何一个计算机网络的基本网络都是局域网。把局域网相互连接可以构成满足各种不同需要的网络。局域网是网络的基础，是网络的最基本单元。

6.2.1　局域网概述

1975 年美国 Xerox 公司推出的实验性以太网络（Ethernet）和 1974 年英国剑桥大学研制的剑桥环网，都是局域网的典型代表。通常将具有下列基本属性的网络称为局域网。

（1）地理范围较小。通常网内的计算机限于一幢大楼或建筑群内，涉及的距离一般只有几千米，甚至只在一个园区、一幢建筑或一个房间内。

（2）通信率较高。局域网通信线路传输速率通常为 Mbps（兆位/秒）的数量级，可高达 100 Mbps、

1000 Mbps，甚至 10 Gbps，能很好地支持计算机间的高速通信。

（3）通常为一个部门所有。局域网一般仅被一个部门所控制，这点与广域网有明显的区别，广域网可能分布在一个国家的不同地区，甚至不同的国家之间，可能被几个组织所共有。

（4）误码率低。局域网传输信息的误码率一般为 $10^{-11} \sim 10^{-8}$。

局域网的出现，使计算机网络的优势获得更充分的发挥，在很短的时间内计算机网络就深入到各个领域。因此，局域网技术是目前非常活跃的技术领域，各种局域网技术层出不穷，并得到广泛应用，极大地推进了信息化社会的发展。

6.2.2　网络拓扑结构

计算机网络上的每一台计算机称为一个节点或站点，网络中各个节点相互连接的方式称为网络的拓扑。网络的拓扑结构通常有总线型、星型、环形、树形和网状结构，如图 6.3 所示。

（1）总线型结构。采用单根传输线作为传输介质，所有的结点都通过相应的硬件接口直接连接到传输介质或总线上。任何一个结点发送的信息都可以沿着介质传播，而且能被所有其他的结点接收。目前这种网络正在被淘汰。

（2）星型结构。由中央结点和通过点对点链路接到中央结点的各结点（网络工作站等）组成。中央节点一般为交换机（点到点式）或共享式 Hub 集线器（广播式）。星型结构是局域网中最常用的拓扑结构。

（3）环形结构。将各节点通过一条首尾相连的通信线路连接起来形成封闭的环，环中信息的流动是单向的。

| 总线型结构 | 星型结构 | 环形结构 | 树形结构 | 网状结构 |

图 6.3　各种不同的拓扑结构

（4）树形结构。从星型结构派生而来，各节点按一定层次连接起来，任意两个节点之间的通路都支持双向传输，网络中存在一个根节点，由该节点引出其他多个节点，形成一个分级管理的集中式网络，越顶层的节点处理能力越强。树形结构是目前局域网最常用的结构。

（5）网状结构。分为全连接网状和不完全连接网状两种形式。在全连接网状结构中，每一个结点和网中其他结点均有链路连接。在不完全连接网状网中，两结点之间不一定有直接链路连接，它们之间的通信，依靠其他结点转接。

6.2.3　局域网的传输介质

传输介质是数据传输的物质基础，它是两节点间传输数据的"道路"。目前网络的传输介质有多种，可以分为两大类：有线传输介质和无线传输介质。有线传输介质包括双绞线、同轴电缆和光导纤维；无线传输介质是通过大气进行各种形式的电磁传播，如无线电波、微波、红外线和激光，也就是通常所说的有线通信和无线通信。有线通信是利用光缆、电缆、电话线等来充当传输导体；无线通信是利用微波、红外线等来充当传输导体。

传输是网络的基础，传输介质则是传输质量的基本保证，传输介质在很大程度上决定了通信的质量。

1. 双绞线（Twisted Pair Wire，TP）

双绞线是目前局域网中使用最广泛、价格最低廉的一种有线传输介质。在内部由若干对相互绞缠在一起的绝缘铜导线组成，导线的典型直径为 1 mm 左右（0.4～1.4 mm）。采用两两相绞的绞线技术可以抵消相邻线对之间的电磁干扰和减少近端串扰。双绞线电缆一般由多对双绞线外包缠护套组成，其护套称为电缆护套。电缆根据对数可分为 4 对双绞线电缆、大对数双绞线电缆（包括 25 对、50 对、100 对等）。

在计算机网络中通常用到的双绞线是 4 对结构。为了便于安装与管理，每对双绞线有颜色标识。4 对 UTP 电缆的颜色分别是：蓝色、橙色、绿色、棕色。在每个线对中，其中一根的颜色为线对颜色加一个白色条纹或斑点（纯色），另一根的颜色是白色底色加线对颜色的条纹或斑点，即电缆中的每一对双绞线电缆都是互补颜色。

EIA/TIA 经过多次修订，截至目前为双绞线电缆根据性能定义了表 6-1 列出的常用双绞线的类别、带宽和典型应用。

表 6-1　常用的双绞线的类别、带宽和典型应用

双绞线类型	带　宽	典 型 应 用
3 类	16 MHz	语音、10 Mbps 的以太网和 4 Mbps 的令牌环网
4 类	20 MHz	语音、10 Mbps 的以太网和 16 Mbps 的令牌环网
5 类	100 MHz	语音、100 Mbps 的快速以太网
超 5 类	100 MHz	100Base-T 快速以太网
6 类	250 MHz	1000Base-T 吉比特以太网
超 6 类	500 MHz	10GBase-T10 吉比特以太网
7 类	600 MHz	只使用 STP，可用于 10GBase-T10 吉比特以太网

2. 同轴电缆（Coaxial Cable）

同轴电缆由 4 层组成：一根中央铜导线、包围铜线的绝缘层、一个网状金属屏蔽层以及一个塑料保护外皮。它的内部共有两层导体排列在同一轴上，所以称为"同轴"。其中，铜线传输电磁信号，它的粗细直接决定其衰减程度和传输距离；绝缘材料将铜线与金属屏蔽物隔开；网状金属屏蔽层（网状金属屏蔽层在各个方向上围绕着导线）一方面可以屏蔽噪声，另一方面可以作为信号地线，能够很好地隔离外来的电信号。

同轴电缆具有辐射小和抗干扰能力强等特点，常用于电视工业，也曾经是 LAN 中应用最多的传输媒体，现已不常使用。

3. 光导纤维

光导纤维（光纤）是一种新型传输媒体，具有误码率低、频带宽、绝缘性能高、抗干扰能力强、体积小和质量轻的特点。光纤是光缆的纤芯，光纤由光纤芯、包层和涂覆层三部分组成。最里面的是光纤芯，包层将光纤芯围裹起来，使光纤芯与外界隔离，以防止与其他相邻的光导纤维相互干扰。包层的外面涂覆一层很薄的涂覆层，涂覆材料为硅酮树酯或聚氨基甲酸乙酯，涂覆层的外面是套塑

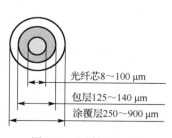

光纤芯8～100 μm
包层125～140 μm
涂覆层250～900 μm

图 6.4　光纤的示意图

（或称二次涂覆），套塑的原料大都采用尼龙、聚乙烯或聚丙烯等塑料，从而构成光纤纤芯，如图 6.4 所示。

（1）单模光纤：采用注入型激光二极管作为光源产生激光，激光的定向性强，在给定的波长上，只能以单一的模式进行传输，其传输距离可达 100 km。

（2）多模光纤：采用发光二极管作为光源产生荧光（可见光），定向性较差，在给定波长上，通过反射，以多种模式进行传输，多模光纤的传输距离一般在 2 km 以内。

（3）拓扑结构：星形、环形，常用于局域网主干网。

4．无线传输

无线传输是指通过无线电波在自由空间的传播进行通信，常用于电（光）缆敷设不便的特殊地理环境，或者作为地面通信系统的备份和补充。

（1）微波：微波在空间只能直线传输，长距离通信时需要在地面上架设微波塔，或者在人造同步地球卫星上安装中继器，作为微波传输中继站，来延伸信号传输的距离。

（2）红外线和激光：通信的收发设备必须处于视线范围之内，均具有很强的方向性，因此防窃取能力较强，但对环境因素较为敏感。

6.2.4 局域网标准

局域网出现之后，发展迅速，类型繁多，为了实现不同类型局域网之间的通信，国际标准化组织（ISO）将 IEEE 802 标准确定为局域网标准。

IEEE 802 是一个标准体系，为了适应局域网技术的发展，正不断地增加新的标准和协议。在这里我们介绍最常用的 IEEE 802.3 标准。

（1）IEEE 802.3i 标准：10Base-T 访问控制方法和物理层技术规范。采用星型拓扑结构，以集线器为中心设备，再用两端是 RJ-45 插头的双绞线电缆一端连接主机，另一端连接到集线器的 RJ-45 端口，10Base-T 使用 UTP 电缆中的两对线：一对用于发送，一对用于接收。主机与集线器之间的双绞线最大距离为 100 m，传输速率为 10 Mbps。

（2）IEEE 802.3u 标准：100Mbps 快速以太网技术，定义了三种不同的物理层标准 100Base-Tx（2 对 5 类及以上 UTP）、100Base-T4（4 对 3、4、5 类 UTP）、100Base-Fx（2 芯光纤）。100Base-TX 支持 CAMA/CD 和半双工、自动协商、使用 5 类及以上 UTP，传输距离 100 m，RJ-45 连接器的顺序也相同。100Base-TX 传输数据的速度为 100 Mbps，比 10Base-T 快 10 倍。

（3）IEEE 802.3z 标准：1000 Mbps 以太网(光纤、同轴电缆)。千兆位以太网标准是对以太网技术的再次扩展，其数据传输率为 1000 Mbps 即 1 Gbps，也称吉比特以太网。IEEE 802.3z 千兆位以太网标准定义了三种传输介质系统，其中两种是光纤介质标准，包括 1000Base-SX[仅支持 62.5 μm（最大传输距离 275 m）和 50 μm（最大传输距离 550m）两种多模光纤]和 1000Base-LX[所使用的光纤规格有：62.5 μm 和 50 μm 的多模光纤（最大传输距离 550 m）、9 μm 的单模光纤（最大的传输距离可达 3 km）]；另一种是铜线介质标准，称为 1000Base-CX（短距离屏蔽铜缆，最大传输距离达 25 m）。

（4）IEEE 802.3ab 标准：1000 Mbps 以太网（双绞线）。IEEE 802.3ab 千兆位以太网标准定义了双绞线标准，称为 1000Base-T。1000Base-T 采用 4 对 cat5e 类 UTP 双绞线，传输距离为 100 m，传输速率为 1 Gbps。1000BASE-T 能与 10BASE-T、100BASE-T 完全兼容，它们都使用 5 类 UTP 介质，从中心设备到结点的最大距离也是 100 m，这使得千兆位以太网应用于桌面系统成为现实。

（5）IEEE 802.3ae 标准：10 Gbps 以太网，也称万兆位以太网技术，只支持光纤作为传输介质，但提供了两种物理连接（PHY）类型。一种是提供与传统以太网进行连接的速率为 10 Gbps 的局域网物理层设备即"LAN PHY"；另一种提供与 SDH/SONET 进行连接的速率为 9.58464 Gbps 的广域网物理层设备即"WAN PHY"。

（6）IEEE 802.3an 标准：10 Gbps 以太网，采用 6A 类铜缆，频率约为 500 MHz，4 对全双工工作方式，传输距离为 100 m。

6.2.5　无线网络

无线网络是指允许用户使用红外线技术及射频技术建立近距离或远距离的无线连接，实现网络资源的共享。无线网络与有线网络的用途类似，二者最大的差别在于传输介质的不同，利用无线电技术取代网络，可以和有线网络互为补充。

1. 无线网络分类

无线网络技术基于频率、频宽、范围、应用类型等要素进行分类。从覆盖的范围可以分为无线个域网、无线局域网、无线城域网、无线广域网等。

（1）无线个域网。应用于个人或家庭等较小应用范围内的无线网络被称为无线个人区域网络，简称无线个域网。支持无线个域网的技术包括蓝牙、ZigBee、超频波段（UWB）、IrDA、HomeRF等，其中蓝牙技术在无线个域网中使用得最广泛。

（2）无线局域网。无线局域网（WLAN）是计算机网络与无线通信技术相结合的产物，通常是指采用无线传输介质的局域网。

（3）无线城域网。无线城域网（Wireless Metropolitan Area Network，WMAN）是指覆盖主要城市区域的多个场所的无线网络，用户通过城市公共网络或专用网络建立无线网络连接。

（4）无线广域网。无线广域网（WWAN）是指覆盖主要城市或整个国家的无线网络。WWAN主要用于全球及大范围的无线覆盖和接入，业主要以移动性为主，包括 IEEE 802.20 技术以及 4G/5G等技术接入。无线广域网主要使用手机或安装有无线上网卡的笔记本电脑、平板电脑等。

2. 无线局域网

无线局域网（Wireless Local Area Network，WLAN）是目前常见的无线网络之一，其原理、结构、应用和传统的有线计算机网络较为接近，它以无线信道作为传输介质，如无线电波、激光和红外线等，无须布线，而且可以随需要移动或变化。

IEEE 802.11 是现今无线局域网通用的标准，在十几年的发展过程中，形成了多个子协议标准，常见的子协议标准包括 IEEE 802.11b、802.11a、802.11g、802.11n（Wi-Fi 4）、802.11ac（Wi-Fi 5）、802.11ax（Wi-Fi 6）等。

无线局域网可独立存在，也可与有线局域网共同存在并进行互联。WLAN 由无线终端、无线网卡、无线路由器、分布式系统、无线接入点、无线接入控制器及天线等组成。

（1）无线终端和无线网卡。无线终端（STA）是配置支持 802.11 协议的无线网卡的终端。无线网卡能收发无线信号，作为工作站的接口实现与无线网络的连接，作用相当于有线网络中的以太网卡。

（2）无线接入点。无线 AP（Access Point，AP），也称无线网桥、无线接入点，是 WLAN 的重要组成部分，其工作机制类似于有线网络中的集线器。无线终端可以通过 AP 进行终端之间的数据传输，也可以通过 AP 的"WAN"口与有线网络互通。

（3）无线接入控制器。无线接入控制器是一种网络设备，用来集中化控制无线 AP，是一个无线网络的核心，负责管理无线网络中的所有无线 AP。

6.3 Internet 基础

Internet（因特网，也称互联网）建立在全球网络互联的基础上，是一个全球范围的信息资源网。Internet 大大缩短了人们的生活距离，世界因此变得越来越小。Internet 提供资源共享、数据通信和信息查询等服务，已经逐渐成为人们了解世界、学习研究、购物休闲、商业活动、结识朋友的重要途径。

6.3.1 什么是 Internet

1．Internet 发展历史

Internet 的前身是 1968 年美国国防部高级研究计划局（ARPA）提出并资助的 ARPANET 网络计划，其目的是将各地不同的主机以一种对等的通信方式连接起来，最初只有四台主机。这就是 Internet 的起源。

1980 年，ARPA 开始把 ARPANET 上运行的计算机转向采用新的 TCP/IP 协议。1983 年，ARPANET 又被分离成供军方专用的 MILNET 和服务于研究活动的民用 ARNNET。这便是 Internet 的前身。

1985 年，美国国家科学基金会（NSF）筹建了 6 个超级计算中心及国家教育科研网，1986 年形成了用于支持科研和教育的全国性规模的计算机网络 NSFNET，并面向全社会开放，实现超级计算机中心的资源共享。NSFNET 同样采用 TCP/IP 协议，并连接 ARPANET，从此 Internet 开始迅速发展起来，而 NSFNET 的建立标志着 Internet 的第一次快速发展。

随着 Internet 面向全社会的开放，在 20 世纪 90 年代初，商业机构开始进入 Internet。1992 年，美国高级网络和服务（ANS）公司建立了覆盖全美的 ANSNET 网，传输速度达到 45 Mbps，成为 Internet 的骨干网。Internet 的商业化标志着 Internet 的第二次快速发展。

全世界其他国家和地区也都在 20 世纪 80 年代以后先后建立了各自的 Internet 骨干网，并与美国的 Internet 相连，形成了今天连接上百万个网络、拥有数亿个网络用户的庞大的国际互联网。随着 Internet 规模的不断扩大，向全世界提供的信息资源和服务也越来越丰富，可以实现全球范围的电子邮件通信、WWW 信息查询与浏览、电子新闻、文件传输、语音与图像通信服务、电子商务等功能。Internet 的出现与发展，极大地推动了全球由工业化向信息化的转变，形成了一个信息社会的缩影。

由此可以看出，Internet 是通过路由器将世界不同地区、规模大小不一、类型不一的网络互相连接起来的网络，是一个全球性的计算机互联网络，由此也成为"国际互联网"，是一个信息资源极其丰富的世界上最大的计算机网络。

2．中国 Internet 的发展概况

Internet 在我国的发展起步较晚，但由于起点比较高，所以发展速度很快。1986 年，北京市计算机应用技术研究所开始与国际联网，建立了中国学术网（Chinese Academic Network，CANET）。1987 年 9 月，CANET 建成中国第一个国际 Internet 电子邮件节点，拉开了中国人使用 Internet 的序幕。

1994 年 10 月，由国家计委投资、国家教委主持的中国教育和科研计算机网（CERNET）开始启动，我国正式接入 Internet。

从 1997 年至今，我国陆续建造了基于互联网技术并能够和 Internet 连接的多个全国范围内的公用计算机网络，经国务院批准，这些骨干网络经过多次拆分与合并，截至 2020 年底，有 7 家骨

干网互联单位，它们就是国内最大的互联网服务提供商 ISP：

- 中国电信集团有限公司（简称中国电信）（原中国公用计算机互联网）
- 中国联合网络通信集团有限公司（简称中国联通）
- 中国移动通信集团有限公司（简称中国移动）
- 中国教育和科研计算机网
- 中国科学院计算机网络信息中心
- 中国国际电子商务中心
- 中国长城互联网网络中心

其中前 3 家是国际骨干互联网运营商，后 4 家是公益性网络。

6.3.2　TCP/IP 协议的工作原理

TCP/IP 是一组通信协议的代名词，这组协议使任何具有网络设备的用户能访问和共享 Internet 上的信息，其中最重要的协议是传输控制协议（TCP）和网际协议（IP）。TCP 和 IP 是两个独立且紧密结合的协议，负责管理和引导数据报文在 Internet 上的传输。二者使用专门的报文头定义每个报文的内容。TCP 负责和远程主机的连接，IP 负责寻址，使报文被送到其该去的地方。

1．IP 协议

网际协议（Internet Protocol，IP）是 TCP/IP 协议体系中的网络层协议，它的主要作用是将不同类型的物理网络互联在一起。为了达到这个目的，需要将不同格式的物理地址转换成统一的 IP 地址，将不同格式的帧（物理网络传输的数据单元）转换成"IP 数据报"，从而屏蔽了下层物理网络的差异，向上层传输层提供 IP 数据报，实现无连接数据报传送服务；IP 的另一个功能是路由选择，简单说，就是从网上某个结点到另一个结点的传输路径的选择，将数据从一个结点按路径传输到另一个结点。

2．TCP 协议

传输控制协议（Transmission Control Protocol，TCP）位于传输层。TCP 协议向应用层提供面向连接的、确保网上所发送的数据报可以完整地接收，一旦某个数据包丢失或损坏，TCP 发送端可以通过协议机制重新发送这个数据报，以确保发送端到接收端的可靠传输。其数据传输的单位是报文段（Segment）。依赖于 TCP 协议的应用层协议主要是需要大量传输交互报文的应用，如远程登录协议 Telnet、简单邮件传输协议 SMTP、文件传输协议 FTP、超文本传输协议 HTTP 等。

6.3.3　Internet 的工作方式

Internet 向用户提供了众多服务，例如 WWW 服务、FTP 服务、E-Mail 服务、Telnet 服务、视频播放、即时聊天等。就本质而言，这些服务都是由运行在计算机上相应的服务程序提供的，于是把运行某种服务程序的计算机称为服务器（Server），如 WWW 服务器等。

在 Internet 中，把向服务器发出服务请求的计算机称为客户机（Client）。用户要想获得网络服务，除了要让自己的客户机通过 Internet 与相应的服务器建立连接，还必须运行相应的客户程序，如 Web 浏览器、FTP 客户程序等。客户程序通过客户机向用户提供与服务器上的服务程序相互通信的人机交互界面。

1. 客户机/服务器模式

当用户通过客户机上的客户程序提供的界面向服务器上的服务程序发出请求时，服务程序对用户的请求作出响应，完成相应的操作，并返回处理结果予以应答，应答的结果再通过客户程序的交互界面以规定的形式展示给用户。图 6.5 给出了互联网客户机/服务器间交互过程的示意图。如 QQ 聊天、Telnet 远程登录、FTP 文件传输服务、HTTP 超文本传输服务、电子邮件服务、DNS 域名解析服务等都属于客户机/服务器模式。

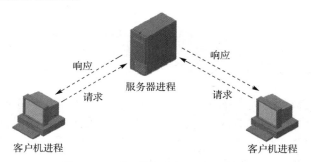

图 6.5 互联网的客户机/服务器模式

2. 浏览器/服务器模式

目前，浏览器作为访问 Internet 各种信息服务的通用客户程序与公共工作平台，许多用户使用浏览器访问 Internet 资源，它的工作模式简称为浏览器/服务器模式。

6.3.4 Internet 的地址

为了实现 Internet 上不同计算机之间的通信，每台计算机都必须有一个不与其他计算机重复的地址，它相当于通信时每个计算机的名字。在使用 Internet 的过程中，遇到的地址有 IP 地址、域名地址和电子邮件地址等。

1. IP 地址

（1）什么是 IP 地址

IP 地址是网络上的通信地址，是计算机、服务器、路由器的端口地址，每一个 IP 地址在全球是唯一的，是运行 TCP/IP 协议的唯一标志。

IP 地址是一个 32 位的二进制数，一般用小数点隔开的十进制数表示（称为点分十进制表示法），如 121.255.255.154。

IP 地址由网络标志（Netid）和主机标志（Hostid）两部分组成，网络标志用来区分 Internet 上互连的各个网络，主机标志用来区分同一网络上的不同计算机（主机）。

（2）IP 地址的分类及格式

IP 地址按节点计算机所在网络规模的大小可分为 A、B、C、D、E 五类，如图 6.6 所示。常用的是前三类，其余的留作备用。A、B、C 类的地址编码如下：

① A 类：A 类地址用于规模特别大的网络。其前 8 位标志网络号，后 24 位标志主机号，有效范围为 1.0.0.1～127.255.255.254，主机数可以达到 16 777 214 个。

② B 类：B 类地址用于规模适中的大型网络。其前 16 位标志网络号，后 16 位标志主机号，其有效范围为 128.0.0.1～191.255.255.254，主机数最多只能为 65 535 个。

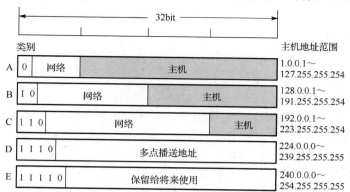

图 6.6　IP 地址的组成

③ C 类：C 类地址用于规模较小的网络。其前 24 位标志网络号，后 8 位标志主机号，其有效范围为 192.0.0.1～223.255.255.254，主机数最多只能为 254 个。

为了确保 IP 地址在 Internet 网上的唯一性，IP 地址统一由美国的国防数据网网络信息中心（DDN NIC）分配。对于美国以外的国家和地区，DDN NIC 又授权给世界各大区的网络信息中心分配。我国的 IP 地址由中国互联网络信息中心（CNNIC）分配。总之，要加入 Internet，必须申请到合法的 IP 地址。

2．域名系统

Internet 对每台计算机的命名方案称为域名系统（DNS）。语法上，每台计算机的域名由一系列字母和各种数字构成的段组成。

（1）域名的结构

域名采用分层次方法命名，每一层都有一个子域名。域名由一串用小数点分隔的子域名组成。其一般格式为：

计算机名.组织机构名.网络名.最高层域名

例如，netra.sjzri.edu.cn 就是一个由 4 部分组成的主机域名（也称域名地址）。

其中，在域名格式中，最高层域名也称第一级域名，在 Internet 中是标准化的，代表主机所在的国家，由两个字母组成。例如，cn 代表中国，jp 代表日本，us 代表美国（通常省略）。

网络名是第二级域名，反映主机所在单位的性质，常见的类型代码有 edu（教育机构）、gov（政府部门）、mil（军队）、com（商业系统）、net（网络信息中心和网络操作系统）、org（非营利组织）、int（国际上的组织）等。

组织机构名是第三级，一般表示主机所属的域或单位。例如，pku 表示北京大学等。

计算机名是第四级，一般根据需要由网络管理员自行定义。

注意：

① 在域名中不区分大小写字母。

② 域名在整个 Internet 中是唯一的，当高级域名相同时，低级子域名不允许重复。

（2）DNS 的顶级域名

DNS 采用了树状结构来为 Internet 建立域名体系结构。在 Internet 上由 Internet 特别委员会（IAHC）负责最高域名的登记。IAHC 将国际最高域名分为三类：

① 国家顶级域名（nTLD）：国家顶级域名的代码由 ISO3166 规定，例如，cn 代表中国，us 代表美国。国家顶级域名下的二级域名由各国自行协调管理。

② 国际顶级域名（iTLD）：即.int。在此域名下注册二级域名是具有国际特性的实体，例如，国际联盟、国际组织等。

③ 通用顶级域名（gTLD）：现有的通用顶级域名有.com、.net、.org、.edu、.gov、.mil、.firm、.store、.web、.arts、.rec、.info、.nom 等。

（3）中国域名简介

在我国，用户可以在国家域名.cn 下进行注册。根据 CNNIC 的规划，.cn 下的第二级域名有两种情况，一种是组织机构的类别，通常由 2～3 个字母组成，例如，.edu、.co、.go、.or、.ac、.net 等；另一种是省市地区，例如，bj、tj、gd、hb 等。

（4）中文域名

中文域名是含有中文文字的域名。中文域名系统原则上遵照国际惯例，采用树状分级结构，系统的根不被命名，其下一级称为"中文顶级域"（CTLD），顶级域一般由"地理域"组成，二级域为"类别/行业/市地域"，三级域为"名称/字号"。格式为：

地理域.类别/行业/市地域.名称/字号

中文域名的结构符合中文语序，例如，北京航空航天大学的中文域名是"北京.教育.北京航空航天大学"，其中北京航空航天大学域下的子域名由其自行定义，例如，"北京.教育.北京航空航天大学.经济管理学院 MBA"。

中文域名分为 4 种类型：中文.cn、中文.中国、中文.公司和中文.网络。

使用中文域名时，用户只需在 IE 浏览器地址栏中直接输入中文域名，例如"http://北京大学.cn"，即可访问相应网站。如果用户觉得输入 http 的引导符比较麻烦，并且不愿意切换输入法，希望用"。"来代替"."，那么只要到"中国互联网络信息中心"网站安装中文域名的软件就可以实现，例如，输入"北京大学。cn"即可访问北京大学的网站。

3．URL 地址

统一资源定位符（Uniform Rosource Locator）是对可以从 Internet 上得到的资源的位置和访问方法的一种简洁的表示。URL 给资源的位置提供一种抽象的识别方法，并用这种方法为资源定位。只要能够为资源定位，系统就可以对资源进行各种操作，如存取、更新、替换和查找等。

上述"资源"是指在 Internet 上可以被访问的任何对象，包括文件目录、文件、文档、图像、声音，以及与 Internet 相连的任何形式的数据等。

URL 相当于一个文件名在网络范围的扩展。因此，URL 是与 Internet 相连的机器上的任何可访问对象的一个指针。由于对不同对象的访问方式不同（如通过 WWW、FTP 等），所以 URL 还指出读取某个对象时所使用的访问方式。URL 的一般形式为：

<URL 的访问方式>：//<主机域名>:<端口>/<路径>

其中，"<URL 的访问方式>"用来指明资源类型，除了 WWW 用的 HTTP 协议之外，还可以是 FTP、News 等；"<主机域名>"表示资源所在机器的 DNS 名字，是必需的，主机域名可以是域名方式，也可以是 IP 地址方式；"<端口>"和"<路径>"则有时可以省略，"<路径>"用以指出资源所在机器上的位置，包含路径和文件名，通常是"目录名/目录名/文件名"，也可以不含有路径，例如，河北科技工程职业技术大学的 WWW 主页的 URL 就表示为 http://www.xpc.edu.cn/index.htm。

在输入 URL 时，资源类型和服务器地址不分字母的大小写，但目录和文件名则可能区分字母的大小写。这是因为大多数服务器安装了 UNIX 操作系统，而 UNIX 的文件系统区分文件名的大小写。

HTTP 是超文本协议，与其他协议相比，HTTP 协议简单、通信速度快、时间消耗少，而且允

许传输任意类型的数据，包括多媒体文本，因而在 WWW 上可方便地实现多媒体浏览。此外，URL
还使用 Gopher、Telnet、FTP 等标志来表示其他类型的资源。Internet 上的所有资源都可以用 URL
来表示。表 6.2 列出了由 URL 地址表示的各种类型的资源。

表 6.2 URL 地址表示的资源类型

URL 资源名	功　能	URL 资源名	功　能
HTTP	多媒体资源，由 Web 访问	Wais	广域信息服务
FTP	与 Anonymous 文件服务器连接	News	新闻阅读与专题讨论
Telnet	与主机建立远程登录连接	Gopher	通过 Gopher 访问
Mailto	提供 E-mail 功能		

6.3.5　Internet 的接入

1. Internet 接入服务提供商 ISP

用户要使用 Internet 上的资源时，首先必须将自己的计算机接入 Internet，一旦用户的计算机接
入 Internet，便成为 Internet 中的一员，可以访问 Internet 中提供的各类服务与丰富的信息资源。

ISP 是用户接入 Internet 的服务代理和用户访问 Internet 的入口点。所谓 ISP（Internet Service
Provider），就是 Internet 服务提供者，具体是指为用户提供 Internet 接入服务，为用户定制基于 Internet
的信息发布平台，以及提供基于物理层面上技术支持的服务商，包括一般意义上所说的网络接入服
务商（Internet Access Provider，IAP）、网络平台服务商（Internet Platform Provider，IPP）和目录服
务提供商（Internet Directory Provider，IDP）。各国和各地区都有自己的 ISP。在我国，具有国际出
口线路的三大网络运营商中国电信、中国联通、中国移动是全国最大的 ISP，它们在全国各地区都
设置了自己的 ISP 机构。ISP 与互联网络相连的网络被称为接入网络，其管理单位称为接入单位。ISP
是用户和 Internet 之间的桥梁，它位于 Internet 的边缘，用户通过某种通信线路连接到 ISP，借助于
ISP 与 Internet 的连接通道便可以接入 Internet。

接入网负责将用户的局域网或计算机连接到骨干网。它是用户与 Internet 连接的最后一步，因
此又叫"最后一公里"技术。

2. 互联网接入方式

接入网（Access Network，AN），也称为用户环路，是指交换局到用户终端之间的所有通信设
备，主要用来完成用户接入核心网（骨干网）的任务。

接入网根据使用的媒质可以分为有线接入网和无线接入网两大类，其中有线接入网又可分为铜线
接入网、光纤接入网和光纤同轴电缆混合接入网等，无线接入网又可分为固定接入网和移动接入网。

（1）DSL 接入方式。XDSL（Digital Subscriber Line，数字用户线路）是 DSL 的统称，是以铜
电话线为传输介质的点对点传输技术。XDSL 的家族如表 6.3 所示。

表 6.3 XDSL 的家族

中 文 名 称	英 文 名 称	特　性
高比特率数字用户线	HDSL（High bit rate Digital Subscriber Line）	对称
不对称数字用户线	ADSL（Asymmetric Digital Subscriber Line）	不对称
单线对称数字用户线	SDSL（Single Pair Digital Subscriber Line）	对称
甚高比特数字用户线	VDSL（Very-high-bit-rate Digital Subscriber Line）	不对称

表 6.3 中的"对称"指的是从局端到用户端的下行数据速率和从用户端到局端的上行数据速率相同；而"不对称"则指下行方向和上行方向的数据速率不同，并且通常上行速率要远小于下行速率。由于大部分 Internet 资源，特别是视频传输需要很大的下传带宽，而用户对上传带宽的需求不是很大，因此，"不对称"的 ADSL 和 VDSL 得到了大量的应用。

目前用电话线接入互联网的主流技术是 ADSL。由于 ADSL 安装简单，不需重新布线就可享受高速的网络服务，因此被用户广为接受。而 VDSL 可以提供更高速率的数据传输，短距离内的最大下传速率可达 55 Mbps，上传速率可达 19.2 Mbps，甚至更高。目前其提供的典型速率是 10 Mbps上、下行对称速率，被视为 ADSL 的下一代，目前已开展这项业务。

（2）光纤接入方式。光纤接入方式是宽带接入网的发展方向，但是光纤接入需要对电信部门过去的铜缆接入网进行相应的改造，所需投入的资金巨大。光纤接入分为多种情况，可以表示成 FTTx，其中的 FTT 表示"Fiber To The"，"x"可以是路边（Curb，C）、大楼（Building，B）和家庭（Home，H），如图 6.7 所示。

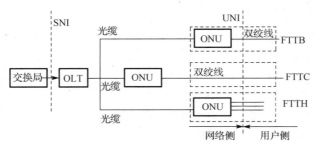

图 6.7　光纤接入方式

图 6.7 中，OLT（Optical Line Terminal）为光线路终端，ONU（Optical Network Unit）为光网络单元，SNI 为业务网络接口，UNI 为用户网络接口。ONU 是用户侧光网络单元，根据 ONU 位置的不同有 3 种主要的光纤接入网。

（3）高速局域网接入。用户如果是局域网（如校园网等）中的节点（终端或计算机），可以通过局域网中的服务器接入 Internet。

（4）HFC 宽带接入。光纤同轴混合网（Hybrid Fiber Coax，HFC）是目前 CATV 有线电视网采用的网络传输技术。骨干网采用光纤到路边的方式，然后通过同轴电缆及信号放大器等设备把有线电视信号传送到用户。

用户端的 Cable Modem 为电缆调制解调器，是用户上网的主要设备。Cable Modem 一般有以太网和 USB 两种接口，如果是以太网接口，通过双绞线与 PC 的以太网卡相连。

（5）无线接入。无线接入有两种情况，一种是通过无线 AP 连接到有线局域网接入 Internet。另一种是用户终端通过无线网络直接接入 Internet。目前常用的用户终端通过 3G 网络、4G 网络或 5G网络接入 Internet。

（6）电力线接入。电力线接入是把户外通信设备插入到变压器用户侧的输出电力线上，该通信设备可以通过光纤与主干网相连，向用户提供数据、语音和多媒体等业务。户外设备与各用户端设备之间的所有连接都可看成是具有不同特性和通信质量的信道，如果通信系统支持室内组网，则室内任意两个电源插座间的连接都是一个通信信道。

总之，各种各样的接入方式都有其自身的优、劣势，不同需求的用户应该根据自己的实际情况作出合理选择。目前还出现了两种或多种方式综合接入的趋势，如 FTTx+ADSL、FTTx+HFC、ADSL+WLAN（无线局域网）、FTTx+LAN 等。

6.4　常用的互联网应用

Internet 的发展之所以迅速，一个很重要的原因是它提供了许多受大众欢迎的服务。通过这些服务可以使广大用户快捷地检索并浏览各类信息资源，方便自如地进行文件的传输，迅速、准确地将消息传递到世界各地，轻轻松松地在网上选购各种商品，在网上听音乐、看电影、玩游戏以及进行各类休闲娱乐活动。

6.4.1　相关概念

（1）WWW。WWW（World Wide Web，又称 Web，中文名称为环球超媒体信息网，常简称万维网）是一种建立在 Internet 上的全球性的、交互的、动态的、多平台的、分布式的、超文本超媒体信息查询系统，也是建立在 Internet 上的一种网络服务。是网络应用的典范，它可以让用户从 Web 服务器上得到文档资料，运行的模式为客户机/服务器（Client/Server）模式。用户计算机上的万维网客户程序就是通常所用的浏览器，万维网服务器则运行服务器程序让万维网文档驻留。客户程序向服务器程序发出请求，服务器程序向客户程序送回客户所要的万维网文档。

（2）网页（Web Pages 或 Web Documents）。网页又称"Web 页"，它是浏览 WWW 资源的基本单位。每个网页对应磁盘上一个单一的文件，其中可以包括文字、表格、图像、声音、视频等。一个 WWW 服务器通常被称为"Web 站点"或者"网站"。每个这样的站点中，都有许许多多的 Web 页作为它的资源。

（3）主页（Home Page）。WWW 是通过相关信息的指针链接起来的信息网络，由提供信息服务的 Web 服务器组成。

（4）超文本（Hypertext）。超文本文档中可以有大段的文字用来说明问题，除此之外它们最重要的特色是文档之间的链接。互相链接的文档可以在同一个主机上，也可以分布在网络上的不同主机上，超文本就因为有这些链接才具有更好的表达能力。用户在阅读超文本信息时，可以随意跳跃一些章节，阅读下面的内容，也可以从计算机里取出存放在另一个文本文件中的相关内容，甚至可以从网络上的另一台计算机中获取相关的信息。

（5）超媒体（Hypermedia）。就信息的呈现形式而言，除文本信息外，还有语音、图像和视频（或称动态图像）等，统称为多媒体。在多媒体的信息浏览中引入超文本的概念，就是超媒体。

（6）超链接（Hyperlink）。在超文本/超媒体页面中，通过指针可以转向其他的 Web 页，而新的 Web 页又指向另一些 Web 页的指针……这样一种没有顺序、没有层次结构，如同蜘蛛网般的链接关系就是超链接。

（7）超文本传输协议（HTTP）：超文本传输协议 HTTP 是用来在浏览器和 WWW 服务器之间传送超文本的协议。HTTP 协议由两部分组成：从浏览器到服务器的请求集和从服务器到浏览器的应答集。HTTP 协议定义了请求报文和响应报文的格式。

● 请求报文：从 WWW 客户向 WWW 服务器发送请求报文。

● 响应报文：从 WWW 服务器到 WWW 客户的应答。

6.4.2　信息浏览

在互联网上浏览信息是互联网最普遍也是最受欢迎的应用之一，用户可以随心所欲地在信息的海洋中冲浪，获取各种有用的信息。

互联网上的信息是以 Web 页的方式呈现在用户面前的，Web 页是由网站提供的。用户要想访问网站的 Web 页，需要借助浏览器。浏览器把用户对信息的请求转换成网络上计算机能够识别的命令。目前常用的 Web 浏览器有 Google 公司的 Chrome 和 Microsoft 公司的 Internet Explorer（IE）；除此之外，还有很多浏览器，如 QQ 浏览器、搜狗浏览器、2345 智能浏览器、360 安全浏览器、猎豹安全浏览器、火狐浏览器等。这些浏览器各有特色和侧重，如何选择要看自己平时更重视浏览器的速度、安全还是拦截广告？

在 Windows 10 操作系统中，不仅内置了传统的 IE 11 浏览器，另外还有全新的 Edge 浏览器。默认情况下，Windows 10 自带的 Edge 浏览器，可以在"开始"菜单中找到，但自带的 IE 11 浏览器则比较隐藏，一般需要通过在底部搜索框中搜索"IE"才可以搜索到。Microsoft Edge 和 IE 的区别就是 Edge 是 Windows 10 之后微软推出的浏览器，而在 Windows 10 之前微软系统自带的浏览器都是 IE。

IE 浏览器从 IE 11 可以完美兼容 IE 11 以前版本的 IE 浏览器。而 Microsoft Edge 虽然也是微软的浏览器，但是不具有向下兼容的功能，也就是说 Microsoft Edge 并不能在 IE 10 及以下版本的 IE 浏览器运行。Microsoft Edge 支持现代浏览器功能，比如扩展、书写或其他功能。Microsoft Edge 是唯一一款能够直接在网页上记笔记、书写、涂鸦和突出显示的浏览器。无须转到网站来搜索，可以方便地通过在地址栏中输入搜索内容来获得搜索建议、来自 Web 的搜索结果、浏览历史记录和收藏夹。

下面以 IE 11 为例，介绍浏览器的常用功能及操作方法。

1．IE 11 的启动与关闭

实际上 IE 就是 Windows 操作系统的一个应用程序。

单击 Windows 10 操作系统"开始"→"Windows 附件"→"Internet Explorer"命令，即可启动 IE 11 浏览器。

打开 IE 11 浏览器后，单击 IE 窗口右上角的关闭按钮，或右击任务栏的 IE11 图标，在弹出的菜单中选择"关闭窗口"命令，都可以关闭 IE 浏览器。

2．IE 11 的窗口

当启动 IE 11 后，首先会发现该浏览器经过简化的设计，界面十分简洁。如图 6.8 所示为 IE 11 的窗口，显示的是百度的页面。

（1）前进、回退按钮：可以在浏览器中前进或后退，能使用户方便地返回访问过的页面。

（2）地址栏：在 IE 11 中将地址栏称为智能地址栏，集输入网址、获取建议、搜索信息多种功能于一身，使用起来更方便功能更强大。单击地址栏右侧的下拉按钮，可以看到收藏夹、历史记录，使用省时省力。通过右上角"设置"选择"管理加载项"来选择搜索引擎。

（3）标签页：显示了页面的名字，在图 6.8 中的标题是"百度一下，你就知道""河北科技工程职业技术大学"。标签页自动出现在地址栏右侧，也可以把它们移动到地址栏下面。当标题前的图标显示为" "时表示正在打开网页，显示完成后会显示网站的图标或 IE 的图标。点击标题右侧的小叉可以关闭当前的页面。

（4）IE 11 窗口最右侧有 3 个功能键按钮 ⌂ ☆ ⚙，它们分别是主页、收藏夹和工具。

① 主页：每次打开 IE 会打开一个选项卡，选项卡默认显示主页。主页的地址可以在 Internet 选项中设置，并且可以设置多个主页，这样打开 IE 就会打开多个选项卡显示多个主页的内容。

② 收藏夹：IE 11 将收藏夹、源和历史记录集成在一起了，单击收藏夹就可以展开小窗口。

③ 工具：单击"工具"按钮会显示"打印""文件""Internet 选项"等功能按钮。

回退　智能地址栏　　标签页　　　　　　　　刷新　搜索栏　　　　工具

前进

图 6.8　IE 11 的窗口

（5）IE 窗口右上角是 Windows 窗口常用的 3 个窗口控制按钮，依次为"最小化""最大化/还原""关闭"。

注意：如果有多个选项卡存在，单击"关闭"按钮会提示"关闭所有选项卡"还是"关闭当前的选项卡"。

在 IE 11 中取消了状态栏、菜单栏等。在 IE 11 中只需在浏览器窗口上方空白区域单击鼠标右键，或在左上角单击鼠标左键，即可弹出一个快捷菜单，如图 6.9 所示。可在上面勾选需要在 IE 11 上显示的工具栏。

3．页面浏览

（1）输入 Web 地址。

将插入点移到地址栏内就可以输入 Web 地址了。IE 为地址输入提供了很多方便，如用户不用输入像"http://"、"https://"、"ftp://"这样的协议开始部分，IE 会自动补上。另外，用户第一次输入某个地址时，IE 会记忆这个地址，再次输入这个地址时，只需输入开始的几个字符，IE 就会检查保存过的地址并把开始几个字符与用户输入的字符符合的地址罗列出来供用户选择。用户可以用鼠标上下移动选择其一，然后单击即可转到相应地址。

此外，单击地址列表右侧的下拉按钮，会出现曾经浏览过的地址记录，用鼠标单击其中的一个地址，相当于输入了这个地址并按 Enter 键。

输入 Web 地址后，按 Enter 键或"前进"按钮，浏览器就会按照地址栏中的地址转到相应的网站或页面。这个过程视网络速度情况快慢不一。

（2）浏览页面。

进入页面后即可浏览了。某个 Web 站点的第一页称为主页或首页，主页上通常都设有类似目录的网站索引，表述网站设有哪些主要栏目、近期要闻或改动等。

网页上有很多链接，它们或显示不同的颜色，或有下画线，或是图片，最明显的标志是当鼠标光标移到其上时，光标会变成一只小手。单击一个链接就可以从一个页面转到另一个页面，再单击新页面中的链接又能转到其他页面。依次类推，便可沿着链接前进，就像从一个浪尖转到另一个浪尖一样，所以，人们把浏览比作"冲浪"。

右击一个超链接，弹出快捷菜单，如图 6.10 所示，从中可以选择"打开""在新标签页中打开""在新窗口打开"等。

图 6.10　快捷菜单

在浏览时，可能需要返回前面曾经浏览过的页面，此时，可以使用前面提到的"回退""前进"按钮来浏览最近访问过的页面。

由于篇幅所限，大家可以在网上搜索"Web 页面的保存和阅读""更改主页""历史记录的使用""收藏夹的使用"等内容。

6.4.3　信息的搜索

互联网就像一个浩瀚的信息海洋，如何在其中搜索到自己需要的有用信息，是每个互联网用户都会遇到的问题。利用像雅虎、搜狐、新浪等网站提供的分类站点导航，是一个比较好的寻找有用信息的方法，但其搜索的范围还是太大，操作也较多。最常用的方法是利用搜索引擎，根据关键词来搜索有用的信息。

一般搜索引擎所包含的数据库规模大，至少有上亿个页面，检索方法多种多样，支持简单检索和高级检索，并且检索结果形式多样。目前 Internet 上的搜索引擎种类很多，常用的搜索引擎及其网址如下：

雅虎：http://www.yahoo.com

谷歌：http://www.google.com

搜狐：http://www.sohu.com

百度：http://www.baidu.com.cn

网易：http://search.163.com

新浪：http://www.sina.com.cn

搜狗：http://www.sogou.com

6.4.4　使用 FTP 传输文件

文件传输协议（File Transfer Protocol，FTP）是 Internet 上使用最广泛的文件传送协议。FTP 允许提供交互式的访问，允许用户指明文件的类型和格式，并允许文件具有存取权限。FTP 屏蔽了各计算机系统的细节，因而适合于在异构网络中任意计算机之间传送文件。

1．FTP 的基本工作原理

FTP 使用客户机/服务器模式，即由一台计算机作为 FTP 服务器提供文件传输服务，而由另一台计算机作为 FTP 客户端提出文件服务请求并得到授权的服务。一个 FTP 服务器进程可同时为多个客户进程提供服务。FTP 的服务器进程由两部分组成：一个主进程，负责接收新的请求；另外有若干个从进程，负责处理单个请求。

2．从 FTP 站点下载文件

浏览器可以以 Web 方式访问 FTP 站点，如果访问的是匿名 FTP 站点，则浏览器可以自动匿名登录。

当要登录一个 FTP 站点时，需要打开 IE 浏览器，在地址栏输入 FTP 站点的 URL。一个完整的 FTP 站点 URL 如下（北京大学的 FTP 站点 URL）：

ftp://ftp.pku.edu.cn

使用 IE 浏览器访问 FTP 站点并下载文件的操作步骤如下：

（1）打开 IE 浏览器，在地址栏输入要访问的 FTP 站点地址，如 ftp://ftp.pku.edu.cn，按 Enter 键。

（2）如果该站点不是匿名站点，则 IE 会提示输入用户名和密码，然后登录，如果是匿名站点，IE 会自动登录。FTP 站点上的资源以链接的方式呈现，可以单击链接进行浏览。当需要下载某个文件时，在链接上右击，选择"目标另存为"，然后就可以下载到本地计算机上了。

6.4.5　收发电子邮件

电子邮件是指计算机之间通过网络及时传送信件、文档或图像等各种信息。它提供了一种简便、迅速的通信方法，加速了信息的交流与传递，是 Internet 上使用最多的一种服务。电子邮件（Electronic Mail，E-mail）是 Internet 上最受欢迎也最为广泛的应用之一。电子邮件将邮件发送到 Internet 信息提供商（ISP）的邮件服务器，并放在其中的收信人邮箱（Mail Box）中，收信人可随时上网到 ISP 的邮件服务器进行读取。电子邮件服务是一种通过计算机网络与其他用户进行联系的快速、简便、高效、廉价的现代化通信手段。电子邮件之所以受到广大用户的喜爱，是因为与传统通信方式相比，其具有成本低、速度快、安全与可靠性高、可达范围广、内容表达形式多样等优点。

1．电子邮件地址

电子邮件有自己规范的格式，电子邮件的格式由信封和内容两大部分，即邮件头（Header）和邮件主体（Body）两部分组成。邮件头包括收信人 E-mail 地址、发信人 E-mail 地址、发送日期、标题和发送优先级等，其中，前两项是必选的。邮件主体才是发件人和收件人要处理的内容，早期的电子邮件系统使用简单邮件传输协议（Simple Mail Transfer Protocol，SMTP），只能传递文本信息，而通过使用多用途 Internet 邮件扩展协议（Multipurpose Internet Mail Extensions，MIME），现在还可以发送语音、图像和视频等信息。对于 E-mail 主体不存在格式上的统一要求，但对信封即邮件头有严格的格式要求，尤其是 E-mail 地址。E-mail 地址的标准格式为：

<收信人信箱名>@主机域名

其中，"<收信人信箱名>"是指用户在某个邮件服务器上注册的用户标志，相当于一个私人邮箱，收信人信箱名通常用收信人姓名的缩写来表示；"@"为分隔符，一般把它读为英文的 at；"主机域名"是指信箱所在的邮件服务器的域名。

例如"chujl@mail.xpc.edu.cn"，表示在河北科技工程职业技术大学的邮件服务器上的用户名为"chujl"的用户信箱。

2. 电子邮件系统的组成

有了标准的电子邮件格式，电子邮件的发送与接收还要依托由用户代理、邮件服务器和邮件协议组成的电子邮件系统。图 6.11 给出了电子邮件系统的简单示意图。

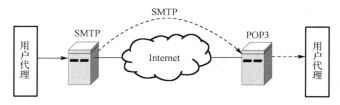

图 6.11 电子邮件系统的组成

① 用户代理：用户代理（User Agent，UA）是运行在用户机上的一个本地程序，它提供命令行方式、菜单方式或图形方式的界面来与电子邮件系统交互，允许人们读取和发送电子邮件，如 Outlook Express、Hotmail，以及基于 Web 界面的用户代理程序等。用户代理至少应当具有撰写、显示、处理 3 个基本功能。

② 邮件服务器：邮件服务器是电子邮件系统的核心构件，包括邮件发送服务器和邮件接收服务器，邮件服务器按照客户机/服务器方式工作。顾名思义，所谓邮件发送服务器是指为用户提供邮件发送功能的邮件服务器，如图 **6.**11 所示的 SMTP 服务器；而邮件接收服务器是指为用户提供邮件接收功能的邮件服务器，如图 **6.**11 所示的 POP3 服务器。

③ 邮件协议：用户在发送邮件时，要使用邮件发送协议，常见的邮件发送协议有简单邮件传输协议（SMTP）、MIME 协议和邮局协议（Post Office Protocol，POP3）。通常，SMTP 使用 TCP 的 25 号端口，而 POP3 则使用 TCP 的 110 号端口。图 6.12 给出了一个电子邮件发送和接收的具体实例。

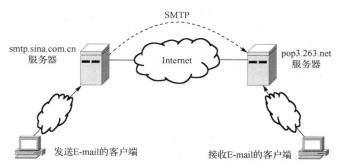

图 6.12 电子邮件发送和接收实例

假定用户 XXX 使用 "XXX@sina.com.cn" 作为发信人地址向用户 YYY 发送一个文本格式的电子邮件，该发信人地址所指向的邮件发送服务器为 smtp.sina.com.cn，收信人的 E-mail 地址为 "YYY@263.net"。

首先，用户 XXX 在自己的机器上使用独立式的文本编辑器、字处理程序或是用户代理内部的文本编辑器来撰写邮件正文，然后，使用电子邮件用户代理程序（如 Outlook Express）完成标准邮件格式的创建，即选择创建新邮件图标，填写收件人地址、主题、邮件的正文、邮件的附件等。

一旦用户单击邮件发送图标之后，则用户代理程序将用户的邮件传给负责邮件传输的程序，由其在 XXX 所用的主机和名为 smtp.sina.com.cn 的发送服务器之间建立一个关于 SMTP 的连接，并通过该连接将邮件发送至服务器 smtp.sina.com.cn。

发送方服务器 smtp.sina.com.cn 在获得用户 XXX 所发送的邮件后，根据邮件接收者的地址，在发送服务器与 YYY 的接收邮件服务器之间建立一个 SMTP 的连接，并通过该连接将邮件送至 YYY 的接收服务器。

接收方邮件服务器 pop3.263.net 接收到邮件后，根据邮件接收者的用户名将邮件放到用户的邮箱中。在电子邮件系统中，为每个用户分配一个邮箱（用户邮箱）。例如，在基于 UNIX 的邮件服务系统中，用户邮箱位于 "/usr/spool/mail/" 目录下，邮箱标志一般与用户标志相同。

当邮件到达邮件接收服务器后，用户随时都可以接收邮件。当用户 YYY 需要查看自己的邮箱并接收邮件时，首先要在自己的机器与邮件接收服务器 pop3.263.net 之间建立一条关于 POP3 的连接，该连接也通过系统提供的用户代理程序进行。连接建立之后，用户就可以从自己的邮箱中"取出"邮件进行阅读、处理、转发或回复等操作。

电子邮件的"发送→传递→接收"是异步的，邮件在发送时并不要求接收者正在使用邮件系统，邮件可存放在接收用户的邮箱中，接收者随时可以接收。

目前应用最为广泛的集成化 Internet 软件 Netscape 和 Internet Explorer 都带有电子邮件收发程序的插件，因此，如果用户的计算机中装有 Netscape 或 Internet Explorer，就可使用其携带的电子邮件收发程序。另外，还有很多专用的电子邮件软件，常见的有 Eudora、Becky、Foxmail、Mailtaik2.21、Microsoft Office Outlook 2016、Pegasus Mail、Newmail12.1、方正飞扬电子邮件等。

6.5　计算机信息安全

随着计算机应用的不断深入和计算机网络的普及，尤其是作为现代信息社会核心的 Internet 的开放性、国际性和自由性，使得人们对信息安全的要求越来越高。

6.5.1　信息安全概述

信息安全是一门涉及计算机科学、网络技术、通信技术、密码技术、信息安全技术、应用数学、信息论等多种学科的综合性学科。

1．信息安全的概念

信息安全是指信息网络的硬件、软件及其系统中的数据受到保护，不因偶然的或者恶意的原因而遭到破坏、更改、泄漏，系统可连续、可靠、正常地运行，信息服务不中断。

信息安全涉及的范围很广，大到国家军事、政治等机密安全，小到防范商业机密泄露、防范青少年对不良信息的浏览、防范个人信息的泄露等。网络环境下的信息安全体系是保证信息安全的关键，包括计算机操作系统安全、各种安全协议、安全机制（数字签名、信息认证、数据加密等），直至安全系统。

2．信息安全的主要威胁及其来源

信息安全的主要威胁有以下几种：

（1）窃取：非法用户通过数据窃听的手段获得敏感信息。

（2）截取：非法用户首先获得信息，再将此信息发送给真实接收者。

（3）伪造：将伪造的信息发送给接收者。

（4）篡改：非法用户对合法用户之间的通信信息进行修改，再发送给接收者。

（5）拒绝服务攻击：攻击服务系统，造成系统瘫痪，阻止合法用户获得服务。

（6）行为否认：合法用户否认已经发生的行为。

（7）非授权访问：未经系统授权而使用网络或计算机资源。

（8）计算机病毒：通过网络传播计算机病毒，其破坏性非常高，而且用户很难防范。

信息安全威胁的主要来源有以下几种：

（1）自然灾害、意外事故；

（2）计算机犯罪；

（3）人为错误，例如使用不当，安全意识差等；

（4）黑客行为；

（5）内部泄密或外部泄密；

（6）信息丢失；

（7）电子谍报，例如信息流量分析、信息窃取等；

（8）信息战；

（9）网络协议自身缺陷，例如 TCP/IP 协议的安全问题等。

3．信息安全的目标

无论是在计算机上存储、处理和应用，还是在通信网络上传输，信息都有可能被非授权访问而导致泄密，被篡改破坏而导致不完整，被冒充替换而导致否认，也有可能被阻塞拦截而导致无法存取。目前，普遍认为信息安全的目标应该是保护信息的完整性、可用性、机密性、可控性和不可抵赖性。

（1）完整性，是指维护信息的一致性，即在信息生成、存储、传输和使用过程中保持不被修改、不被破坏和不丢失的特性，是信息安全的基本要求。

（2）可用性，是指信息可被合法用户访问并按要求使用的特性。

（3）机密性，是指保证信息不被非授权访问，即使非授权用户得到信息也无法知晓信息的内容。

（4）可控性，是指信息在整个生命周期内都可由合法拥有者安全地控制。

（5）不可抵赖性，是指保障用户无法在事后否认曾经对信息进行的生成、签发、接收等行为。

6.5.2　信息安全技术

信息安全的关键技术包括加密技术、身份认证技术、防火墙技术、入侵检测技术、访问控制技术、VPN 技术、安全评估技术、审计评估技术、审计分析技术、备份与恢复技术、防病毒技术、主机安全技术等。

1．数据加密技术

所谓数据加密（Data Encryption）技术是指将一个信息（或称明文，Plain Text）经过加密钥匙（Encryption Key）及加密函数转换，变成无意义的密文（cipher text），而接收方则将此密文经过解密函数、解密钥匙（Decryption Key）还原成明文。加密技术是网络安全技术的基石。

数据加密技术要求只有在指定的用户或网络下，才能解除密码而获得原来的数据，这就需要给数据发送方和接收方一些特殊的信息用于加解密，即所谓的密钥。密钥的值是从大量的随机数中选取的。

一般的数据加密可以在通信的三个层次来实现：链路加密、节点加密和端到端加密。

按加密算法分为专用密钥和公开密钥两种：

（1）专用密钥。又称对称密钥或单密钥，加密和解密时使用同一个密钥，即同一个算法。如 DES 和 MIT 的 Kerberos 算法。

（2）公开密钥。又称非对称密钥，加密和解密时使用不同的密钥，即不同的算法，虽然两者之间存在一定的关系，但不可能轻易地从一个推导出另一个。有一个公用的加密密钥，多个解密密钥，如 RSA 算法。

2. 身份认证技术

随着互联网的不断发展，越来越多的人们开始尝试在线交易，然而，病毒、黑客、网络钓鱼以及网页仿冒诈骗等恶意威胁，给在线交易的安全性带来了极大的挑战。网络犯罪层出不穷，引起了人们对网络身份的信任危机。如何证明"我是谁？" 以及如何知道"你是谁？"等问题又一次成为人们关注的焦点。这些都是身份认证技术要解决的问题。

目前，常用的身份认证技术主要有以下几种：

（1）用户名/密码方式。用户名/密码方式是最简单也是最常用的身份认证技术。每个用户的密码是由用户自己设定的。只有用户自己能够输入正确的密码，计算机借此识别合法用户。实际上，由于许多用户密码设置和保存不当，很容易造成密码泄露。另外，由于密码是静态的数据，在验证过程中必然经过计算机内存和网络，因而很容易被木马程序或网络中的监听设备截获。因此，从安全性上讲，用户名/密码方式是一种不安全的身份认证方式。

（2）智能卡。智能卡是一种内置集成电路的芯片，芯片中存有与用户身份相关的数据，智能卡由专门的厂商通过专门的设备生产，是不可复制的硬件。智能卡由合法用户随身携带，登录时必须将智能卡插入专用的读卡器读取其中的信息，以验证用户的身份。智能卡认证是通过智能卡硬件不可复制来保证用户身份不会被仿冒。然而由于每次从智能卡中读取的数据是静态的，通过内存扫描或网络监听等技术还是很容易截取到用户的身份验证信息，因此还是存在安全隐患。

（3）短信密码。短信密码以手机短信形式请求包含 6 位随机数的动态密码，它也是一种手机动态口令形式，身份认证系统以短信形式发送随机的 6 位密码到客户的手机上。客户在登录或者交易认证时输入此动态密码，从而确保系统身份认证的安全性 。

（4）USB Key。基于 USB Key 的身份认证方式是一种方便、安全的身份认证技术。它采用软硬件相结合、一次一密的强双因子认证模式，很好地解决了安全性与易用性之间的矛盾。USB Key 是一种 USB 接口的硬件设备，它内置单片机或智能卡芯片，可以存储用户的密钥或数字证书，利用 USB Key 内置的密码算法实现对用户身份的认证。USB Key 安全产品是目前信息安全领域用于身份认证的主导产品，被用作客户身份认证与电子签名的数字证书和私有密钥的载体，广泛用于网上银行、证券、电子政务（含工商税务）、电子商务等领域。

（5）生物识别技术。生物识别技术是通过可测量的身体或行为等生物特征进行身份认证的一种技术。生物特征是指唯一的可以测量或可自动识别和验证的生理特征或行为方式。生物特征分为身体特征和行为特征两类。身体特征包括指纹、掌纹、视网膜、虹膜、人体气味、脸型、手的血管和 DNA 等；行为特征包括签名、语音、行走步态等。

3. 防火墙技术

在网络安全技术中，防火墙（Firewall）是指一种将内部网和公众网互相隔离的技术。它是在两个网络通信时执行一种操作，允许经授权信息进入内部网，同时拒绝未经授权的信息，而内部网的用户对公众网的访问则不受影响。防火墙的主要功能是数据包过滤、网络地址转换、应用级代理、状态监测和身份认证等。

4. 入侵检测技术

入侵检测技术通过收集和分析网络行为、安全日志、审计数据、其他网络上可以获得的信息以及计算机系统中若干关键点的信息，检查网络或系统中是否存在违反安全策略的行为和被攻击的迹象。

入侵检测作为一种积极主动的安全防护技术，提供了对内部攻击、外部攻击和误操作的实时保护，在网络系统受到危害之前拦截和响应入侵。因此被认为是防火墙之后的第二道安全闸门，在不影响网络性能的情况下能对网络进行检测。

按所采用的技术不同，入侵检测系统可分为误用检测和异常检测两种。入侵检测系统（IDS）的发展方向是入侵防御系统（IPS）。IPS 是一种主动的、积极的入侵防范、阻止系统，其设计旨在预先对入侵活动和攻击性网络流量进行拦截，避免其造成任何损失。

5．VPN 技术

虚拟专用网（VPN）就是通过一个公用网建立一个临时的、安全的连接，是一条穿过混乱的公用网络的安全、稳定的隧道。所谓虚拟，是指用户不再需要拥有实际的长途数据线路，而是使用 Internet 公众数据网络的长途数据线路。所谓专用，是指用户可以为自己制定一个最符合自己需求的网络。

VPN 的核心技术是隧道技术。隧道是利用一种协议传输另一种协议的技术，封装是构建隧道的基本手段，它使得 IP 隧道实现了信息隐蔽和抽象。隧道技术包括数据封装、传输和解包在内的全过程。实现 VPN 的隧道协议有 PPTP、L2F、IPSec、SSL、MPLS 等。

6．备份与恢复技术

数据备份是指为防止系统出现操作失误或系统故障导致数据丢失，而将全部或部分数据从应用主机的硬盘或阵列中复制到其他存储介质上的过程。目前，最常用的技术手段是网络备份。

数据备份必须要考虑数据恢复的问题，能够在系统发生故障后进行系统恢复。

6.5.3　计算机病毒

1．计算机病毒的概念

当前，计算机安全的最大威胁是计算机病毒（Computer Virus）。计算机病毒实质上是一种特殊的计算机程序。这种程序具有自我复制能力，可非法入侵并隐藏在存储媒体中的引导部分、可执行程序或数据文件中。当病毒被激活时，源病毒能把自身复制到其他程序体内，影响和破坏程序的正常执行和数据的正确性。计算机一旦感染病毒，就会出现屏幕显示异常、系统无法启动、系统自动重新启动或挂死、磁盘存取异常、文件异常、机器速度变慢等不正常现象。

在《中华人民共和国计算机信息系统安全保护条例》中，计算机病毒被明确定义为："计算机病毒是指编制或在计算机程序中插入的破坏计算机功能或毁坏数据，影响计算机使用，并能自我复制的一组计算机指令或者程序代码"。计算机病毒有以下主要特征：

（1）传播性。传播性是计算机病毒的重要特征。计算机病毒一旦进入计算机并得以执行，它就会搜寻符合其传播条件的程序或存储介质，并将自身代码插入其中，达到自我复制的目的。而被感染的文件又成了新的传播源，在与其他机器进行交换中或通过网络，病毒会继续进行传播。

（2）隐蔽性。病毒一般需要具有很高的编程技巧，多为短小精悍的程序，通常附在正常程序或磁盘较隐蔽的地方，用户难以发现它的存在。其隐蔽性主要表现在传播的隐蔽性和自身存在的隐蔽性。

（3）寄生性。病毒程序嵌入到宿主程序中，依赖于宿主程序的执行而生存，这就是计算机病毒的寄生性。宿主程序一旦执行，病毒程序就被激活，从而可以进行自我复制和传播。

（4）潜伏性。计算机病毒侵入系统后，一般不会立即发作，而有一定的潜伏期。一旦病毒触发条件满足便会发作，进行破坏。计算机病毒的种类不同，触发条件也不同，潜伏期也不同。

（5）不可预见性。不同种类的病毒，它们的代码千差万别，且随着计算机病毒制作技术的不断提高，使人防不胜防。病毒对反病毒软件总是超前的。

（6）破坏性。不同计算机病毒的破坏情况表现不一，有的干扰计算机的正常工作，有的占用系统资源，有的修改或删除文件及数据，有的破坏计算机硬件。

2．网络时代计算机病毒的特点

随着网络技术的发展，计算机病毒也在不断变化和提高，主要表现出如下特点：

（1）通过网络和邮件传播。从当前流行的计算机病毒来看，许多病毒是通过邮件和网络进行传播的。

（2）传播速度极快，难以控制。由于病毒主要通过网络传播，因此一种新病毒出现后，通过 Internet 可以迅速传到世界各地，如"爱虫"病毒在一两天内迅速传播到世界各地的主要计算机网络中。

（3）利用 Java 和 Active 技术。Java 和 Active 的执行方式是把程序代码写在网页上，当用户访问网站时，浏览器就执行这些程序代码，这就为病毒制造者提供了可乘之机。当用户浏览网页时，利用 Java 和 Active 编写的病毒程序就在系统里执行，使系统遭到不同程度的破坏。

（4）具有病毒和黑客程序的功能。随着网络技术的发展，病毒也在不断变化和提高。现在计算机病毒除了有传播病毒的特点，还有蠕虫的特点，可以利用网络进行传播，如利用 E-mail。同时有些病毒还有了黑客程序的功能，一旦侵入计算机系统后，病毒可以从入侵的系统中窃取信息，甚至远程控制系统。

3．计算机病毒的分类

计算机病毒的分类方法很多，按计算机病毒的感染方式，分为以下几类：

（1）引导型病毒。引导型病毒是指寄生在磁盘引导区或主引导区的计算机病毒。这种病毒利用系统引导时，不能对主引导区的内容进行正确与否的判别，在引导系统的过程中侵入系统，驻留内存，监视系统运行，伺机传染和破坏。按照引导型病毒在硬盘上的寄生位置又可细分为主引导记录病毒和分区引导记录病毒。主引导记录病毒感染硬盘的主引导区，如大麻病毒、2708 病毒、火炬病毒等；分区引导记录病毒感染硬盘的活动分区引导记录，如小球病毒、Girl 病毒等。

（2）文件型病毒。该类病毒主要感染扩展名为.com、.exe、.bin、.ovl 和.sys 等可执行文件。通常寄生在文件的首部或尾部，并修改程序的第一条指令。当染毒程序执行时先跳转去执行病毒程序，进行传染和破坏。这类病毒只有当带毒程序执行时才能进入内存，一旦符合激发条件，它就发作，如"耶路撒冷"病毒等。

（3）混合型病毒。这类病毒既感染磁盘引导区，又感染可执行文件，兼有上述两类病毒的特点。如"幽灵"病毒、Flip 病毒等。

（4）宏病毒。寄生在 Office 文档或模板的宏中的病毒，它只感染 Word 文档文件或模板文件，与操作系统没有特别的关联。能通过 E-mail 下载 Word 文档附件等途径蔓延。

（5）网络病毒。网络病毒通过计算机网络传播，感染网络中的可执行文件。

4．计算机感染病毒的常见症状

计算机感染病毒后会出现一些异常情况，主要表现在以下几方面：

（1）磁盘文件数目无故增多；

（2）系统的内存空间明显变小；

（3）文件的日期/时间值被修改成新近的日期或时间（用户自己并没有修改）；

（4）系统出现异常的重启现象，经常死机，或者蓝屏无法进入系统；

（5）文件长度异常增减或莫名产生新文件；

（6）正常情况下可以运行的程序突然因内存不足而不能装入；

（7）程序加载时间或程序执行时间比正常的明显变长；

（8）屏幕上出现某些异常字符或特定画面。

5. 计算机病毒的预防与检测

计算机感染病毒后，用反病毒软件检测和消除病毒是被迫的处理措施，况且已经发现病毒在感染之后会永久性地破坏被感染程序。所以要有针对性地防范，所谓防范就是通过合理、有效的防范体系及时发现计算机病毒的侵入，并能采取有效的手段阻止计算机病毒的破坏和传播，保护系统和数据的安全。

（1）计算机病毒的预防。计算机病毒主要通过移动存储介质（如 U 盘、移动硬盘）和计算机网络两大途径进行传播。人们从工作实践中总结出一些预防计算机病毒的简易可行的措施，这些措施实际上是要求用户养成良好的使用计算机的习惯。具体归纳如下：

① 安装杀毒软件并根据实际需求进行安全设置，定期升级杀毒软件并经常全盘查杀、杀毒，同时打开杀毒软件的"系统监控"功能。

② 扫描系统漏洞，及时更新系统补丁。

③ 未经检测过是否感染病毒的文件、光盘、U 盘及移动硬盘等在使用前首先用杀毒软件查杀病毒后再使用。

④ 对各类数据、文档和程序应分类备份保存。

⑤ 尽量使用具有查毒功能的电子邮箱，尽量不打开陌生的电子邮件。

⑥ 浏览网页、下载文件时要选择正规的网站。

⑦ 关注目前流行病毒的感染途径、发作形式及防范方法，做到预先防范，感染后及时查毒，避免遭受更大损失。

⑧ 有效管理系统内建的 administrator 账户、guest 账户以及用户创建的账户，包括密码管理、权限管理。

⑨ 禁用远程功能，关闭不需要的服务。

⑩ 修改 IE 浏览器中与安全相关的设置。

（2）计算机病毒的检测与清除。一般的杀毒软件都具有消除/删除病毒的功能。消除病毒是把病毒从原有的文件中清除掉，恢复原有文件的内容；删除病毒是把整个文件全删除掉。经过杀毒后，被破坏的文件有可能恢复成正常的文件。

用杀毒软件消除病毒是当前比较流行的方法。目前较流行的杀毒软件有金山毒霸、微软 MSE 杀毒、360 杀毒软件、McAfee 杀毒软件、诺顿、卡巴斯基等。

6.5.4　信息安全的道德和法律法规

1. 黑客

目前所说的黑客是指利用计算机技术、网络技术，非法侵入、干扰、破坏他人（国家机关、社会组织和个人）的计算机系统，或擅自操作、使用、窃取他人的计算机信息资源，对电子信息技术交流和网络实体安全具有不同程度威胁和危害的人。从黑客的动机、目的及其社会影响，可分为技术挑战性黑客、戏谑趣味性黑客和捣乱破坏性黑客 3 种类型。

2. 计算机犯罪

计算机犯罪是通过非法（未经授权使用）或合法（计算机使用权人）利用计算机和网络系统，采取具有计算机运行特点的手段，侵害了计算机和网络系统的安全运行状态，或者违反计算机或网络安全管理规定，给计算机或网络安全造成重大损失等，给社会带来严重的社会危害，违反刑事法律，依法应受刑事处罚的行为。

计算机网络犯罪的主要类型有破坏计算机系统犯罪、非法入侵计算机系统犯罪和计算机系统安全事故犯罪 3 种类型。

3. 计算机职业道德规范

计算机职业应注意的道德规范主要有以下几个方面：

（1）有关知识产权。1990 年 9 月我国颁布了《中华人民共和国著作权法》，把计算机软件列为享有著作权保护的作品；1991 年 6 月，颁布了《计算机软件保护条例》，规定计算机软件是个人或者团体的智力产品，同专利、著作一样受法律的保护，任何未经授权的使用、复制都是非法的，按规定要受到法律的制裁。人们在使用计算机软件或数据时，应遵照国家有关法律规定，尊重其作品的版权，这是使用计算机的基本道德规范。建议人们养成良好的道德规范，具体如下：

- 应该使用正版软件，坚决抵制盗版，尊重软件作者的知识产权；
- 不对软件进行非法复制；
- 不要为了保护自己的软件资源而制造病毒保护程序；
- 不要擅自篡改他人计算机内的系统信息资源。

（2）有关计算机安全。计算机安全是指计算机信息系统的安全。计算机信息系统是由计算机及其相关的、配套的设备、设施（包括网络）构成的，为维护计算机系统的安全，防止病毒的入侵，我们应该注意以下几方面：

- 不要蓄意破坏和损伤他人的计算机系统设备及资源；
- 不要制造病毒程序，不要使用带病毒的软件，更不要有意传播病毒给其他计算机系统（传播带有病毒的软件）；
- 要采取预防措施，在计算机内安装防病毒软件，要定期检查计算机系统内文件是否有病毒，如发现病毒，应及时用杀毒软件清除；
- 维护计算机的正常运行，保护计算机系统数据的安全；
- 被授权者对自己享用的资源负有保护责任，口令密码不得泄露给外人。

（3）有关网络行为规范。计算机网络正在改变着人们的行为方式、思维方式乃至社会结构，它对于信息资源的共享起到了无与伦比的巨大作用，并且蕴藏着无尽的潜能。但是网络的作用不是单一的，在它广泛的积极作用背后，也有使人堕落的陷阱，这些陷阱产生着巨大的反作用。其主要表现在：网络文化的误导，传播暴力、色情内容；网络诱发着不道德和犯罪行为；网络的神秘性"培养"了计算机"黑客"，等等。

各个国家都制定了相应的法律法规，以约束人们使用计算机以及在计算机网络上的行为。例如，我国公安部公布的《计算机信息网络国际联网安全保护管理办法》中规定，任何单位和个人不得利用国际互联网制作、复制、查阅和传播下列信息：

- 煽动抗拒、破坏宪法和法律、行政法规实施的；
- 煽动颠覆国家政权，推翻社会主义制度的；
- 煽动分裂国家、破坏国家统一的；
- 煽动民族仇恨、破坏国家统一的；

- 捏造或者歪曲事实，散布谣言，扰乱社会秩序的；
- 宣传封建迷信、淫秽、色情、赌博、暴力、凶杀、恐怖，教唆犯罪的；
- 公然侮辱他人或者捏造事实诽谤他人的；
- 损害国家机关信誉的；
- 其他违反宪法和法律、行政法规的。

　　但是，仅仅靠制定一项法律来制约人们的所有行为是不可能的，也是不实用的。相反，社会依靠道德来规定人们普遍认可的行为规范。在使用计算机时应该抱着诚实的态度、无恶意的行为，并要求自身在智力和道德意识方面取得进步：

- 不能利用电子邮件作广播型的宣传，这种强加于人的做法会造成别人的信箱充斥无用的信息而影响正常工作；
- 不应该使用他人的计算机资源，除非你得到了准许或者作出了补偿；
- 不应该利用计算机去伤害别人；
- 不能私自阅读他人的通信文件（如电子邮件），不得私自复制不属于自己的软件资源；
- 不应该到他人的计算机里去窥探，不得蓄意破译他人口令。

习　题　6

一、填空题

1. 计算机网络是＿＿＿＿＿＿和＿＿＿＿＿＿高度发展、紧密结合的产物。
2. Internet 的核心是＿＿＿＿＿＿协议。
3. ＿＿＿＿＿＿是用于 Web 浏览程序与 Web 服务器之间进行通信的协议，采用客户机/服务器模式。
4. 电子邮件地址由用户名和主机名两部分构成，中间用＿＿＿＿＿＿隔开。
5. 在 WWW 上，每一个信息资源都有统一的且在网络中唯一的地址，该地址叫＿＿＿＿＿＿。它是 WWW 的统一资源定位标志。URL 由三部分组成：资源类型、存放资源的主机域名和资源文件名。
6. URL 的地址格式为＿＿＿＿＿＿。
7. HTML（Hyper Text Markup Language）是建立、发表联机文档采用的语言，称为＿＿＿＿＿＿。HTML 文档也称为 Web 文档，由图形、文本、声音和超链接组成。

二、选择题

1. 网络中计算机之间的通信是通过（　　）实现的，它们是通信双方必须遵守的约定。
   A. 网卡　　　　　　　　B. 通信协议　　　C. 磁盘　　　　　　　D. 电话交换设备
2. 为了能在 Internet 上正确地通信，为每个网络和每台主机都分配了唯一的地址，该地址由纯数字并用小数点隔开，称为（　　）。
   A. WWW 服务器地址　　B. TCP 地址　　　C. WWW 客户机地址　D. IP 地址
3. 域名是（　　）。
   A. IP 地址的 ASCII 码表示形式
   B. 按接入 Internet 的局域网的地理位置所规定的名称
   C. 按接入 Internet 的局域网的大小所规定的名称
   D. 按分层的方法为 Internet 中的计算机所取的直观名字

4．Web 中的信息资源的基本构成是（　　　）。

 A．文本信息   B．Web 页   C．Web 站点   D．超链接

5．用户在浏览 Web 网页时，可以通过（　　　）进行跳转。

 A．文本   B．多媒体   C．导航文字或图标 D．鼠标

6．网络主机的 IP 地址由一个（　　　）的二进制数字组成。

 A．8 位   B．16 位   C．32 位   D．64 位

7．正确的域名结构顺序由（　　）构成。

 A．计算机主机名、机构名、网络名、最高层域名

 B．最高层域名、网络名、计算机主机名、机构名

 C．计算机主机名、最高层域名

 D．域名、网络名、计算机主机名

8．主机域名 www.xpc.edu.cn 由 4 个子域组成，其中（　　　）表示计算机名。

 A．cn   B．edu   C．xpc   D．www

9．访问清华大学的 WWW 站点，需在 IE 11.0 地址栏中输入（　　　）。

 A．FTP://FTP.TSINGHUA.EDU.CN   B．HTTP://WWW.TSINGHUA.EDU.CN

 C．HTTP://BBS.TSINGHUA.EDU.CN   D．GOPHER://GOPHER.TSINGHUA.EDU.CN

10．能够利用无线移动网络的是（　　　）。

 A．内置无线网卡的笔记本电脑   B．部分具有上网功能的手机

 C．部分具有上网功能的平板电脑   D．以上全部

11．接入 Internet 的每台主机都有一个唯一的可识别的地址，称为（　　　）。

 A．TCP 地址   B．IP 地址   C．TCP/IP 地址   D．URL

三、简答题

1．计算机网络如何分类？有哪些功能？

2．局域网是由哪几部分组成的？有哪些特点？

3．在计算机局域网中常用的传输介质有哪几种？

4．在计算机局域网中常用的拓扑有哪几种？

5．什么是 Internet？它所使用的协议是什么？

6．IP 地址分几类？

7．什么是 URL？

四、实训题

1．在浏览器的地址栏中输入"http://www.xpc.edu.cn"，浏览河北科技工程职业技术大学网站，打开"教育教学"网页，浏览这个网页的内容，然后把它以"jyjx.html"为文件名保存在 E 盘根目录下。

2．在浏览器的地址栏中输入"http://www.xpc.edu.cn"，浏览河北科技工程职业技术大学网站，将首页保存到当前文件夹中，文件名为"河北科技工程职业技术大学"，保存类型为"文本文件(*.txt)"。

3．浏览河北科技工程职业技术大学网站，将首页上的图片保存到当前文件夹中，文件名为"picture"，保存类型为"位图（*.bmp）"。

4．搜索网站

打开下列任一主页：

http://home.sina.com.cn　　　　　　　http://www.chinaedu.edu.cn

http://www.wander.com.cn　　　　　　http://www.chinavigator.com.cn

http://www.cetin.net.cn　　　　　　　http://www.readchina.com

http://cn.yahoo.com　　　　　　　　http://www.sohu.com

搜索河北省的大学网站，打开其中的任一主页，截取主页的屏幕图像，存入 U 盘。以"网站"作为文件名，保存类型为".jpg"。

5．在 IE 浏览器的收藏夹中新建一个目录，命名为"常用搜索"，将百度搜索的网址（www.baidu.com）添加至该目录下。

6．向某知名企业家发一个 E-mail，邀请他参加我校举办的人才交流会的开幕式。具体如下：

［收件人］xxx@126.com

［抄送］

［主题］毕业生人才交流会

［函件内容］"尊敬的×经理：我校定于×月××日（星期三）上午九点钟举办第六届人才交流会，敬请您的光临。会议地点：校体育馆。谢谢！"

［附件］毕业生人才交流会邀请函

第 7 章

新一代信息技术

通过本章的学习，应该掌握如下内容：

（1）物联网技术

（2）云计算技术

（3）大数据技术

（4）人工智能技术

（5）区块链技术

（6）虚拟现实技术

（7）下一代互联网 IPv6

（8）新一代移动通信（5G）

7.1 新一代信息技术概述

7.1.1 概述

在 2010 年 10 月国务院发布的《国务院关于加快培育和发展战略性新兴产业的决定》和 2011 年《我国国民经济和社会发展十二五规划》中都提到大力发展节能环保、新一代信息技术、生物、高端装备制造、新能源、新材料、新能源汽车等战略性新兴产业。其中新一代信息技术产业重点发展新一代移动通信、下一代互联网、三网融合、物联网、云计算、集成电路、新型显示、高端软件、高端服务器和信息服务。

在 2013 年 8 月中国互联网大会上提出以"大智移云"为代表的新一代信息技术，其中"智能化"包括物联网和大数据挖掘支撑的用户体验。移动互联网、物联网的结合，又使大数据的产生与收集成为可能。"大智移云"彼此又相互关联，移动互联网和物联网的应用需要云计算支撑，大数据的深入分析和挖掘反过来助推移动互联网和物联网的发展，使软硬件更加智能化。

2018 年 5 月 28 日，习近平总书记在中国科学院第十九次院士大会、中国工程院第十四次院士大会上发表的重要讲话中，将区块链与人工智能、量子信息、移动通信、物联网一道列为新一代信息技术的代表。

1. 物联网

物联网是信息科技产业的第三次革命。物联网是指通过信息传感设备，按约定的协议将任何物体与网络相连接，物体通过信息传播介质进行信息交换和通信，以实现智能化识别、定位、跟踪、监管等功能。

自 2009 年 8 月"感知中国"的概念被提出来以后，物联网被正式列为国家五大新兴战略性产业之一，并写入《政府工作报告》，物联网在中国受到了全社会极大的关注。

2．云计算

云计算是一种提供资源的网络，使用者可以随时获取"云"上的资源，按需使用，并且可以将其看作无限扩展的，只需按需付费即可。云计算的核心是可以将很多计算资源集合为一个共享资源池，通过软件实现自动化管理，用户通过网络就可以获取无限的资源，同时，获取的资源不受时间和空间的限制。这种计算资源共享池称为"云"。也就是说，计算能力作为一种商品，可以在互联网上流通，可以方便地取用。

云计算是继计算机、互联网后，信息时代的又一革新，云计算是信息时代的一大飞跃，未来的时代可能就是云计算的时代。

3．大数据

大数据（Big Data）是指无法在一定时间范围内用常规软件工具进行捕捉、管理和处理的数据集合，是需要新处理模式才能具有更强的决策力、洞察力和流程优化能力的海量、高增长率和多样化的信息资产。

在维克托·迈尔-舍恩伯格及肯尼斯·库克耶编写的《大数据时代》中，大数据指不用随机分析法（抽样调查）这种捷径，而采用所有数据进行分析处理。大数据的 5V 特点（IBM 提出的）：Volume（大量）、Velocity（高速）、Variety（多样）、Value（低价值密度）、Veracity（真实性）。

4．人工智能

人工智能（AI）作为一门前沿交叉学科，其定义一直存在不同观点。百度百科定义人工智能是"研究、开发用于模拟、延伸和扩展人的智能的理论、方法、技术及应用系统的一门新的技术科学。" 将其视为计算机科学的一个分支，指出其研究包括机器人、语言识别、图像识别、自然语言处理和专家系统等。目前，人工智能已经形成了一个由基础层、技术层与应用层构成的、蓬勃发展的产业生态链，并应用于人类生产与生活的各个领域，深刻而广泛地改变着人类的生产与生活方式，"AI+制造""AI+控制""AI+教育""AI+媒体""AI+医疗""AI+物流""AI+农业"等应用层出不穷。

5．区块链

区块链是一个信息技术领域的术语。从本质上讲，区块链是一个共享数据库。从应用视角来看，区块链是一个分布式的共享账本，具有去中心化、不可篡改、全程留痕、可以追溯、集体维护、公开透明等特点。

7.1.2 相互关系

物联网、云计算、大数据、人工智能虽然都可以看作独立的研究领域，但随着现代信息技术的发展，各个研究领域的技术已经融合，在实际的应用中通常综合运用，以达到相辅相成的效果。下面将从云计算方面介绍它们之间的关系。

1．云计算

云计算最初的目标是对资源进行管理，管理的主要是计算资源、网络资源、存储资源三个方面。管理的目标就是要达到两个方面的灵活性：时间灵活性——想什么时候要就什么时候要；空间灵活性——想要多少就有多少。时间灵活性和空间灵活性即通常所说的云计算的弹性，而这个问题可以通过虚拟化解决。

云计算基本实现了时间灵活性和空间灵活性，实现了计算、网络、存储资源的弹性。通常，计算、网络、存储资源又被称为基础设施（Infrastructure），因而这个阶段的弹性又被称为资源层面的弹性。管理资源的云平台（如开源的云平台 OpenStack）又被称为基础设施即服务（Infrastructure as a Service，IaaS）。

虽然资源层面实现了弹性，但应用层面没有弹性，灵活性依然是不够的。有没有方法解决这个问题呢？答案是在 IaaS 平台之上又加了一层用于管理资源层面以上的应用层面的弹性问题，这一层通常被称为平台即服务（Platform as a Service，PaaS）。有了容器，使得 PaaS 层对于用户自身应用的自动部署变得快速而优雅。

2. 大数据拥抱云计算

在 PaaS 层中一个复杂的通用应用就是大数据平台。大数据的数据分三种类型：结构化数据、非结构化数据、半结构化数据。

数据本身可能并无用处，但是经过一定的处理，会变得有用。例如你每天跑步带个手环收集的是数据，网上那么多网页也是数据，我们统称为 Data。数据本身没有什么用处，但数据里面包含很重要的内容，称为信息（Information）。数据通常十分杂乱，需要经过梳理和清洗，才能够称为信息。信息包含很多规律，我们需要从信息中将规律总结出来，称为知识（Knowledge），而知识可以改变命运。

有了知识，然后利用这些知识去应用于实战，有的人会做得非常好，这称为智慧（Intelligence）。所以数据的应用分四个步骤：数据、信息、知识、智慧。

3. 物联网技术完成数据收集

数据的处理分几个步骤，完成了才会有智慧。

第一个步骤是数据的收集。从物联网层面上来讲，数据的收集是指通过部署成千上万的传感器，将大量的各种类型的数据收集起来；从互联网网页的搜索引擎层面来讲，数据的收集是指将互联网所有的网页都下载下来，称为抓取或爬取。这显然不是单独一台机器能够做到的，需要多台机器组成网络爬虫系统，每台机器下载一部分，多台机器同时工作，才能在有限的时间内，将海量的网页下载完毕。

但是，伴随着数据量越来越大，众多小型公司又没有足够多的机器处理这海量的数据，此时，又该怎么办呢？

第二步到第五步完成数据的传输、存储、处理和分析及检索和挖掘。从信息中挖掘出相互的关系。通过各种算法挖掘数据中的关系形成知识库十分重要。

4. 大数据需要云计算，云计算需要大数据

当想要完成非常多工作时，需要很多机器一起做，并且要想什么时候用就什么时候用，想用多少就提供多少，此时就要考虑云计算。

例如利用大数据分析公司的财务情况，可能需要一周分析一次，如果把这一百台机器或者一千台机器都放在那里，一周用一次，将非常浪费。那能不能需要计算的时候，把这一千台机器拿出来；不需要的时候，让这一千台机器去做别的事情呢？谁来完成此事呢？只有云计算可以为大数据的运算提供资源层的灵活性。而云计算也会部署大数据在它的 PaaS 平台上，作为一个非常重要的通用应用。因为大数据平台能够使多台机器一起完成一项工作，这不是一个人能单独开发出来的，也不是

一般人能运营的，起码需要达到几十甚至几百人的规模才能完成。

就像数据库一样，云计算也需要专业的人或公司来搭建和运营。现在公有云上基本都有大数据的解决方案，一个小公司需要大数据平台的时候，不需要采购一千台机器，只需要购买公有云上的服务，就能得到一千台机器的计算能力，并且云上已经部署好了大数据平台，只需要把数据加载进去计算即可。

云计算需要大数据，大数据需要云计算，二者就这样结合了。

5．人工智能拥抱大数据

人工智能算法依赖于大量的数据，而这些数据往往需要面向某个特定的领域（如电商）进行长期的积累。如果没有数据，人工智能算法就无法完成计算，所以人工智能程序很少像前面的 IaaS 和 PaaS 一样给某个客户单独安装一套程序，让客户自己去使用。因为如果客户没有大量的数据做训练，结果往往很不理想。

但云计算厂商往往积累了大量数据，可以为云计算厂商安装一套程序，并提供一个服务接口。比如想鉴别一个文本是否涉及黄色和暴力，可以直接使用这个在线服务。这种形式的服务，在云计算里称为软件即服务（Software as a Service，SaaS）。于是人工智能程序作为 SaaS 平台进入了云计算领域。

所以一般在一个云计算平台上，集结了云计算、大数据和人工智能。一个大数据公司，在积累了大量的数据后，会使用一些人工智能算法提供一些服务；而一个人工智能公司，也不可能没有大数据平台支撑。云计算、大数据和人工智能就这样被整合。

7.2 物 联 网

7.2.1 物联网的概念

物联网指"物物相连的互联网"。从网络结构上看，物联网就是通过 Internet 将众多信息传感设备与应用系统连接起来，并在广域网范围内对物品的身份进行识别的分布式系统。

物联网是通过 RFID 装置、红外感应器、全球定位系统（GPS）、激光扫描器等信息传感设备，按约定的协议，对于任意物品与互联网相连接，进行信息交换和通信，以实现智能化识别、定位、跟踪、监控和管理的一个网络。当每个而不是每种物品被唯一标识后，利用识别、通信和计算等技术，在互联网基础上，构建的连接各种物品的网络，就是人们常说的物联网。

物联网中的"物"要满足以下条件才能够被纳入"物联网"的范围：①有相应信息的接收器；②有数据传输通路；③有一定的存储功能；④有 CPU；⑤有操作系统；⑥有专门的应用程序；⑦有数据发送器；⑧遵循物联网的通信协议；⑨在世界网络中有可被唯一识别的编号。

物联网的发展和互联网是分不开的，物联网的核心和基础仍然是互联网，它是在互联网基础上的延伸和扩展。物联网是比互联网更为庞大的网络，其网络连接延伸到了任何的物品和物品之间，这些物品可以通过各种信息传感设备与互联网连接在一起，进行更为复杂的信息交换和通信。

一般来讲，物联网具有以下三大特征：

（1）全面感知：利用 RFID 技术、传感器、二维码等随时随地获取和采集物体的信息。

（2）可靠传递：通过无线网络与互联网的融合，将物体的信息实时准确地传递给用户。

（3）智能处理：利用云计算、数据挖掘以及模糊识别等人工智能技术，对海量的数据和信息进行分析和处理，对物体实施智能化的控制。

7.2.2 物联网的层次结构

物联网的层次结构如图 7.1 所示，物联网分感知层、网络层和应用层三层。

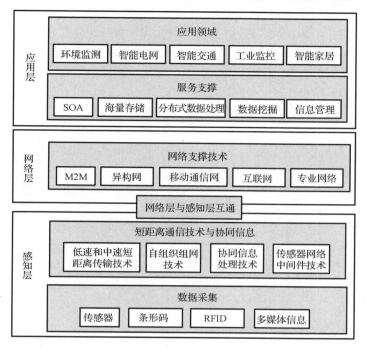

图 7.1 物联网的层次结构

（1）感知层。感知层包括二维码标签和识读器、RFID 标签和读写器、摄像头、GPS、传感器、终端、传感器网络等，实现对物理世界的智能识别、信息采集处理和自动控制，并通过通信模块将物理实体连接到网络层和应用层。

（2）网络层。主要实现信息的传递、路由和控制，包括延伸网、接入网和核心网，网络层可以依托公众电信网和互联网，也可以依托行业专用通信网络。

（3）应用层。包括应用基础设施/中间件和各种物联网应用，应用基础设施/中间件为物联网应用提供信息处理、计算等通用基础服务设施、能力及资源调用接口，以此为基础实现物联网在众多领域中的应用。

7.2.3 物联网关键技术

1. 感知层关键技术

（1）RFID 技术。俗称电子标签，是一种非接触式的自动识别技术，可识别高速运动物体并可同时识别多个标签。通过射频信号自动识别对象并获取相关数据完成信息的采集工作，RFID 技术是物联网中最关键的一种技术，它为物体贴上电子标签，实现了高效灵活管理。

RFID 技术由标签和阅读器或称读写器两部分组成。标签由耦合元件及芯片组成。每个标签具有唯一的电子编码，附着在物体上标识目标对象。阅读器读取（有时还可以写入）标签信息的设备。

RFID 技术的工作原理：标签进入磁场后，接收阅读器发出的射频信号，凭借感应电流所获得的能量发送存储在芯片中的产品信息，或者主动发送某一频率的信号；阅读器读取信息并解码后，送至中央信息系统进行有关数据的处理。

（2）条形码技术。条形码是一种信息的图形化表示方法，可以将信息制作成条形码，然后通过相应的扫描设备将其中的信息输入到计算机中。

条形码分为一维条形码和二维条形码。一维码是由纵向黑条和白条组成，黑白相间且条纹的粗细不同，通常条纹下还会有英文字母或阿拉伯数字。二维码通常为方形结构，不单由横向和纵向的条码组成，而且码区内还会有多边形的图案，同样二维码的纹理也是黑白相间、粗细不同的，二维码是点阵形式的。二维码的特点是：信息密度高、数据量大、具备纠错能力、有编码专利权、需支付费用，二维码生成后不可更改、安全性高，支持多种文字，包括英文、中文、数字等。

（3）传感器技术。传感器（Transducer/Sensor）是一种检测装置，能感受到被测量的信息，并能将感受到的信息按一定规律变换成电信号或其他所需形式的信息输出，以满足信息的传输、处理、存储、显示、记录和控制等要求。

传感器的特点包括：微型化、数字化、智能化、多功能化、系统化、网络化。它是实现自动检测和自动控制的首要环节。传感器的存在和发展，让物体有了触觉、味觉和嗅觉等感官，让物体慢慢变得活了起来。通常根据其基本感知功能分为热敏元件、光敏元件、气敏元件、力敏元件、磁敏元件、湿敏元件、声敏元件、放射线敏感元件、色敏元件和味敏元件等十大类。

（4）无线传感器网络。无线传感器网络（Wireless Sensor Networks, WSN）是一种分布式传感网络，它的末梢是可以感知和检测外部世界的传感器。无线传感器网络是由大量的静止或移动的传感器以自组织和多跳的方式构成的无线网络，以协作地感知、采集、处理和传输网络覆盖地理区域内被感知对象的信息，并最终把这些信息发送给网络的所有者。

无线传感器网络所具有的众多类型的传感器，可探测包括地震、电磁、温度、湿度、噪声、光强度、压力、土壤成分、移动物体的大小、速度和方向等周边环境中多种多样的信息。

（5）电子产品代码。电子产品代码（EPC）系统在计算机、互联网和 RFID 技术的基础上，利用全球统一标识系统编码技术给每一个实体对象一个唯一的编码，构造了一个实现全球物品信息实时共享的实物互联网。

EPC 系统主要由 EPC 编码标准、EPC 标签、识读器、神经网络软件、对象名解析服务、实体标记语言等六方面组成。

2．网络层关键技术

（1）ZigBee，也称紫蜂，是一种新兴的短距离无线通信技术，用于传感控制（Sensor and Control）应用。适用于传输范围短、数据传输速率低的一系列电子元器件设备之间。ZigBee 无线通信技术可于数以千计的微小传感器相互间，依托专门的无线电标准达成相互协调通信，因而该项技术常被称为 Home RF Lite 无线技术、FireFly 无线技术。ZigBee 无线通信技术还可以应用于小范围的基于无线通信的控制及自动化等领域，可省去计算机设备、一系列数字设备相互间的有线电缆，更能够实现多种不同数字设备相互间的无线组网，使它们实现相互通信，或者接入 Internet。

ZigBee 设备有两种不同的地址：16 位短地址和 64 位 IEEE 地址。其中 64 位地址是全球唯一的地址，在设备的整个生命周期内都将保持不变，它由国际 IEEE 组织分配，在芯片出厂时已经写入芯片中，并且不能修改。而 16 位短地址是在设备加入一个 ZigBee 网络时分配的，它只在这个网络中唯一，用于网络内数据收发时的地址识别。

（2）Wi-Fi，是 IEEE 802.11 标准的无线局域网技术，Wi-Fi 是通过无线电波来联网的，Wi-Fi 与蓝牙技术一样，同属于短距离无线技术。主要用于解决办公室局域网和校园网中用户与用户终端的无线接入，是一种可以将计算机、手持设备（如 PAD、手机）等终端以无线方式互相连接的技术。

目前市场上的 Wi-Fi 技术有 Wi-Fi 4、5、6。Wi-Fi 6 是最新一代无线通信技术标准，即 802.11.ax。表 7-1 列出了 Wi-Fi 4、5、6 的各项数据。

表 7-1　Wi-Fi 4、5、6 的各项数据

历 代 名 称	Wi-Fi 4	Wi-Fi 5		Wi-Fi 6	
协议	802.11n	802.11ac		802.11ax	
年份	2009 年	2013 年	2016 年	2018 年	2020 年
频段	2.4 GHz、5 GHz	5 GHz		2.4 GHz、5 GHz	6 GHz
最大频宽	40 MHz	80 MHz	160 MHz	160 MHz	
最大带宽	600 Mbps	3466 Mbps	6933 Mbps	9.6 Gbps	
最大空间流	4×4	8×8		8×8	
MU-MIMO （多用户多输入多输出）	N/A	N/A	下行	上行、下行	
OFDMA（正交频分多址）	N/A	N/A	N/A	上行、下行	

（3）蓝牙。蓝牙是一种支持设备短距离通信（一般 10 m 内）的无线电技术，能在包括移动电话、PDA、无线耳机、笔记本电脑、相关外设等众多设备之间进行无线信息交换（使用 2.4～2.485 GHz 的 ISM 波段和 UHF 无线电波）。

蓝牙产品包含一块小小的蓝牙模块以及支持连接的蓝牙无线电和软件。当两台蓝牙设备想要相互交流时，它们需要进行配对。蓝牙设备之间的通信在短程（被称为微微网，指设备使用蓝牙技术连接而成的网络）的临时网络中进行。

目前最常见的是蓝牙 BR/EDR（即基本速率/增强数据率）和低功耗蓝牙(Bluetooth Low Energy)技术，蓝牙 BR/EDR 主要应用在蓝牙 2.0/2.1 版，一般用于扬声器和耳机等产品；而低功耗蓝牙技术主要应用在蓝牙 4.0/4.1/4.2 版，主要用于市面上的新产品中，例如手环、智能家居设备、汽车电子、医疗设备、Beacon 感应器（通过蓝牙技术发送数据的小型发射器）等。蓝牙 5.0 针对低功耗设备，有着更广的覆盖范围和四倍的速度提升。蓝牙 5.0 加入了室内定位辅助功能，结合 Wi-Fi 可以实现精度小于 1 m 的室内定位。低功耗模式传输速率上限为 2 Mbps，是之前 4.2LE 版本的两倍。有效工作距离可达 300 m，是之前 4.2LE 版本的 4 倍。添加导航功能，可以实现 1 m 的室内定位。为应对移动客户端需求，其功耗更低，且兼容老的版本。

（4）全球定位系统。全球定位系统是利用定位卫星，在全球范围内实时进行定位、导航的系统。目前，全世界有四大卫星导航系统。

① 美国全球定位系统 GPS。美国全球定位系统包括绕地球运行的 27 颗卫星（24 颗运行、3 颗备用），它们均匀地分布在 6 个轨道上。每颗卫星距离地面约 1.7 万千米，能连续发射一定频率的无线电信号。只要持有便携式信号接收仪，则无论身处陆地、海上还是空中，都能收到卫星发出的特定信号。接收仪中的计算机只要选取 4 颗或 4 颗以上卫星发出的信号进行分析，就能确定接收仪持有者的位置。全球定位系统除了导航，还具有其他多种用途，如科学家可以用它来监测地壳的微小移动，从而帮助预报地震；测绘人员利用它来确定地面边界；汽车司机在迷途时通过它能找到方向；军队依靠它来保证正确的前进方向。

② 俄罗斯 GLONASS。俄罗斯 GLONASS 最早开发于苏联时期。1993 年，俄罗斯开始独自建立本国的全球卫星导航系统，2009 年年底之前将服务范围拓展到全球，但由于资金等各种原因，系统仍在持续进行阶段。GLONASS 至少需要 18 颗卫星才可以为俄罗斯全境提供定位和导航服务，如果要提供全球服务，则需要 24 颗卫星在轨工作，另有 6 颗卫星在轨备用。

GLONASS 与 GPS 类似，也由空间星座部分、地面监控部分以及用户设备部分组成。空间星座部分主要由 2~4 颗卫星组成，均匀分布在三个近圆形的轨道面上，每个轨道面有 8 颗卫星，轨道高度为 19 100 km，运行周期为 11h15min，轨道倾角为 64.8°。

③ 欧洲伽利略系统。欧洲伽利略系统是欧洲计划建设的新一代民用全球卫星导航系统，按照规划，伽利略计划将耗资约 27 亿美元，系统由 30 颗卫星组成，其中 27 颗卫星为工作卫星，3 颗为备用卫星。伽利略计划是欧洲的全球导航服务计划。它是世界上第一个专门为民用目的设计的全球性卫星导航定位系统。

④ 中国北斗系统。中国北斗卫星导航系统（简称 BDS）是中国自主研制的全球卫星导航系统，北斗卫星导航系统空间段由 5 颗静止轨道卫星和 40 颗非静止轨道卫星组成，2020 年 6 月 23 日，北斗三号最后一颗全球组网卫星在西昌卫星发射中心点火升空，2020 年 7 月 31 日上午，北斗三号全球卫星导航系统正式开通。北斗卫星导航系统由空间段、地面段和用户段三部分组成，可在全球范围内全天候、全天时为各类用户提供高精度、高可靠的定位、导航和授时服务，并且具备短报文通信能力，已经初步具备区域导航、定位和授时能力，定位精度为分米、厘米级别，测速精度为 0.2 m/s，授时精度为 10 ns。

3. 应用层关键技术

物联网应用层关键技术主要包含云计算所涉及的关键技术，主要分为最底层的基础设施及服务、中间层的平台和最顶层的软件及服务。

7.2.4 物联网的应用

物联网的应用领域涉及方方面面，在工业、农业、环境、交通、物流、安保等基础设施领域的应用，有效地推动了这些方面的智能化发展，使得有限的资源得到更加合理的分配和使用，从而提高了行业效率、效益。在家居、医疗健康、教育、金融与服务业、旅游业等与生活息息相关的领域的应用，从服务范围、服务方式到服务的质量等方面都有了极大的改进，大大提高了人们的生活质量；在涉及国防军事领域方面，大到卫星、导弹、飞机、潜艇等装备系统，小到单兵作战装备，物联网技术的嵌入有效提升了军事智能化、信息化、精准化，极大提升了军事战斗力，是未来军事装备变革的关键。

1. 工业互联网

工业互联网是开放、全球化的网络，将人、数据和机器连接起来，属于泛互联网的目录分类。它是全球工业系统与高级计算、分析、传感技术及互联网的高度融合。工业互联网的本质和核心是通过工业互联网平台把设备、生产线、工厂、供应商、产品和客户紧密地连接融合起来。可以帮助制造业拉长产业链，形成跨设备、跨系统、跨厂区、跨地区的互联互通，从而提高效率，推动整个制造服务体系智能化。

（1）智能化生产，即实现从单台机器到生产线、车间乃至整个工厂的智能决策和动态优化。

（2）网络化协同，即形成众包众创、协同设计、协同制造、垂直电商等一系列新模式，大幅降低新产品开发制造成本、缩短产品上市周期。

（3）个性化定制，即基于互联网获取用户个性化需求，通过灵活柔性组织设计、制造资源和生产流程，实现低成本大规模定制。

（4）服务化转型，即通过实时检测产品运行，提供远程维护、故障预测、性能优化等一系列服务，并反馈优化产品设计，实现企业服务化转型。

2．农业应用

发展数字农业，实施智慧农业工程和"互联网+"现代农业行动，对农业生产进行数字化改造，加强农业遥感、物联网应用，提高农业精准化水平。区块链、人工智能等新技术为农业物联网赋能，推动农业环境监测、精准农业生产、农产品溯源、设备诊断、农产品电商等应用。

3．物流应用

物流是物联网技术最重要的应用领域之一，物联网技术是实现智慧物流的重要技术基础，伴随物流行业的高速发展，物联网应用越来越广泛。依靠物联网技术，可实现物流全过程透明可视化、产品的可追溯管理，在仓储、配送、流通加工、信息服务等各个物流环节实现系统感知、全面分析、及时处理和自我调节等功能的现代综合性物流系统，具有自动化、智能化、可视化、网络化、柔性化等特点。

4．电力应用——泛在电力物联网

泛在电力物联网（Ubiquitous Electric Internet of Things，UEIOT）是围绕电力系统各环节，充分应用移动互联、人工智能等现代信息技术、先进通信技术，实现电力系统各环节万物互联、人机交互，具有状态全面感知、信息高效处理、应用便捷灵活特征的智慧服务系统。

5．建筑应用

未来建筑的发展趋势必然是智能建筑，如将物联网技术运用到智能建筑中，最主要的应用就体现在智能家居、节能减排、智能安防以及监控管理等方面。

（1）设备监控。智能建筑中包含空调、照明、给排水等多个子系统，采用物联网技术，通过传感器、控制器等设备，可以实时掌握建筑设备中各个子系统的运行情况。

（2）环境监测。采用物联网技术，通过分布在建筑中的光照、温度、湿度、噪声等各类环境监测传感器，将建筑室内的环境参数信息进行实时传输，使相关管理人员可以实时掌握建筑室内的环境质量状况。同时，通过联动空调系统，可以对环境质量进行改善。

（3）节能管理。采用物联网技术，通过建筑中的智能能耗计量仪表，可以对其用电、用水、用气、供暖等消耗进行分项采集、统计和分析，并且可根据数据的挖掘分析建立用能模型，为建筑的节能改造提供支持。

（4）智能家居。主要是指对家居中的主要设备如灯光、电视、空调、冰箱、音响、窗帘等进行智能控制。采用物联网技术，在这些家居设备中嵌入智能控制芯片，通过相关无线技术，实现智能家居设备的集中或远程控制。

（5）安防管理。智能建筑中的安防管理主要有出入口控制、视频监控、家庭安防、电子巡更等。其中，家庭安防尤为重要，在家庭中布防红外线感应器、门磁、玻璃碎裂传感器、感烟探测器及燃气泄漏传感器等，可以有效保障家庭安全，一旦发生意外，安防系统将自动发出报警信号，向小区保安或业主传递信息。

7.3　云　计　算

7.3.1　云计算的概念

云计算是一种无处不在、便捷且按需对一个共享的可配置计算资源（包括网络、服务器、存储、应用和服务）进行网络访问的模式，它能够通过最少量的管理以及与服务提供商的互动实现计算资源的迅速供给和释放。如图 7.2 所示，云计算就是用户通过自己的计算机发送指令给云计算服务商部署在云端的大量计算资源进行高效计算，最终得到计算结果的过程。

　　"云"是云计算服务模式和技术的形象说法。"云"由大量基础单元组成，这些基础单元之间直接通过网络汇聚为庞大的资源池。云可看作一个庞大的网络系统，一个云可包含数千甚至上万台服务器。云计算利用分布式计算和虚拟资源管理等技术，通过网络将分散 ICT 资源（包括计算与存储、应用运行平台、软件等）集中形成共享资源池，并以动态按需和可度量的方式向用户提供服务。用户可使用各种形式的终端（如 PC、平板电脑、智能手机甚至智能电视等）通过网络获取 ICT 资源服务。云计算物理实体是数据中心，由"云"基础单元和"云"操作系统，以及连接云基础单元的数据中心网络等组成。

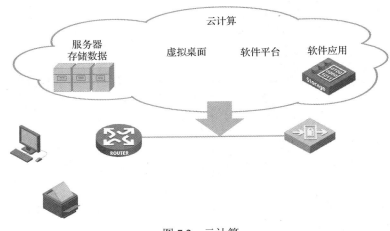

图 7.2　云计算

7.3.2　云计算的基本特征

　　云计算采用计算机集群构建数据中心，并以服务的形式交付给用户使用，使得用户可以像使用水、电一样按需购买云计算资源。云计算的基本特征主要包括：

　　（1）按需服务，即自助式服务，以服务的形式为用户提供应用程序、数据存储、基础设施等资源，并可以根据用户需求自动分配资源，而不需要系统管理员干预。

　　（2）泛在接入，即随时随地使用，用户可以利用各种终端设备（如 PC、笔记本电脑、智能手机等）随时随地通过互联网访问云计算服务。

　　（3）计费服务，即可度量的服务，监控用户的自用使用量，并根据资源的使用情况对提供的服务进行计费。

　　（4）弹性服务，即快速实现资源弹性扩缩，服务的规模可快速伸缩，以自动适应业务负载的动态变化。

　　（5）资源池化，资源以共享资源池的方式统一管理，并能将资源分享给不同用户。

7.3.3　云计算的服务模式

　　根据云计算服务侧重点的不同大致可以分为 3 类：基础设施即服务（Infrastructure as a Service，IaaS）、平台即服务（Platform as a Service，PaaS）和软件即服务（Software as a Service，SaaS）。云计算 3 种模式的差别见图 7.3。

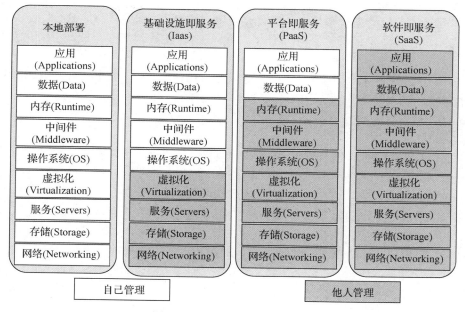

图 7.3　云计算 3 种模式的差别

1．基础设施即服务（IaaS）

云计算最初的目标是对资源的管理，管理的对象主要是计算资源、网络资源、存储资源三个方面。采用服务器虚拟化、存储虚拟化、网络虚拟化技术，集成为一个计算、网络、存储以及搭建应用环境所需的一些基础环境当作服务提供给用户，使得用户能够按需获取 IT 基础设施。IaaS 主要由计算机硬件、网络、存储设备、平台虚拟化环境、效用计费法、服务级别协议等组成。

作为 IaaS 的 OpenStack 通常可以将传统平台转换为基于云的平台。它允许基于客户的应用程序自动化其日常工作流程（如资源分配），从而使客户除了使用其服务，还可以使用虚拟存储服务（如 VPS、块存储、对象存储等）。

主要产品有国外的亚马逊云、微软云，国内的阿里云、腾讯云、华为云等。

2．平台即服务（PaaS）

PaaS 是建立在 IaaS 之上，为用户提供应用程序的开发与运行环境的服务，并为某些软件提供云组件，这些组件主要用于应用程序。PaaS 为开发人员提供了一个框架，使他们可以基于它创建自定义应用程序。所有服务器、存储和网络都可以由企业或第三方提供商进行管理，而开发人员可以负责应用程序的管理。通用的 PaaS 平台技术难度很高，成熟的产品很少，主要有国外 Redhat（红帽子）公司的 Openshift 及 Pivotal 软件公司的 Cloud Foundry 等以及国内中国移动物联网开放平台、代码托管和研发协作平台码云等。

有实力的大公司会同时提供 IaaS 和 PaaS，如阿里巴巴、腾讯、华为、浪潮、中国电信、中国移动等。

3．软件即服务（SaaS）

SaaS 是一种通过互联网提供软件服务的模式，厂商将应用软件统一部署在自己的服务器上，客户可以根据自己的实际需求，通过互联网向厂商订购所需的应用软件服务，按订购的服务多少和时间长短向厂商支付费用，并通过互联网获得厂商提供的服务。SaaS 比 PaaS 更具专业性和集成性，产品主要有腾讯的微信平台、QQ 平台、在线教育平台职教云、用友新一代云ERP 等。

随着近年来大数据技术的不断发展，各行各业都在构建自己的大数据平台，例如使用 Hadoop大数据平台搭建的各类行业平台就是 PaaS 和 SaaS 相结合的产物。

7.3.4　云计算的部署模型

云计算有 4 种部署模型，每一种都具有独特的功能，可以满足用户的不同需求：

（1）公有云。一种对公众开放的云服务，由云服务提供商建设与运营，为最终用户提供各种 IT资源，可以支持大量用户的并发请求，其可以按流量或服务时长计费。

（2）私有云。指组织机构建设或托管的专供自己使用的云平台。这种云基础设施专门为某一个机构服务，可以由自己管理，也可以委托第三方管理。

（3）社区云。指一个特定范围的群体共享一套基础设施，它既不是一个单位内部的服务，也不是一个完全公开的服务，而是介于两者之间。社区云具有很强的区域性或行业性。

（4）混合云。指两种或两种以上的云计算模式的混合体，如公有云和私有云混合。它们既相互独立运行与管理，又相互结合。部署混合云时，优势可以互补，机构可以在公有云上运行非核心应用程序，而在私有云上支持其核心程序以及内部敏感数据。

7.3.5　云计算关键技术

云计算是一种以数据和处理能力为中心的密集型计算模式，它融合了多项信息技术，是一系列传统技术融合发展的产物，其中虚拟化技术、分布式存储技术、超大规模资源管理技术、云计算平台管理技术、信息安全技术、绿色节能技术最为关键。

1．虚拟化技术

虚拟化技术是云计算最重要的核心技术之一，它为云计算服务提供基础设施层面的支撑，是 ICT服务快速走向云计算的最主要驱动力。在计算机技术中，虚拟化是将计算机物理资源（如服务器、网络、内存及存储）予以抽象、转换后呈现出来，使用户以比原本的组态更好的方式来应用这些资源。这些资源的新虚拟部分是不受现有资源的架设方式、地域或物理组态所限制的。

在云计算环境下，资源不再是分散的硬件，而是让 CPU、内存、磁盘、I/O 等硬件变成可以动态管理的"资源池"。物理服务器经过整合之后形成一个或多个逻辑上的虚拟资源池，共享计算、存储和网络资源，可以使一台服务器变成几台甚至上百台相互隔离的虚拟服务器，不再受限于物理上的界限，从而提高了资源的利用率，简化了系统管理，使 IT 对业务的变化更具适应性。

从技术上讲，虚拟化是一种在软件中仿真计算机硬件，以虚拟资源为用户提供服务的计算形式，旨在合理调配计算机资源，使其可以更高效地提供服务。它将应用系统各硬件间的物理划分打破，从而实现了架构的动态化，以及物理资源的集中管理和使用。

从表现形式上看，虚拟化又分为两种应用模式：一种是将一台性能强大的服务器虚拟成多台独立的小服务器，服务不同的用户；另一种是将多台服务器虚拟成一台强大的服务器，完成特定的功能。这两种模式的核心都是统一管理、动态分配资源，以提高资源利用率。

2．分布式存储技术

云计算不仅要能够快速计算，还要能够存储海量的数据。传统的网络存储技术采用集中式存储服务器存储所有数据，存储服务器称为系统性能的瓶颈，也是可靠性和安全性的焦点，不能满足大规模存储应用的需要。分布式网络存储技术采用可扩展的系统结构，利用多台存储服务器分担存储负荷，利用位置服务器定位存储信息，它不仅提高了系统的可靠性、可用性和存取效率，还易于扩展。

3．超大规模资源管理技术

云计算采用了分布式存储技术存储数据，少则几百台服务器，多则上万台服务器，同时可能会跨越多个地域，且云平台中运行的应用数以千计，若想有效地管理这批资源，保证它们能正常提供服务，就需要引入超大规模资源管理技术，在多节点的并发执行环境中，各个节点的状态需要同步，并且在单个节点出现故障时，系统需要有效的机制保证其他节点不受影响。而超大规模资源管理系统就是保证系统状态的关键。

4．云计算平台管理技术

云计算资源规模庞大，虚拟服务器数量众多并分布在不同的地点，同时运行着数以百计的应用，如何有效地管理这些虚拟服务器，保证整个系统提供不间断的服务是一个巨大的挑战。云计算平台管理技术需要具有高效调配大量服务器资源，使其更好地协同工作的能力。其中方便部署和开通新业务、快速发现并恢复系统故障、通过自动化与智能化手段实现大规模系统的可靠性运维是云计算平台管理技术的主要内容。

目前，主流云计算管理系统有开源软件 OpenStack 和商业软件 VMware vCenter Server。

5．信息安全技术

在云计算体系中，安全涉及很多层面，包括网络设备安全、服务器硬件安全、系统软件安全、应用软件安全、系统操作权限等。

7.3.6　云计算典型应用

云计算作为一种计算方式，允许通过互联网以"服务"的形式向外部交付灵活、可扩展的 IT 功能，有着丰富应用场景。

（1）政务云。政务云统筹计算、存储、网络、安全、应用支撑等资源，发挥云平台虚拟化、高可靠性、高通用性、高可扩展性及快速、按需、弹性服务等特征，提供基础设施、支撑软件、应用系统、信息资源、运行保障和信息安全等综合服务平台。如青海省电子政务云平台、贵州省政务数据"一云一网一平台"、邢台政务云等。

（2）金融云。建设银行、工商银行、兴业银行等成立科技公司，提供包括 IaaS、PaaS、SaaS 的全方位云计算服务。银行与 ICT 服务商成立互联网金融公司，阿里成立蚂蚁金服、京东成立京东金融、腾讯扶持的微众银行为互联网金融企业提供定制化云计算解决方案。

（3）能源云。电力、石油、化工等传统能源企业纷纷推出自己的云服务。如国家电网发布"国网云"、中国石油发布"勘探开发梦想云"等。

（4）电信云。云计算技术的成熟和网络业务的升级驱动电信云发展。2012 年 3 月，中国电信云计算公司成立，国内首家运营商级的云计算公司诞生。该公司是中国电信旗下的专业公司，是国内最大的云计算服务提供商，该公司定位于互联网企业。随后中国移动、中国联通都提出了各自的云服务。

7.4 大 数 据

7.4.1 大数据的特点

大数据的 5V 特点：

（1）数据量大（Volume）。数据量大，包括采集、存储和计算的量都非常大。大数据的起始计量单位至少是 P（1000 个 T）、E（100 万个 T）或 Z（10 亿个 T）。

（2）数据类型繁多（Variety）。种类和来源多样化。包括结构化、半结构化和非结构化数据，具体表现为网络日志、音频、视频、图片、地理位置信息等，多类型的数据对数据的处理能力提出了更高的要求。

（3）处理速度快（Velocity）。数据增长速度快，处理速度也快，时效性要求高。比如搜索引擎要求几分钟前的新闻能够被用户查询到，个性化推荐算法尽可能要求实时完成推荐。这是大数据区别于传统数据挖掘的显著特征。数据处理遵循"1秒定律"，可从各种类型的数据中快速获得高价值的信息。

（4）价值密度低（Value）。数据价值密度相对较低，或者说是浪里淘沙却又弥足珍贵。随着互联网以及物联网的广泛应用，信息感知无处不在，信息海量，但价值密度较低，如何结合业务逻辑并通过强大的机器算法来挖掘数据价值，是大数据时代最需要解决的问题。以视频为例，一小时的视频，在不间断的监控过程中，可能有用的数据只占一两秒。

（5）真实性（Veracity）。数据的准确性和可信赖度，即数据的质量。

7.4.2 大数据关键技术

大数据技术就是从各种类型的数据中快速获得有价值信息的技术。大数据处理关键技术一般包括：大数据采集、大数据预处理、大数据存储及管理、大数据分析及挖掘、大数据展现与应用（大数据检索、大数据可视化、大数据应用、大数据安全等）。

1. 大数据采集技术

数据采集是指通过 RFID 射频数据、传感器数据、社交网络交互数据及移动互联网数据等方式获得的各种类型的结构化、半结构化（或称之为弱结构化）及非结构化的海量数据，是大数据知识服务模型的根本。重点要突破分布式高速高可靠数据爬取或采集、高速数据全映像等大数据收集技术；突破高速数据解析、转换与装载等大数据整合技术；设计质量评估模型，开发数据质量技术。

大数据采集一般分为大数据智能感知层：主要包括数据传感体系、网络通信体系、传感适配体系、智能识别体系及软硬件资源接入系统，实现对结构化、半结构化、非结构化的海量数据的智能化识别、定位、跟踪、接入、传输、信号转换、监控、初步处理和管理等。必须着重攻克针对大数据源的智能识别、感知、适配、传输、接入等技术。基础支撑层：提供大数据服务平台所需的虚拟服务器，结构化、半结构化及非结构化数据的数据库及物联网资源等基础支撑环境。重点攻克分布式虚拟存储技术，大数据获取、存储、组织、分析和决策操作的可视化接口技术，大数据的网络传输与压缩技术，大数据隐私保护技术等。

2. 大数据预处理技术

主要完成对已接收数据的辨析、抽取、清洗等操作。

（1）抽取：因获取的数据可能具有多种结构和类型，数据抽取过程可以将这些复杂的数据转化为单一的或者便于处理的构型，以达到快速分析处理的目的。

（2）清洗：对于大数据，并不全是有价值的，有些数据并不是我们所关心的内容，而另一些数据则是完全错误的干扰项，因此要对数据通过过滤"去噪"从而提取有效数据。

3. 大数据存储及管理技术

大数据存储及管理要用存储器把采集到的数据存储起来，建立相应的数据库，并进行管理和调用。重点解决复杂结构化、半结构化和非结构化大数据管理与处理技术。主要解决大数据的可存储、可表示、可处理、可靠性及有效传输等几个关键问题。开发可靠的分布式文件系统（DFS）、能效优化的存储、计算融入存储、大数据的去冗余及高效低成本的大数据存储技术；突破分布式非关系型大数据管理与处理技术，异构数据的数据融合技术，数据组织技术，研究大数据建模技术；突破大数据索引技术；突破大数据移动、备份、复制等技术；开发大数据可视化技术。

开发新型数据库技术，数据库分为关系型数据库、非关系型数据库以及数据库缓存系统。其中，非关系型数据库主要指的是 NoSQL 数据库，分为：键值数据库、列存数据库、图存数据库以及文档数据库等类型。关系型数据库包含了传统关系数据库系统以及 NewSQL 数据库。

开发大数据安全技术。改进数据销毁、透明加解密、分布式访问控制、数据审计等技术；突破隐私保护和推理控制、数据真伪识别和取证、数据持有完整性验证等技术。

4. 大数据分析及挖掘技术

大数据分析技术包括改进已有数据挖掘和机器学习技术；开发数据网络挖掘、特异群组挖掘、图挖掘等新型数据挖掘技术；突破基于对象的数据连接、相似性连接等大数据融合技术；突破用户兴趣分析、网络行为分析、情感语义分析等领域的大数据挖掘技术。

数据挖掘就是从大量的、不完全的、有噪声的、模糊的、随机的实际应用数据中，提取隐含在其中的、人们事先不知道的、但又是潜在有用的信息和知识的过程。数据挖掘涉及的技术方法很多，有多种分类法。

根据挖掘任务可分为分类或预测模型发现、数据总结、聚类、关联规则发现、序列模式发现、依赖关系或依赖模型发现、异常和趋势发现等；

根据挖掘对象可分为关系数据库、面向对象数据库、空间数据库、时态数据库、文本数据源、多媒体数据库、异质数据库、遗产数据库以及 Web；

根据挖掘方法可粗分为：机器学习方法、统计方法、神经网络方法和数据库方法。机器学习可细分为：归纳学习方法（决策树、规则归纳等）、基于范例学习、遗传算法等。统计方法可细分为：回归分析（多元回归、自回归等）、判别分析（贝叶斯判别、费歇尔判别、非参数判别等）、聚类分析（系统聚类、动态聚类等）、探索性分析（主元分析法、相关分析法等）等。神经网络方法可细分为：前向神经网络（BP 算法等）、自组织神经网络（自组织特征映射、竞争学习等）等。数据库方法主要是多维数据分析或 OLAP 方法，另外还有面向属性的归纳方法。

从挖掘任务和挖掘方法的角度，需着重突破：

（1）可视化分析。数据可视化无论对于普通用户还是数据分析专家，都是最基本的功能。数据图像化可以让数据自己说话，让用户直观地感受到结果。

（2）数据挖掘算法。图像化是将机器语言翻译给人看，而数据挖掘就是机器的母语。分割、集群、孤立点分析还有各种各样的算法可以精炼数据，挖掘价值。这些算法一定要能够应付大数据的量，同时还具有很高的处理速度。

（3）预测性分析。预测性分析可以让分析师根据图像化分析和数据挖掘的结果作出一些前瞻性的判断。

（4）语义引擎。语义引擎需要有足够的人工智能以从数据中主动地提取信息。语言处理技术包括机器翻译、情感分析、舆情分析、智能输入、问答系统等。

（5）数据质量与数据管理。数据质量与数据管理是管理的最佳实践，通过标准化流程和机器对数据进行处理可以确保获得一个预设质量的分析结果。

5．大数据展现与应用技术

大数据技术能够将隐藏于海量数据中的信息和知识挖掘出来，为人类的社会经济活动提供依据，从而提高各个领域的运行效率，大大提高了整个社会经济的集约化程度。

在我国，大数据将重点应用于以下三大领域：商业智能、政府决策、公共服务。例如：商业智能技术、政府决策技术、电信数据信息处理与挖掘技术、电网数据信息处理与挖掘技术、气象信息分析技术、环境监测技术、警务云应用系统（道路监控、视频监控、网络监控、智能交通、反电信诈骗、指挥调度等公安信息系统）、大规模基因序列分析比对技术、Web 信息挖掘技术、多媒体数据并行化处理技术、影视制作渲染技术，以及其他各种行业的云计算和海量数据处理应用技术等。

7.5 人 工 智 能

7.5.1 人工智能的概念

人工智能（AI）是利用数字计算机或者数字计算机控制的机器模拟、延伸和扩展人的智能，感知环境、获取知识并使用知识获得最佳结果的理论、方法、技术及应用系统。

人工智能作为一门交叉学科，涉及计算机科学、信息论、控制论、自动化、仿生学、生物学、心理学、数理逻辑、语言学、医学和哲学等多门学科，是自然科学和社会科学的融合。是 21 世纪三大尖端技术（空间技术、纳米技术、人工智能）之一。

7.5.2 人工智能关键技术

1．机器学习

机器学习（Machine Learning）是一门涉及统计学、系统辨识、逼近理论、神经网络、优化理论、计算机科学、脑科学等诸多领域的交叉学科，研究计算机怎样模拟或实现人类的学习行为，以获取新的知识或技能，重新组织已有的知识结构使之不断改善自身的性能，是人工智能技术的核心。基于数据的机器学习是现代智能技术中的重要方法之一，研究从观测数据（样本）出发寻找规律，利用这些规律对未来数据或无法观测的数据进行预测。根据学习模式、学习方法以及算法的不同，机器学习存在不同的分类方法。

2．知识图谱

知识图谱本质上是结构化的语义知识库，是一种由节点和边组成的图数据结构，以符号形式描述物理世界中的概念及其相互关系，其基本组成单位是"实体-关系-实体"三元组，以及实体及其相关"属性-值"对。不同实体之间通过关系相互联结，构成网状的知识结构。在知识图谱中，每个节点表示现实世界的"实体"，每条边为实体与实体之间的"关系"。通俗地讲，知识图谱就是把所有不同种类的信息连接在一起而得到的一个关系网络，提供了从"关系"的角度去分析问题的能力。

知识图谱可用于反欺诈、不一致性验证、组团欺诈等公共安全保障领域，需要用到异常分析、静态分析、动态分析等数据挖掘方法。特别地，知识图谱在搜索引擎、可视化展示和精准营销方面有很大的优势，已成为业界的热门工具。但是，知识图谱的发展还有很大的挑战，如数据的噪声问题，即数据本身有错误或者数据存在冗余。随着知识图谱应用的不断深入，还有一系列关键技术需要突破。

3．自然语言处理

自然语言处理是计算机科学领域与人工智能领域中的一个重要方向，研究能实现人与计算机之间用自然语言进行有效通信的各种理论和方法，涉及的领域较多，主要包括机器翻译、机器阅读理解和问答系统等。机器翻译技术是指利用计算机技术实现从一种自然语言到另外一种自然语言的翻译过程。语义理解技术是指利用计算机技术实现对文本篇章的理解，并且回答与篇章相关问题的过程。问答系统分为开放领域的对话系统和特定领域的问答系统。问答系统技术是指让计算机像人类一样用自然语言与人交流的技术。

4．人机交互

人机交互主要研究人和计算机之间的信息交换，主要包括人到计算机和计算机到人的两部分信息交换，是人工智能领域的重要的外围技术。人机交互是与认知心理学、人机工程学、多媒体技术、虚拟现实技术等密切相关的综合学科。传统的人与计算机之间的信息交换主要依靠交互设备进行，主要包括键盘、鼠标、操纵杆、数据服装、眼动跟踪器、位置跟踪器、数据手套、压力笔等输入设备，以及打印机、绘图仪、显示器、头盔式显示器、音箱等输出设备。人机交互技术除了传统的基本交互和图形交互外，还包括语音交互、情感交互、体感交互及脑机交互等技术。

5．计算机视觉

计算机视觉是使用计算机模仿人类视觉系统的科学，让计算机拥有类似人类提取、处理、理解和分析图像以及图像序列的能力。自动驾驶、机器人、智能医疗等领域均需要通过计算机视觉技术从视觉信号中提取并处理信息。近来随着深度学习的发展，预处理、特征提取与算法处理渐渐融合，形成端到端的人工智能算法技术。根据解决的问题，计算机视觉可分为计算成像学、图像理解、三维视觉、动态视觉和视频编解码五大类。

6．生物特征识别

生物特征识别技术是指通过个体生理特征或行为特征对个体身份进行识别认证的技术。从应用流程看，生物特征识别通常分为注册和识别两个阶段。注册阶段通过传感器对人体的生物表征信息进行采集，如利用图像传感器对指纹和人脸等光学信息、麦克风对说话声音等声学信息进行采集，利用数据预处理以及特征提取技术对采集的数据进行处理，得到相应的特征进行存储。识别过程采用与注册过程一致的信息采集方式对待识别人进行信息采集、数据预处理和特征提取，然后将提取的特征与存储的特征进行比对分析，完成识别。从应用任务看，生物特征识别一般分为辨认与确认两种任务，辨认是指从存储库中确定待识别人身份的过程，是一对多的问题；确认是指将待识别人信息与存储库中特定单人信息进行比对，确定身份的过程，是一对一的问题。

生物特征识别技术涉及的内容十分广泛，包括指纹、掌纹、人脸、虹膜、指静脉、声纹、步态等多种生物特征，其识别过程涉及图像处理、计算机视觉、语音识别、机器学习等多项技术。目前生物特征识别作为重要的智能化身份认证技术，在金融、公共安全、教育、交通等领域得到广泛的应用。

7.5.3　人工智能行业应用

人工智能与行业领域的深度融合将改变甚至重新塑造传统行业，本节重点介绍人工智能在制造、家居、金融、交通、安防、医疗、物流行业的应用，由于篇幅有限，其他很多重要的行业应用在这里不展开论述。

1. 智能制造

智能制造是基于新一代信息通信技术与先进制造技术深度融合，贯穿于设计、生产、管理、服务等制造活动的各个环节，具有自感知、自学习、自决策、自执行、自适应等功能的新型生产方式。智能制造对人工智能的需求主要表现在以下三个方面：一是智能装备，包括自动识别设备、人机交互系统、工业机器人以及数控机床等具体设备，涉及跨媒体分析推理、自然语言处理、虚拟现实智能建模及自主无人系统等关键技术。二是智能工厂，包括智能设计、智能生产、智能管理以及集成优化等具体内容，涉及跨媒体分析推理、大数据智能、机器学习等关键技术。三是智能服务，包括大规模个性化定制、远程运维以及预测性维护等具体服务模式，涉及跨媒体分析推理、自然语言处理、大数据智能、高级机器学习等关键技术。例如，现有涉及智能装备故障问题的纸质化文件，可通过自然语言处理形成数字化资料，再通过非结构化数据向结构化数据的转换，形成深度学习所需的训练数据，从而构建设备故障分析的神经网络，为下一步故障诊断、优化参数设置提供决策依据。

2. 智能家居

智能家居以住宅为平台，基于物联网技术，由硬件（智能家电、智能硬件、安防控制设备、家具等）、软件系统、云计算平台构成的家居生态圈，实现人远程控制设备、设备间互联互通、设备自我学习等功能，并通过收集、分析用户行为数据为用户提供个性化生活服务，使家居生活安全、节能、便捷等。例如，借助智能语音技术，用户应用自然语言实现对家居系统各设备的操控，如开关窗帘（窗户）、操控家用电器和照明系统、打扫卫生等操作；借助机器学习技术，智能电视可以从用户看电视的历史数据中分析其兴趣和爱好，并将相关的节目推荐给用户；通过应用声纹识别、脸部识别、指纹识别等技术进行开锁等；通过大数据技术可以使智能家电实现对自身状态及环境的自我感知，具有故障诊断能力。

3. 智能金融

人工智能技术在金融业中可以用于服务客户，支持授信、各类金融交易和金融分析中的决策，并用于风险防控和监督，将大幅改变金融业的现有格局，金融服务将会更加个性化与智能化。智能金融对于金融机构的业务部门来说，可以帮助获客，精准服务客户，提高效率；对于金融机构的风控部门来说，可以提高风险控制，增加安全性；对于用户来说，可以实现资产优化配置，体验到金融机构更加完美的服务。人工智能在金融领域的应用主要包括：智能获客，依托大数据，对金融用户进行画像，通过需求响应模型，极大地提升获客效率；身份识别，以人工智能为内核，通过人脸识别、声纹识别、指静脉识别等生物识别手段，再加上各类票据、身份证、银行卡等证件票据的 OCR 识别等技术手段，对用户身份进行验证，大幅降低核验成本，有助于提高安全性；大数据风控，通过大数据、算力、算法的结合，搭建反欺诈、信用风险等模型，多维度控制金融机构的信用风险和操作风险，同时避免资产损失；智能投顾，基于大数据和算法能力，对用户与资产信息进行标签化，精准匹配用户与资产；智能客服，基于自然语言处理能力和语音识别能力，拓展客服领域的深度和广度，大幅降低服务成本，提升服务体验；金融云，依托云计算能力的金融科技，为金融机构提供更安全高效的全套金融解决方案。

4．智能交通

智能交通系统（Intelligent Traffic System，ITS）是通信、信息和控制技术在交通系统中集成应用的产物。ITS 借助现代科技手段和设备，将各核心交通元素联通，实现信息互通与共享以及各交通元素的彼此协调、优化配置和高效使用，形成人、车和交通的一个高效协同环境，建立安全、高效、便捷和低碳的交通。

例如通过交通信息采集系统采集道路中的车辆流量、行车速度等信息，信息分析处理系统处理后形成实时路况，决策系统据此调整道路红绿灯时长，调整可变车道或潮汐车道的通行方向等，通过信息发布系统将路况推送到导航软件和广播中，让人们合理规划行驶路线。通过不停车收费系统（ETC），实现对通过 ETC 出入口站的车辆身份及信息自动采集、处理、收费和放行，有效提高通行能力、简化收费管理、降低环境污染。

5．智能安防——由被动监控向主动识别过渡

当前，高清视频、智能分析等技术的发展，使得安防从传统的被动防御向主动判断和预警发展，行业也从单一的安全领域向多行业应用发展，进而提升生产效率并提高生活智能化程度，为更多的行业和人群提供可视化及智能化方案。用户面对海量的视频数据，已无法简单利用人海战术进行检索和分析，需要采用人工智能技术作为专家系统或辅助手段，实时分析视频内容，探测异常信息，进行风险预测。

前端识别技术可以通过识别目标并持续跟踪生成图片结果，提取目标属性归纳可视化特征；模式识别技术对监控信息进行实时分析，使人力查阅监控和锁定嫌疑人轨迹的时间由数十天缩短到分秒，极大提升了公共安全治理的效率；深度学习则依据采集、存储新一代人工智能应用所涉及的全方位数据资源，并基于时间轴进行数据累积，开展特征匹配和模型仿真，辅助安防部门更快、更准确地找到有效的资源，进行风险预测和评估。

6．智能医疗

近几年，智能医疗在辅助诊疗、疾病预测、医疗影像辅助诊断、药物开发等方面发挥重要作用。在辅助诊疗方面，通过人工智能技术可以有效提高医护人员工作效率，提升一线全科医生的诊断治疗水平。如利用智能语音技术可以实现电子病历的智能语音录入；利用智能影像识别技术，可以实现医学图像自动读片；利用智能技术和大数据平台，构建辅助诊疗系统。在疾病预测方面，人工智能借助大数据技术可以进行疫情监测，及时有效地预测并防止疫情的进一步扩散和发展。以流感为例，很多国家都有规定，当医生发现新型流感病例时需告知疾病控制与预防中心。但由于人们可能患病不及时就医，同时信息传达回疾控中心也需要时间，因此，通告新流感病例时往往会有一定的延迟，人工智能使疫情监测能够有效缩短响应时间。在医疗影像辅助诊断方面，影像判读系统的发展是人工智能技术的产物。早期的影像判读系统主要靠人手工编写判定规则，存在耗时长、临床应用难度大等问题，未能得到广泛推广。影像组学是通过医学影像对特征进行提取和分析，为患者预前和预后的诊断和治疗提供评估方法和精准诊疗决策。这在很大程度上简化了人工智能技术的应用流程，节约了人力成本。

7．智能物流

传统物流企业在利用条形码、射频识别技术、传感器、全球定位系统等方面优化改善运输、仓储、配送装卸等物流业基本活动，同时也在尝试使用智能搜索、推理规划、计算机视觉以及智能机器人等技术，实现货物运输过程的自动化运作和高效率优化管理，提高物流效率。例如，在仓储环节，利用大数据智能通过分析大量历史库存数据，建立相关预测模型，实现物流库存商品的动态调

整。大数据智能也可以支撑商品配送规划，进而实现物流供给与需求匹配、物流资源优化与配置等。在货物搬运环节，加载计算机视觉、动态路径规划等技术的智能搬运机器人（如搬运机器人、货架穿梭车、分拣机器人等）得到广泛应用，大大减少了订单出库时间，使物流仓库的存储密度、搬运的速度、拣选的精度均有大幅度提升。

智能物流通过收集产品运行数据，发现产品异常，主动提供服务，降低故障率。还可以通过大数据分析、远程监控和诊断，快速发现问题、解决问题及提高效率。

7.6　其他技术

7.6.1　区块链技术

随着全球经济一体化的深入，数字经济的快速发展，数字经济正成为全球发展的新动能，区块链作为数字经济的重要组成部分，正加速与实体经济融合，推动着传统生产关系与商业模式的变革。

1. 区块链的概念

区块链（BlockChain）是一种由多方共同维护，使用密码学保证传输和访问安全，能实现数据一致存储、难以篡改、防止抵赖的记账技术，也称分布式账本技术。区块链是数字货币的底层技术之一。区块链是一种按照时间顺序将数据区块以顺序相连的方式组合成的一种链式数据结构，并以密码学方式保证的不可篡改和不可伪造的分布式账本。这个链表由所有人共同维护和认可。区块链是一种分布式共享记账的技术，它要做的事情就是让参与的各方能够在技术层面建立信任关系。

在区块链中，每个区块包含上一区块的哈希散列，这个散列对于排序和块验证非常重要。如图7.4所示。

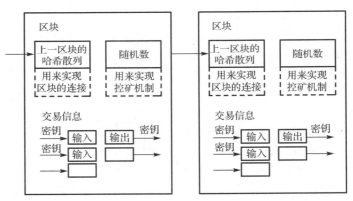

图 7.4　区块链的基本结构

区块结构有两个非常重要的特点：①每个区块的块头包含了前一区块的交易信息的压缩值，因此从创始块到当前区块形成了链条；②每个区块主体上的交易记录是前一区块创建后、该区块创建前发生的所有价值交换活动。

区块链本质上是一个去中心化的数据库，是一串使用密码学方法相关联产生的数据区块，每一个数据区块中包含了一批信息，用于验证其信息的有效性（防伪）和生成下一个区块。

区块链作为点对点网络、密码学、共识机制、智能合约等多种技术的集成创新，提供了一种不可信网络中进行信息与价值传递交换的可信通道。区块链技术是一门多学科跨领域的技术，涉及操作系统、网络通信、密码学、数学、金融和生产等。区块链是分布式数据存储、点对点传输、共识机制、加密算法等计算机技术在互联网时代的创新应用模式。

2．区块链的特性

区块链的特性包括去中心化、透明性和可溯源性、不可篡改性等。

（1）去中心化。与传统的中心化系统不同的是，区块链中并不是由某一特定中心处理数据的记录、存储和更新，每一个节点都是对等的，整个网络数据维护都由所有节点共同参与。在传统中心化系统中，如攻击者攻击中心节点将导致整个网络不可控，而区块链的去中心化特点提高了整个系统的安全性。

（2）透明性和可溯源性。在区块链中所有交易都是公开的，任何节点都可得到一份区块链上所有交易的记录，除了交易双方的私有信息被加密，区块链上的数据都可通过公开接口查询，又因区块链以区块+链的形式保存了从第一个区块开始的所有历史数据，连接的形式是上一个区块的哈希散列值，区块链上任意一条记录都可以通过链式结构追溯本源。

（3）不可篡改性。区块链上的所有信息一旦通过验证共识并写入区块链后，是不可篡改的，如想篡改数据就必须面对修改 51%以上节点的数据的挑战，代价很大且很难实现。

3．区块链的应用

（1）区块链的典型应用（个人层面）。应用主要体现在娱乐、就业、医疗、支付等领域。比如浙江省 2020 年 6 月建立了全国首个区块链电子票据平台。市民无论在哪里看病，都能直接在网上下载电子票据作为商业报销的依据，部分保险公司已经可以直接线上提交理赔申请，并实时赔付。

此外，由于地区之间、部门之间信息大多不互通，个人查询或跨地区办理公积金和个人所得税报税极不方便。而应用区块链技术之后，这些问题都将不是问题。

（2）区块链的典型应用（企业层面）。区块链可以解决传统行业，比如物流、票据、供应链金融等数据流转中的造假问题。过去传统的供应链金融服务，仅能为供应链上大约 15%的供应商（中小微企业）提供融资服务，而采用区块链技术以后，85%的供应商都能享受融资便利。融资时间成本从过去的三个月变成了 1 秒。

（3）区块链的典型应用（国家层面）。区块链是互联网基础设施的更新，意味着全社会由"数字互联网"向"信任互联网"的转型。基于区块链网络的交易和支付系统，将根本不需要使用银行之间的清算网络。目前我国央行推出的数字货币（DCEP）是基于区块链技术推出的全新加密电子货币体系。DCEP 将采用双层运营体系，即人民银行先把 DCEP 兑换给银行或其他金融机构，再由这些机构兑换给公众。

现在，区块链技术可以作为支付机构与商业银行之间的接口技术。跨境汇款中的多方通过区块链技术将汇款报文传递给各参与方，从而实现多方协同信息处理，将原本机构间的串行处理并行化，提高了信息传递及处理效率。

在大数据平台、区块链技术的驱动之下，构建形成一个新的清结算网络已经成为当前许多国家的共识。区块链技术具有去中心化、信息不可篡改、集体维护、可靠数据库、公开透明五大特征，在清结算方面有着透明、安全、可信的天然优势。

目前全球已有 24 个国家政府投入并建设分布式记账系统，超过 90 个跨国企业加入了不同的区块链联盟。欧盟、日本、俄罗斯等国正在研究建设类似 SWIFT（环球银行金融电信协会）的国际加密货币支付网络来取代 SWIFT，越来越多的金融机构和区块链平台正在通过区块链试水跨境支付，用实际行动绕开 SWIFT 和 CHIPS（纽约清算所银行同业支持系统）全球支付体系。

7.6.2　虚拟现实技术

1.　虚拟现实的概念

虚拟现实技术（Virtual Reality，VR），又称灵境技术，是 20 世纪发展起来的一项全新的实用技术。虚拟现实技术囊括计算机、电子信息、仿真技术，其基本实现方式是计算机模拟虚拟环境从而给人以环境沉浸感。

所谓虚拟现实，顾名思义，就是虚拟和现实相互结合。从理论上来讲，虚拟现实技术是一种可以创建和体验虚拟世界的计算机仿真系统，它利用计算机生成一种模拟环境，使用户沉浸在该环境中。虚拟现实技术就是利用现实生活中的数据，通过计算机技术产生的电子信号，将其与各种输出设备结合使其转化为能够让人们感受到的现象，这些现象可以是现实中真真切切的物体，也可以是我们肉眼看不到，通过三维模型表现出来的物质。因为这些现象不是我们直接能看到的，而是通过计算机技术模拟出来的现实中的世界，故称为虚拟现实。

2.　虚拟现实的关键技术

虚拟现实的关键技术主要包括：

（1）动态环境建模技术。虚拟环境的建立是 VR 系统的核心内容，目的就是获取实际环境的三维数据，并根据应用的需要建立相应的虚拟环境模型。

（2）实时三维图形生成技术。三维图形的生成技术已经较为成熟，那么关键就是"实时"生成。为保证实时，至少保证图形的刷新频率不低于 15 帧/秒，最好高于 30 帧/秒。

（3）立体显示和传感器技术。虚拟现实的交互能力依赖于立体显示和传感器技术的发展，现有的设备不能满足需要，力学和触觉传感装置的研究也有待进一步深入，虚拟现实设备的跟踪精度和跟踪范围也有待提高。

（4）应用系统开发工具。虚拟现实应用的关键是寻找合适的场合和对象，选择适当的应用对象可以大幅度提高生产效率，减轻劳动强度，提高产品质量。想要达到这一目的，则需要研究虚拟现实的开发工具。

（5）系统集成技术。由于 VR 系统中包括大量的感知信息和模型，因此系统集成技术起着至关重要的作用，集成技术包括信息的同步技术、模型的标定技术、数据转换技术、数据管理模型、识别与合成技术等。

3.　虚拟现实技术的应用

（1）在影视娱乐中的应用。近年来，由于虚拟现实技术在影视业的广泛应用，以虚拟现实技术为主而建立的第一现场 9DVR 体验馆得以实现。第一现场 9DVR 体验馆自建成以来，在影视娱乐市场中的影响力非常大，此体验馆可以让观影者体会到置身于真实场景之中的感觉，让体验者沉浸在影片所创造的虚拟环境之中。同时，随着虚拟现实技术的不断创新，此技术在游戏领域也得到了快速发展。虚拟现实技术是利用电脑产生的三维虚拟空间，而三维游戏刚好是建立在此技术之上的，三维游戏几乎包含了虚拟现实的全部技术，使得游戏在保持实时性和交互性的同时，也大幅提升了游戏的真实感。

（2）在教育中的应用。如今，虚拟现实技术已经成为促进教育发展的一种新型教育手段。传统的教育只是一味地给学生灌输知识，而现在利用虚拟现实技术可以帮助学生打造生动、逼真的学习环境，使学生通过真实感受来增强记忆，相比于被动地灌输，利用虚拟现实技术来进行自主学习更容易让学生接受，这种方式更容易激发学生的学习兴趣。此外，各大院校利用虚拟现实技术还建立了与学科相关的虚拟实验室来帮助学生更好地学习。

（3）在设计领域的应用。虚拟现实技术在设计领域小有成就，例如室内设计，人们可以利用虚拟现实技术把室内结构、房屋外形通过虚拟技术表现出来，使之变成可以看得见的物体和环境。同时，在设计初期，设计师可以将自己的想法通过虚拟现实技术模拟出来，可以在虚拟环境中预先看到室内的实际效果，这样既节省了时间，又降低了成本。

（4）虚拟现实在医学方面的应用。医学专家利用计算机，在虚拟空间中模拟出人体组织和器官，让学生在其中进行模拟操作，并且能让学生感受到手术刀切入人体肌肉组织、触碰到骨头的感觉，使学生能够更快地掌握手术要领。而且，主刀医生们在手术前，也可以建立患者身体的虚拟模型，在虚拟空间中先进行一次手术预演，这样能够大大提高手术的成功率。

（5）虚拟现实在军事方面的应用。由于虚拟现实的立体感和真实感，在军事方面，人们将地图上的山川地貌、海洋湖泊等数据输入计算机，利用虚拟现实技术，能将原本平面的地图变成一幅三维立体的地形图，再通过全息技术将其投影出来，使军事演习等训练更具实战性。

（6）虚拟现实在航空航天方面的应用。航空航天是一项耗资巨大，非常烦琐的工程，人们利用虚拟现实技术和计算机的统计模拟，在虚拟空间中重现现实中的航天飞机与飞行环境，使飞行员在虚拟空间中进行飞行训练和实验操作，可以极大地降低实验经费和实验的危险系数。

7.6.3　下一代互联网

IPv6 是互联网协议第四版（IPv4）的更新版，最初它在 IETF 的 IPng 选取过程中胜出时称为互联网下一代网际协议（IPng），IPv6 是被正式广泛使用的第二版互联网协议。

1．IPv6 地址的表达方式

和 IPv4 相比，IPv6 的地址长度为 128 位，也就是说可以有 2^{128} 个 IP 地址。可以说在可以想象的将来，IPv6 的地址空间是不可能用完的。

巨大的地址范围还必须使维护互联网的人易于阅读和操纵这些地址。IPv4 所用的点分十进制记法现在也不够方便了，因为即使采用点分十进制，IPv6 也需要 16 组十进制数来表示。

根据 RFC2373 中的定义，IPv6 地址有 3 种表示方式，即首选方式、压缩方式和内嵌 IPv4 地址的 IPv6 地址。

（1）首选方式

IPv6 的地址在表示和书写时，用冒号将 128 位分割成 8 个 16 位的段。每段被转换成一个 4 位十六进制数，并用冒号隔开。这种表示方式称为冒号十六进制记法（Colon Hexadecimal Notation，Colon hex）。IPv6 地址不区分大小写，即可用大写或小写。下面是一个二进制的 128 位 IPv6 地址：

0010000000000101000001100001000000000000000000000000000000000001000000000000000000000000000000000000000000000000000100010111111111111

将其划分为每 16 位一段：

0010000000000101 0000010000010000 0000000000000000 0000000000000001

0000000000000000 0000000000000000 0000000000000000 0110011111111111

将每段转换为十六进制数，并用冒号隔开：

2005:0610:0000:0001:0000:0000:0000:67ff

（2）压缩（Zero Compression）方式

① 忽略前导 0。忽略 16 位部分或十六进制数中的所有前导 0（零）。如：

00AB 可表示为 AB；09B0 可表示为 9B0；0D00 可表示为 D00

此规则仅适用于前导 0，不适用于后缀 0，否则会造成地址不明确。例如，十六进制数 "CBD" 可能是 "0CBD"，也可能是 "CBD0"。

② 忽略全 0 数据段。使用双冒号（::）替换任何一个或多个由全 0 组成的 16 位数据段（十六进制数）组成的连续字符串。

双冒号（::）只能在一个地址中出现一次，可用于压缩一个地址中的前导、末尾或相邻的 16 位零。例如：

2005:0610:0000:0001:0000:0000:0000:67ff 可以表示为 2005:610:0:1::67ff

表 7.2 展示了几个 IPv6 地址的压缩表示方式。

表 7.2　压缩方式 IPv6 地址举例

首 选 方 式	忽略前导 0	忽略全 0 数据段
2001:0DB8:0000:1111:0000:0000:0000:0100	2001:DB8:0:1111:0:0:0:100	2001:db8:0:1::100
2001:0db8:0000:a300:abcd:0000:0000:1234	2001:db8:0:a300:abcd:0:0:1234	2001:db8:0:a300:abcd::1234
Dd80:0000:0000:0000:0123:4567:89ab:cdef	Db80:0:0:0:123:4567:89ab:cdef	Db80::123:4567:89ab:cdef
0000:0000:0000:0000:0000:0000:0000:0001	0:0:0:0:0:0:0:1	::1

（3）内嵌 IPv4 地址的 IPv6 地址

当处理拥有 IPv4 和 IPv6 结点的混合环境时，可以使用 IPv6 地址的另一种形式。即 x:x:x:x:x:x:d.d.d.d，其中，"x" 是 IPv6 地址的 96 位高位顺序字节的十六进制值，"d" 是 32 位低位顺序字节的十进制值。通常，"映射 IPv4 的 IPv6 地址" 以及 "兼容 IPv4 的 IPv6 地址" 可以采用这种表示法表示。这其实是过渡机制中使用的一种特殊表示方法。

例如：

0:0:0:0:0:0:192.167.2.3 或者::192.167.2.3

0:0:0:0:0:34ff:192.167.2.3 以及::34ff: 192.167.2.3

2．IPv6 地址的结构

IPv6 地址的结构为子网前缀+接口 ID。子网前缀相当于 IPv4 中的网络部分，接口 ID 相当于 IPv4 的主机号，如图 7.5 所示。

IPv6 地址前缀或网络部分可以由点分十进制子网掩码或前缀长度（斜线记法）标识。

前缀长度范围为 0~128。局域网和大多数其他网络类型的 IPv6 前缀长度为/64，这意味着地址前缀或网络部分的长度为 64 位，为该地址的接口 ID（主机部分）另外保留 64 位。

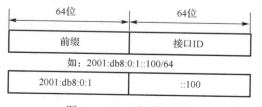

图 7.5　IPv6 地址的结构

7.6.4　新一代移动通信（5G）

1．5G 的概念

5G 是第五代移动通信技术（5th Generation Mobile Communication Technology）的简称，是具有高速率、低时延和大连接特点的新一代宽带移动通信技术，是实现人、机、物互联的网络基础设施。

5G 的性能指标相较于 4G 有明显提升，主要包括：

（1）传输速率方面。5G 的峰值速率需要达到 10～20 Gbps，提升了 10～20 倍，以满足高清视频、虚拟现实等大数据量传输。

（2）流量密度方面。5G 的目标值为 10 Tbps/km² 以上，提升 100 倍。

（3）可连接密度方面。5G 具备百万连接/平方千米的设备连接能力，提升了 10 倍，满足物联网通信。

（4）端到端时延方面，5G 将达到 1 ms 级，提升了 10 倍，可满足自动驾驶、远程医疗等实时应用。

（5）频谱效率方面。5G 要比 LTE 提升 3 倍以上。

（6）连续广域覆盖和高移动性下，用户体验速率达到 100 Mbps。

（7）移动性方面。5G 支持 500 km/h 的高速移动。

2019 年 6 月 6 日，工信部正式向中国电信、中国移动、中国联通、中国广电发放 5G 商用牌照，中国正式进入 5G 商用元年。

2019 年 10 月 31 日，三大运营商公布 5G 商用套餐，并于 11 月 1 日正式上线 5G 商用套餐。2020 年 3 月 24 日，工信部发布关于推动 5G 加快发展的通知，全力推进 5G 网络建设、应用推广、技术发展和安全保障，特别提出支持基础电信企业以 5G 独立组网为目标加快推进主要城市的网络建设，并向有条件的重点县镇逐步延伸覆盖。

2．5G 无线关键技术

5G 国际技术标准重点满足灵活多样的物联网需要。在 OFDMA（正交频分多址）和 MIMO（多输入多输出）基础技术上，5G 为支持三大应用场景，采用了灵活的全新系统设计。在频段方面，与 4G 支持中低频频段不同，考虑到中低频频段资源有限，5G 同时支持中低频和高频频段，其中中低频频段满足覆盖和容量需求，高频频段满足在热点区域提升容量的需求，5G 针对中低频和高频频段设计了统一的技术方案，并支持百 MHz 的基础带宽。为了支持高速率传输和更优覆盖，5G 采用 LDPC（低密度奇偶校验码）、Polar 新型信道编码方案、性能更强的大规模天线技术等。为了达到低时延和高可靠性，5G 采用短帧、快速反馈、多层/多站数据重传等技术。

5G 采用全新的服务化架构，支持灵活部署和差异化业务场景。5G 采用全服务化设计，模块化网络功能，支持按需调用，实现功能重构；采用服务化描述，易于实现能力开放，有利于引入 IT 开发实力，发挥网络潜力；支持灵活部署，基于 NFV/SDN（网络功能虚拟化/软件定义网络），实现硬件和软件解耦，实现控制和转发分离；采用通用数据中心的云化组网，网络功能部署灵活，资源调度高效；支持边缘计算，云计算平台下沉到网络边缘，支持基于应用的网关灵活选择和边缘分流。通过网络切片满足 5G 差异化需求，网络切片是指从一个网络中选取特定的特性和功能，定制出的一个逻辑上独立的网络，它使得运营商可以部署功能、特性服务各不相同的多个逻辑网络，分别为各自的目标用户服务，目前定义了 3 种网络切片类型，即增强移动宽带、低时延高可靠、大连接物联网。

3．应用领域

5G 作为一种新型移动通信网络，不仅要解决人与人通信，为用户提供增强现实、虚拟现实、超高清（3D）视频等更加身临其境的极致业务体验，更要解决人与物、物与物的通信问题，满足移动医疗、车联网、智能家居、工业控制、环境监测等物联网应用需求。最终，5G 将渗透到经济社会的各行业各领域，成为支撑经济社会数字化、网络化、智能化转型的关键新型基础设施。

习 题 7

一、填空题

1．物联网是指通过_____设备，按_____将任何物体与网络相连接，物体通过_____介质进行信息交换和通信，以实现智能化识别、定位、跟踪、监管等功能。

2．物联网的层次结构共有_____、_____和_____三层。

3．条形码分为_____条形码和_____条形码。

4．_____是点阵形式，通常为方形结构，不单由横向和纵向的条码组成，而且码区内还会有多边形的图案，同样二维码的纹理也是黑白相间，粗细不同的。

5．_____是物联网实现自动检测和自动控制的首要环节。

6．_____是一种分布式传感网络，它的末梢是可以感知和检测外部世界的传感器。

7．EPC 系统主要由 EPC 编码标准、_____、识读器、_____、对象名解析服务、_____六方面组成。

8．云计算是一种无处不在、便捷且_____对一个共享的可配置计算资源进行网络访问的模式，它能够通过最少量的管理以及与服务提供商的互动实现_____的迅速供给和释放。

9．根据云计算服务侧重点的不同大致可以分为三类：_____（Infrastructure as a Service，IaaS）、_____（Platform as a Service，PaaS）和_____（Software as a Service，SaaS）。

10．PaaS 是建立在_____之上的，为用户提供应用程序的开发与运行环境。为某些软件提供云组件，这些组件主要用于应用程序。

11．目前，主流云计算管理系统有开源软件_____和商业软件_____。

12．IBM 提出的大数据的 5V 特点是指：_____、Velocity（高速）、Variety（多样）、Value（低价值密度）、_____。

13．数据挖掘就是从大量的、不完全的、有噪声的、模糊的、随机的_____中，提取隐含在其中的、人们事先不知道的、但又是潜在_____的信息和知识的过程。

14．根据数据挖掘方法来划分，可分为：_____、统计方法、_____和数据库方法等。

15．_____是利用数字计算机或数字计算机控制的机器模拟、延伸和扩展_____，感知环境、获取知识并使用知识获得最佳结果的理论、方法、技术及应用系统。

16．_____本质上是结构化的语义知识库，是一种由节点和边组成的图数据结构，以符号形式描述物理世界中的概念及其相互关系。

17．_____研究能实现人与计算机之间用自然语言进行有效通信的各种理论和方法，主要包括机器翻译、机器阅读理解和问答系统等。

18．人机交互主要研究人和计算机之间的信息交换，主要包括_____和_____的两部分信息交换，是人工智能领域的重要的外围技术。

19．计算机视觉是使用计算机模仿_____的科学，让计算机拥有类似人类提取、处理、理解和分析图像以及图像序列的能力。

20．_____利用现实生活中的数据，通过计算机技术产生的电子信号，将其与各种输出设备结合使其转化为能够让人们感受到的现象，通过三维模型表现出来。

二、选择题

1．"智慧地球"是（　　　）公司提出的。
  A．Intel   B．IBM   C．TID   D．Google

2．物联网的信息传感设备包括（　　　）。
  A．RFID 装置   B．红外感应器
  C．全球定位系统（GPS）   D．激光扫描器

3．RFID 属于物联网的（　　　）。
  A．应用层   B．网络层   C．业务层   D．感知层

4．物联网具有（　　　）特征。
  A．全面感知   B．可靠传递   C．数据加工   D．智能处理

5．无线传感器网络所具有的众多类型的传感器，可探测包括（　　　）等周边环境中多种多样的现象。
  A．地震   B．噪声   C．压力   D．速度

6．ZigBee 设备的地址包括（　　　）。
  A．16 位地址 B．32 位地址 C．64 位地址 D．128 位地址

7．全世界目前的卫星导航系统包括（　　　）。
  A．GPS   B．伽利略   C．北斗   D．GLONASS

8．云计算的可配置计算资源包括（　　　）。
  A．CPU   B．网络   C．存储   D．内存

9．下列属于云计算核心技术的是（　　　）。
  A．虚拟化技术   B．分布式存储技术
  C．超大规模资源管理技术   D．大数据技术

10．云计算的部署模式包括（　　　）。
  A．公有云   B．私有云   C．混合云   D．虚拟云

11．可以被虚拟化的对象包括（　　　）。
  A．服务器   B．网络   C．存储   D．软件应用

12．大数据预处理技术主要包括（　　　）。
  A．辨析   B．抽取   C．清洗   D．整理

参 考 文 献

[1] 教育部考试中心. 全国计算机等级考试一级教程——计算机基础及 MS Office 应用（2021 年版）. 北京：高等教育出版社，2021.

[2] 教育部考试中心. 全国计算机等级考试二级教程——MS Office 高级应用（2021 年版）. 北京：高等教育出版社，2021.

[3] 教育部考试中心. 全国计算机等级考试二级教程——MS Office 高级应用与设计上级指导（2021 年版）. 北京：高等教育出版社，2021.

[4] 褚建立，路俊维.信息技术基础技能训练教程.第 6 版. 北京：电子工业出版社，2017.

[5] 刘彦舫、胡利平.信息技术基础应用. 第 6 版.北京：电子工业出版社，2017.

[6] 杨竹青. 新一代信息技术导论. 北京：人民邮电出版社，2020.

[7] 熊辉，赖家材.新一代信息技术简明读本. 北京：人民出版社，2020.